实用生物信息学技术

主编◎张丽果　陈慧平　张壮丽

郑州大学出版社

图书在版编目(CIP)数据

实用生物信息学技术 / 张丽果，陈慧平，张壮丽主编. — 郑州：郑州大学出版社，2020.12(2024.6 重印)
ISBN 978-7-5645-7295-2

Ⅰ.①实… Ⅱ.①张…②陈…③张… Ⅲ.①生物信息论 Ⅳ.①Q811.4

中国版本图书馆 CIP 数据核字(2020)第 178482 号

实用生物信息学技术
SHIYONG SHENGWU XINXIXUE JISHU

策划编辑	李龙传	封面设计	曾耀东
责任编辑	薛　晗	版式设计	凌　青
责任校对	张彦勤	责任监制	李瑞卿
出版发行	郑州大学出版社有限公司	地　　址	郑州市大学路 40 号(450052)
出 版 人	孙保营	网　　址	http://www.zzup.cn
经　　销	全国新华书店	发行电话	0371-66966070
印　　刷	廊坊市印艺阁数字科技有限公司		
开　　本	787 mm×1 092 mm　1 / 16		
印　　张	12.25	字　　数	289 千字
版　　次	2020 年 12 月第 1 版	印　　次	2024 年 6 月第 2 次印刷
书　　号	ISBN 978-7-5645-7295-2	定　　价	68.00 元

作者名单

主　编　张丽果　陈慧平　张壮丽

副主编　赵　阳　赵　雪　张迎娜　张　婧　吉　云

编　委　(按姓氏笔画排序)

王璐璐　吉　云　张　灿　张　婧　张壮丽

张丽果　张迎娜　陈慧平　赵　阳　赵　雪

高　璐

致 谢

感谢河南省医药科学院基本科研业务经费(2020BP0114,YYYJK201803)、河南省高等学校重点科研项目基础研究计划项目(19A320045)、河南省科技攻关(202102310520)、河南省医药科学研究院培育项目(2020BP0104)的资助。

前　言

人类基因组计划第一个5年计划总结报告中给出了定义，生物信息学是一门交叉学科，它包含了生物信息的获取、加工、存储、分配、分析、解释等在内的所有方面，它运用数学、计算机科学和生物学的各种工具阐明和理解大量数据所包含的生物学意义。此外，各国不同的教科书里对生物信息学也有不同的定义。比如，美国乔治亚理工大学给生物学的定义是生物信息学是采用数学、统计学和计算机等方法分析生物学、生物化学和生物物理学数据的一门综合类学科。美国加州大学洛杉矶分校说生物信息学是对生物信息和生物系统内在结构的研究，它将大量系统的生物学数据与数学和计算机科学的分析理论及使用工具联系起来。浙江大学陈铭教授在他所著的《生物信息学》一书中写到，生物信息学是计算机与信息科学技术运用到生命科学尤其是分子生物学中的交叉学科。它密切结合生物学、医学、物理学、数理学、计算机科学等相关领域知识来阐明和理解大量数据所包含的生物学意义，因此不同理工背景的人都可以学习这门学科。尤其是对于零基础的生物医学科研人员或者生物医学在读学生甚至是研究生来说，快速掌握生物信息学相关基础技术，将会大大提高相关科学研究的准确性和高效性。

本书共分17章，内容主要包括生物数据库和肿瘤数据库的使用、R语言环境配置、利用R语言挖掘差异基因、基因的功能注释和基因的预后分析、hub基因的识别和鉴定、模块分析、Linux系统常用的基础知识等。生物数据库主要内容包括了如何使用一级核酸数据库、二级核酸数据库等；肿瘤数据库主要内容包括了如何使用肿瘤数据库下载临床信息，进行肿瘤免疫浸润分析，对lncRNA或者miRNA进行靶基因预测，进行基因的共表达网络分析和蛋白互作网络分析等。因此本书对以后的实验研究会有很大的帮助，也为生物医学研究人员提供一些便利。

本书第一章至第八章由河南省(郑州大学)医药科学研究院张丽果和陈慧平撰写，第九章至第十四章由河南省(郑州大学)医药科学研究院张壮丽、张婧和张迎娜撰写，第十五章至第十七章由河南省(郑州大学)医药科学研究院赵阳、赵雪及郑州大学华大基因学院吉云撰写，郑州大学华大基因学院王璐璐参与撰写第一章和第二章内容，郑州大学华大基因学院高璐参与撰写第四章和第十章内容，郑州大学华大基因学院张灿参与撰写第七章和第八章内容。

本书编撰过程历经数月，在所有编撰成员的共同努力下，在郑州大学河南省医药科学研究院及郑州大学华大基因学院的支持下，最终编撰完成，在此表示衷心的感谢！

由于时间有限，加之笔者能力范围的限制，书中疏漏之处敬请广大读者批评指正！

编　者

2020年8月7日于郑州大学东校区

目　录

第一章　生物数据库

生物数据库是生命科学研究领域十分重要的资源，本章主要讲如何使用它，比如什么时候该用什么数据库，如何在数据库中查找想要的信息，以及如何解读这些信息。生物数据库就是被组织起来的大量生物数据，这些数据通过计算机可以被方便地访问、管理及更新。那么生物数据库到底有多少呢，用成百上千这个词语一点也不夸张，正是因为生物数据库众多，不同的教材分类原则不同，也就是说没有标准的分类方法，本章选择比较好理解的数据库分类，核酸数据库、蛋白质数据库、专用数据库。核酸数据库顾名思义是与核酸相关的数据库，蛋白质数据库是与蛋白质相关的数据库，而专用数据库是专门针对某一主题的数据库或者是综合性的数据库以及无法归入其他两类的数据库。

一、文献数据库：PubMed

PubMed 拥有超过 240 万的生物医学文献。它来源于 MEDLINE（生物医学文献数据库）、生命科学领域学术杂志以及在线的专业书籍。这些文献部分提供全文链接。该数据库的网址是 https://www.ncbi.nlm.nih.gov，图 1-1 可以看到里面有搜索条。

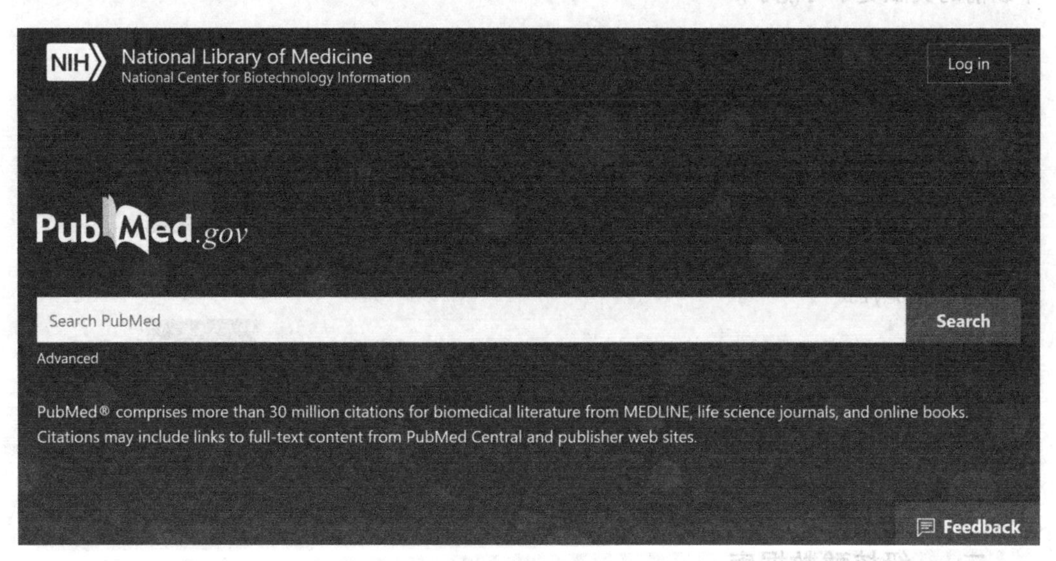

图 1-1　PubMed 主页

假如我们要找的是 dUTPase，在搜索条里输入，然后点击 Search，找到了很多文献，每个文献都有题目、作者、刊物、出版时间等。如果我们知道作者也可以输入作者进行搜索，当然如果知道作者和关键词都可以输入进行搜索，这样搜出来的文献更精确，有助于我们搜到自己想要的。点开想要找的文献，如图 1-2，PubMed 提供文献的摘要和全文链接，右方有全文链接，我们可以看到有两个全文链接，上面是期刊提供的链接，下面是 PubMed 中心的全文链接，我们点开其中一个链接，就可以在线浏览全文或者下载全文的 PDF 文件到本地。

4.501 Q1 > J Virol. 1999 Jan;73(1):751-3. doi: 10.1128/JVI.73.1.751-753.1999.

"Hidden" dUTPase sequence in human immunodeficiency virus type 1 gp120

C Abergel [1], D L Robertson, J M Claverie

Affiliations + expand

PMID: 9847382 PMCID: PMC103883 DOI: 10.1128/JVI.73.1.751-753.1999

Free PMC article

FULL TEXT LINKS

JVI FREE FINAL VERSION

PMC FREE Full text

Full-text Link

ACTIONS

Cite

图 1-2　搜索文献示例

除了搜索条我们可以利用高级搜索工具更加精确地查找，如图 1-3，这里可以无限地添加条件，比如发表日期的时间段、文章类型、语言等。这里有关于使用 PubMed 的几个小建议：①使用引号，会被当成一个整体。②使用正确的名字缩写。③使用每篇文献唯一的 PubMed ID。值得注意的是，有时 PubMed 也有做不到的，例如，搜索 1995 年以前的文献中排名前 10 以后的作者是白费力气，1976 年以前的文献是没有摘要的，搜索 1965 年以前的文献更不可能了。

图 1-3　高级搜索页面

二、一级核酸数据库

一级核酸数据库主要包括三大核酸数据库和基因组数据库，三大核酸数据库包括 NCBI 的 GenBank、EMBL 的 ENA 和 DDBJ，它们共同构成国际核酸序列数据库。GenBank

由美国国家生物技术信息中心(National Center for Biotechnology Information, NCBI)开发并负责维护。NCBI 隶属于美国国立卫生研究院(National Institutes of Health, NIH),网址为 https://www.ncbi.nlm.nih.gov/;ENA 欧洲核苷酸序列数据集(European Nucleotide Archive, ENA)由欧洲分子生物学研究室(European Molecular Biology Laboratory, EMBI)开发并负责维护,网址为 https://www.ebi.ac.uk/ena/;DDBJ 日本 DNA 数据库(DNA Data Bank of Japan, DDBJ)由位于日本静冈的日本国立遗传学研究所(National Institute of Genetics, NIG)开发并负责维护,网址为 https://www.ddbj.nig.ac.jp/。GenBank、ENA 与 DDBJ 共同构成国际核酸序列数据库合作联盟(International Nucleotide Sequence Database Collaboration, INSDC),网址为 http://www.insdc.org/。通过 INSDC,三大核酸数据库的信息每日相互交换、更新汇总,这使得他们几乎在任何时候都享有相同的数据。接下来我们以 GeneBank 为例来讲解如何解读一级核酸数据库。

(一)GenBank 数据库

首先我们解读一个 dUTPase 的 DNA 序列信息 X01714,从 NCBI 的主页选择 Nucleotide 数据库,如图 1-4 所示。

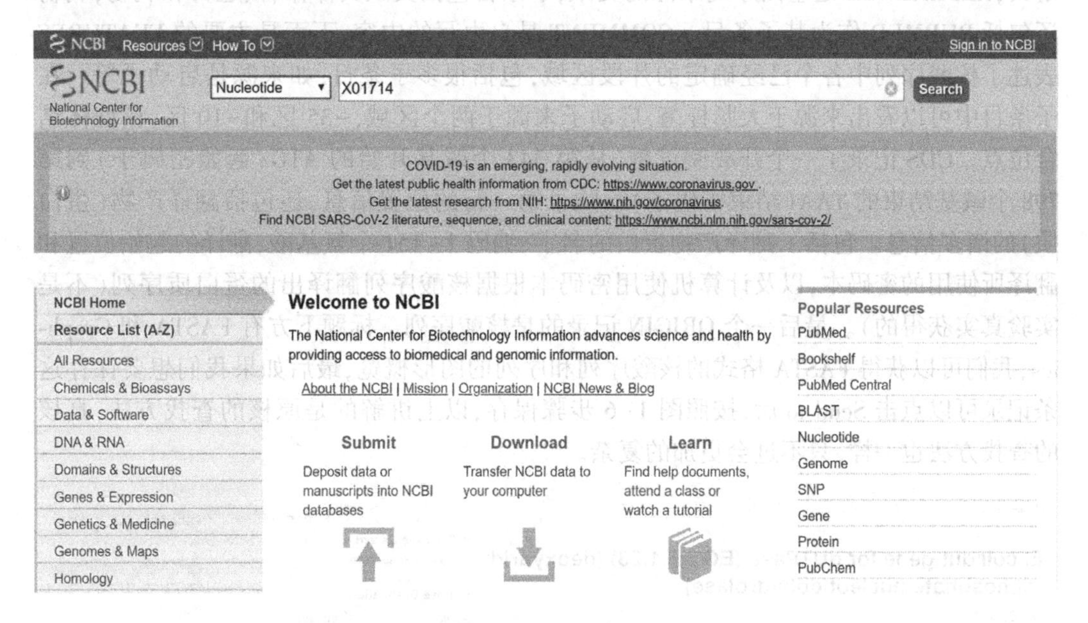

图 1-4 NCBI 主页

然后在搜索条中直接输入我们要搜索的 DNA 序列信息编号进行搜索,我们就可以找到 X01714 在 GenBank 中详细的数据记录,如图 1-5,图中只显示部分关于 X01714 的数据信息。

从题目我们可以看出是大肠杆菌中 dut 基因编码的脱氧尿苷焦磷酸酶。下面是关于基因的详细记录,LOCUS 这一行记录了基因座的名字、核酸序列的长度、分子的类别、拓扑类型、更新日期。DEFINITION 是这条序列的简短定义,ACCESSION 是检索号,检索号在数据库中是唯一且不变的,VERSION 是版本号,KEYWORDS 提供几个关键词可用于数据库搜索,SOURCE 是基因序列所属物种的俗名,ORGANISM 是对所属物种更加详细的

GenBank ▾ Send to: ▾

E. coli dut gene for dUTPase (EC 3.6.1.23) (deoxyuridine 5'-triphosphate nucleotidohydrolase)

GenBank: X01714.1

FASTA Graphics

Go to:

```
LOCUS       X01714                1609 bp    DNA     linear   BCT 23-OCT-2008
DEFINITION  E. coli dut gene for dUTPase (EC 3.6.1.23) (deoxyuridine
            5'-triphosphate nucleotidohydrolase).
ACCESSION   X01714
VERSION     X01714.1
KEYWORDS    dUTPase; unidentified reading frame.
SOURCE      Escherichia coli
  ORGANISM  Escherichia coli
            Bacteria; Proteobacteria; Gammaproteobacteria; Enterobacterales;
            Enterobacteriaceae; Escherichia.
REFERENCE   1  (bases 1 to 1609)
  AUTHORS   Lundberg,L.G., Thoresson,H.O., Karlstrom,O.H. and Nyman,P.O.
  TITLE     Nucleotide sequence of the structural gene for dUTPase of
            Escherichia coli K-12
  JOURNAL   EMBO J. 2 (6), 967-971 (1983)
   PUBMED   6139280
```

Change region shown

Customize view

Analyze this sequence

Run BLAST

Pick Primers

Highlight Sequence Features

Find in this Sequence

Related information

Protein

PubMed

Taxonomy

Full text in PMC

PubMed (Weighted)

图 1-5　X01714 在 GenBank 中的数据记录页面

定义，REFERENCE 是基因序列来源的文献，子条目包括文献具体作者、题目和刊物，刊物还包括 PUBMED 作为其子条目。COMMENT 是自由写的内容，下面是主要的 FEATURES 表述了核酸序列中各个已经确定的片段区域，包括很多子条目，如来源是启动子等。在子条目中可以看出来源于大肠杆菌，启动子来源于两个区域，-35 区和-10 区，核糖体结合位点。CDS 记录了一个开放阅读框，从第 343 个碱基开始的 ATG（起始密码子）到第 798 个碱基结束的 TAA（结束密码子）。除了第一行的位置信息，还包括翻译产物（蛋白质）的诸多信息。包括了翻译产物蛋白的名字，编码 1～151 个氨基酸，翻译的起始位置和翻译所使用的密码本，以及计算机使用密码本根据核酸序列翻译出的蛋白质序列（不是实验真实获得的）。最后一个 ORIGIN 记录的是核酸序列。标题下方有 FASTA 和 Graphics，我们可以获得 FASTA 格式的核酸序列和序列的图形概览，最后如果我们想要保存这条记录可以点击 Send to 后，按照图 1-6 步骤保存，以上讲解的是原核的查找方法，真核的查找方法也一样，只不过会更加的复杂。

GenBank ▾ Send to: ▾

E. coli dut gene for dUTPase (EC 3.6.1.23) (deoxyuridi triphosphate nucleotidohydrolase)

GenBank: X01714.1

FASTA Graphics

Go to:

```
LOCUS       X01714                1609 bp    DNA     linear   BCT 23-OCT-2008
DEFINITION  E. coli dut gene for dUTPase (EC 3.6.1.23) (deoxyuridine
            5'-triphosphate nucleotidohydrolase).
ACCESSION   X01714
VERSION     X01714.1
KEYWORDS    dUTPase; unidentified reading frame.
SOURCE      Escherichia coli
  ORGANISM  Escherichia coli
            Bacteria; Proteobacteria; Gammaproteobacteria; Enterobacterales;
            Enterobacteriaceae; Escherichia.
```

Complete Record

Coding Sequences

Choose Destination

File　Clipboard

Collections　Analysis Tool

Download 1 item.

Format

GenBank

Show GI

Create File

shown

quence

e Features

nce

ation

Protein

PubMed

图 1-6　数据保存页面

（二）基因组数据库：Ensemble

查看人的基因组需要先了解几件事：①人的基因组有 33 亿个碱基分布在 23 对染色体上。②目前我们已经获得了人的全基因组序列。

从 Ensemble 数据库查看人的基因组。Ensemble 由欧洲生物信息学研究所（European Bioinformatics Institute，EBI）和英国桑格研究所（Sanger Institute）合作开发。Ensemble 收入了各种动物的基因组，尤其是那些离我们近的动物（脊椎动物）。这些基因组的注释是由配套开发的软件自动添加的。查询的网址是 http://www.ensembl.org，如图 1-7。

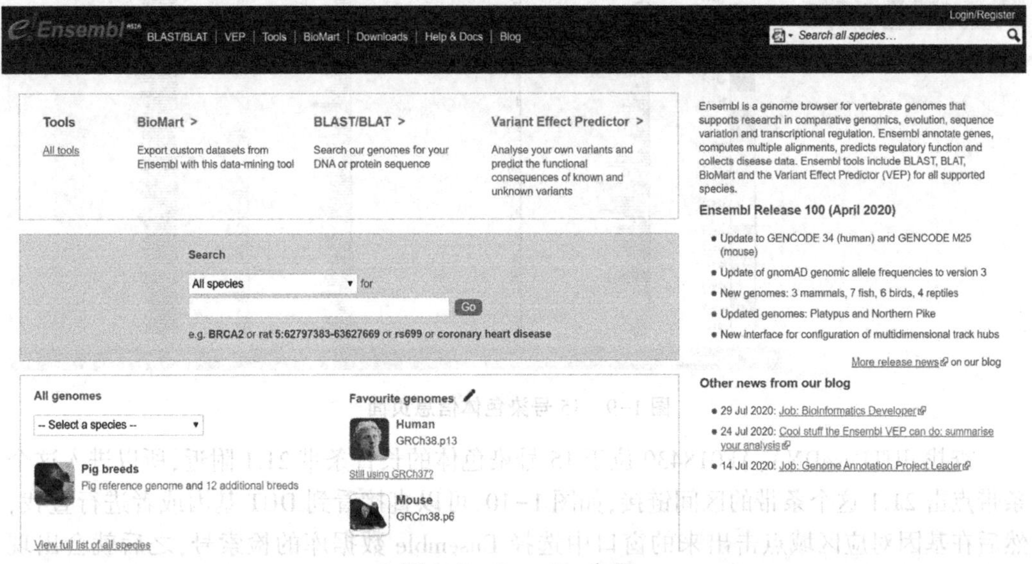

图 1-7　Ensemble 主页

其中有人、老鼠，这 2 个是点击率较高的基因组链接。点击人的，进入图 1-8 界面。

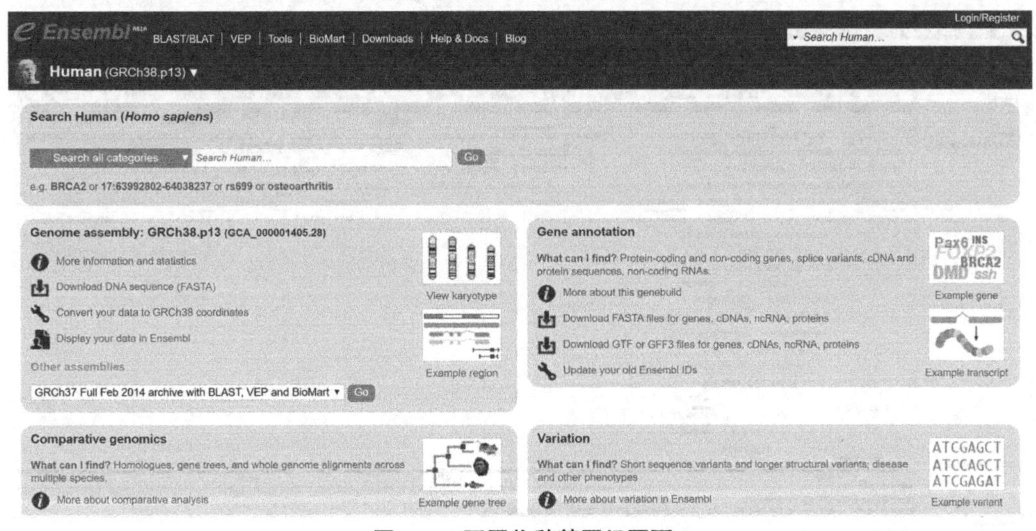

图 1-8　不同物种基因组页面

然后点击 View karyotype，查看染色体，例如选择 15 号染色体的 Chromosome

summary,可以得到15号染色体的一览图,如图1-9,包括编码蛋白的基因、非编码基因、假基因以及%GC。

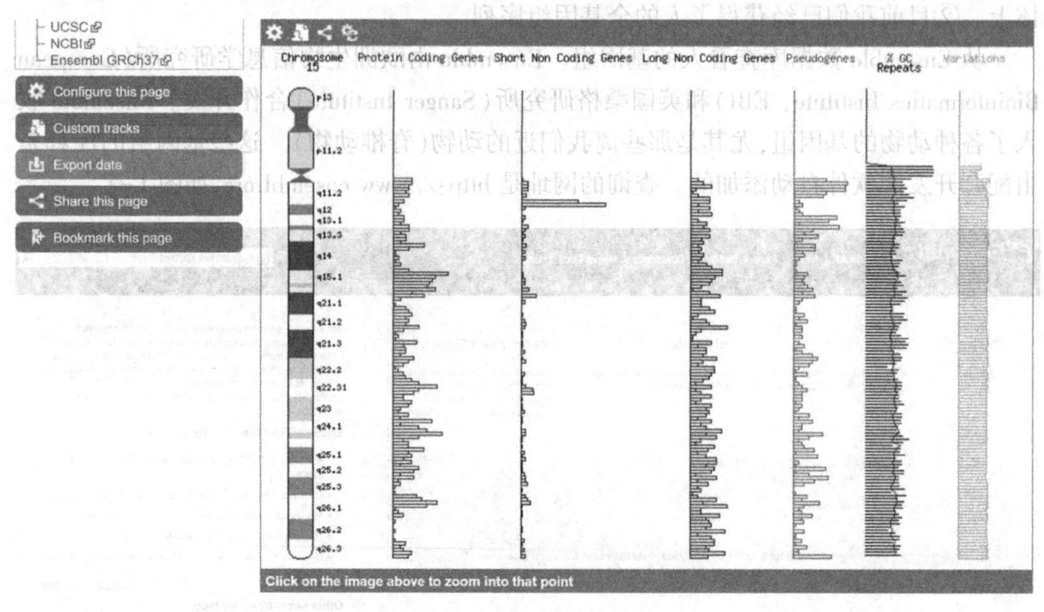

图1-9　15号染色体信息页面

查找dUTPaseDNA:AF018430位于15号染色体的长臂条带21.1附近,所以进入这个条带点击21.1这个条带的区间链接,如图1-10,可以直接看到DUT基因或者进行查找,然后在基因对应区域点击出来的窗口中选择Ensemble数据库的检索号,之后就会出现DUT基因在Ensemble数据库中的详细记录,如图1-11。

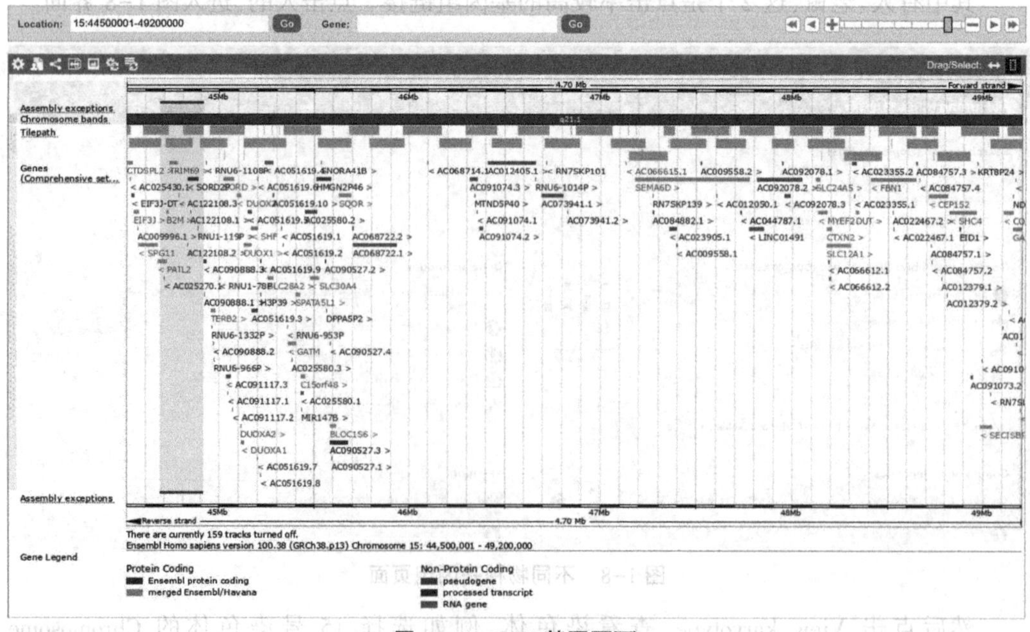

图1-10　DUT基因页面

Location: 15:44,500,001-49,200,000
Gene: DUT

Gene-based displays
Summary
Splice variants
Transcript comparison
Gene alleles
Sequence
Secondary Structure
Comparative Genomics
Genomic alignments
Gene tree
Gene gain/loss tree
Orthologues
Paralogues
Ensembl protein families
Ontologies
GO: Molecular function
GO: Cellular component
GO: Biological process
Phenotypes
Genetic Variation
Variant table
Variant image
Structural variants
Gene expression
Pathway
Regulation
External references
Supporting evidence
ID History
Gene history
Configure this page

Gene: DUT ENSG00000128951

Description: deoxyuridine triphosphatase [Source:HGNC Symbol;Acc:HGNC:3078]
Gene Synonyms: dUTPase
Location: Chromosome 15: 48,331,011-48,343,373 forward strand.
GRCh38:CM000677.2
About this gene: This gene has 11 transcripts (splice variants), 305 orthologues and is a member of 1 Ensembl protein family.
Transcripts: Hide transcript table

Show/hide columns (1 hidden)

Name	Transcript ID	bp	Protein	Biotype	CCDS	UniProt	RefSeq Match	Flags
DUT-201	ENST00000331200.8	2141	252aa	Protein coding	CCDS32231	P33316	NM_001025248.2	TSL:1 GENCODE basic APPRIS P3 MANE Select
DUT-202	ENST00000455976.6	1935	164aa	Protein coding	CCDS45255	P33316	-	TSL:1 GENCODE basic APPRIS ALT2
DUT-205	ENST00000558813.5	769	141aa	Protein coding	CCDS45256	A0A0C4DGL3	-	TSL:2 GENCODE basic APPRIS ALT2
DUT-207	ENST00000559416.5	635	167aa	Protein coding	CCDS81879	H0YNW5	-	TSL:2 GENCODE basic APPRIS ALT2
DUT-208	ENST00000559540.5	1441	143aa	Protein coding	-	H0YNJ9	-	TSL:2 GENCODE basic
DUT-204	ENST00000558472.5	724	221aa	Protein coding	-	H0YKC5	-	CDS 3' incomplete TSL:3
DUT-203	ENST00000558367.1	627	107aa	Protein coding	-	H0YMP1	-	CDS 3' incomplete TSL:5
DUT-210	ENST00000559935.5	569	133aa	Protein coding	-	H0YMM5	-	TSL:3 GENCODE basic
DUT-206	ENST00000558978.5	1171	226aa	Nonsense mediated decay	-	H0YKI0	-	TSL:3
DUT-211	ENST00000561350.1	201	No protein	Processed transcript	-	-	-	TSL:2
DUT-209	ENST00000559852.1	340	No protein	Retained intron	-	-	-	TSL:2

图 1-11　DUT 基因 detail 页面

三、二级核酸数据库

二级核酸数据库包括的内容非常多，其中 NCBI 下属的 3 个数据库经常会用到。RefSeq 数据库是参考序列数据库，是通过自动及人工精选出来的非冗余数据库，包括基因组序列、转录序列和蛋白质序列。dbEST 数据库是表达序列标签数据库，包含来源于不同物种的表达序列标签（EST）。Gene 数据库是为用户提供基因序列注释和检索服务，收录了来自 5 300 多个物种的 430 万条基因记录。此外，ncRNAdb 非编码 RNA 数据库，提供非编码 RNA 的序列和功能信息。包括来源于 99 种细菌、古细菌和真核生物的 3 万多条序列。网址为 http://biobases.ibch.poznan.pl/ncRNA/。miRBase 主要存放已发表的 microRNA 序列和注释。可以分析 microRNA 在基因组中的定位和挖掘 microRNA 在序列间的关系。网址为 http://www.mirbase.org/。

四、专用数据库

人类孟德尔遗传（Mendelian Inheritance in Man，MIM）是一个将遗传病分类并链接到相关人类基因组中的数据，它的在线版本是人类孟德尔遗传在线（Online Mendelian Inheritance in Man，OMIM）。OMIM 为临床医生和科研人员提供了权威可信的关于遗传疾病及相关基因位点的详细信息。我们查询的网址是 https://www.ncbi.nlm.nih.gov/omim/。进入网站后如图 1-12。

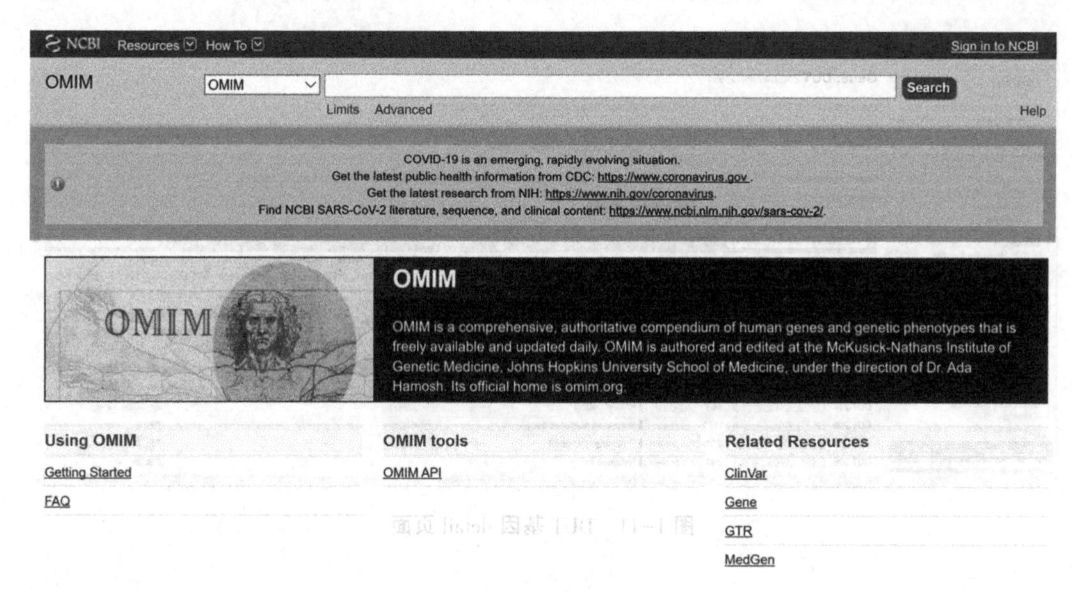

图 1-12　OMIM 主页

点击 Getting Started，进入如图 1-13。

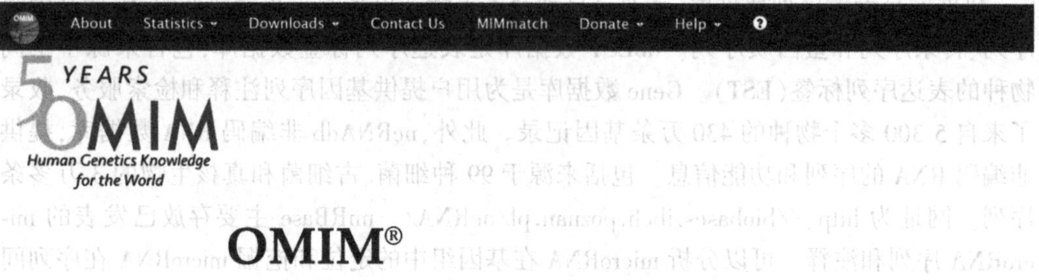

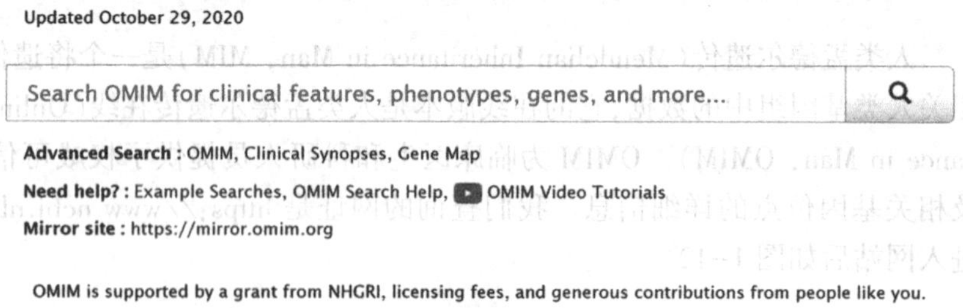

图 1-13　疾病搜索页面

输入 Parkinson Disease，点击搜索，得到关于 Parkinson Disease 相关的基因（图 1-14）。

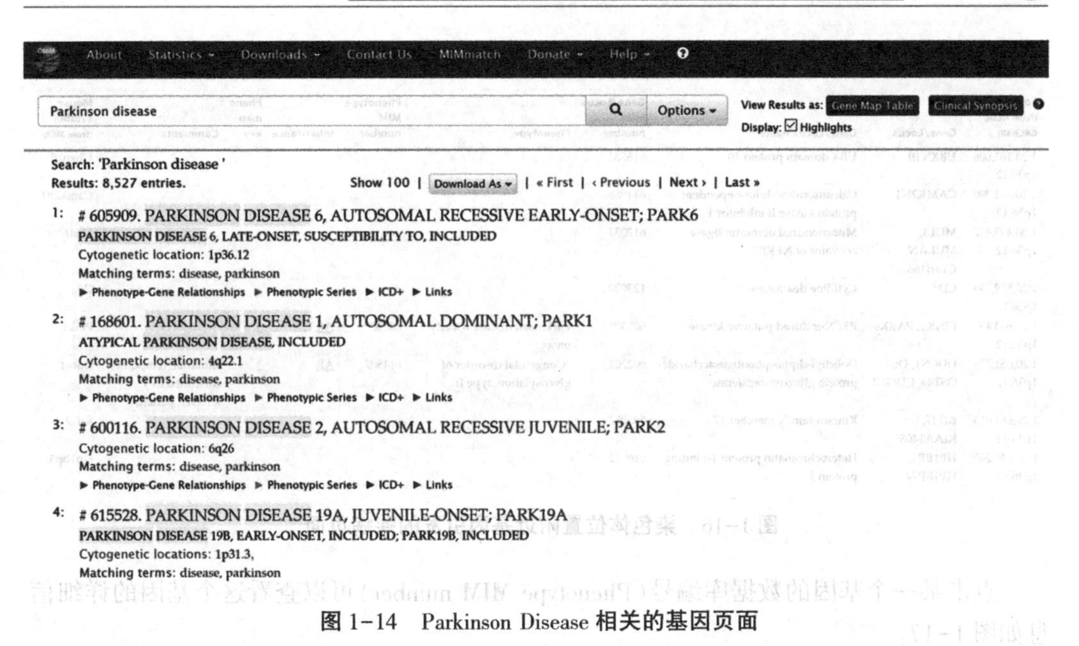

图 1-14 Parkinson Disease 相关的基因页面

搜索结果里排在第一位的就是我们想要的，点击进入后，图 1-15 的表中列出了与相关的基因，包括它们在染色体中的位置，所引发的表型的数据库编号以及基因的数据库编号等。

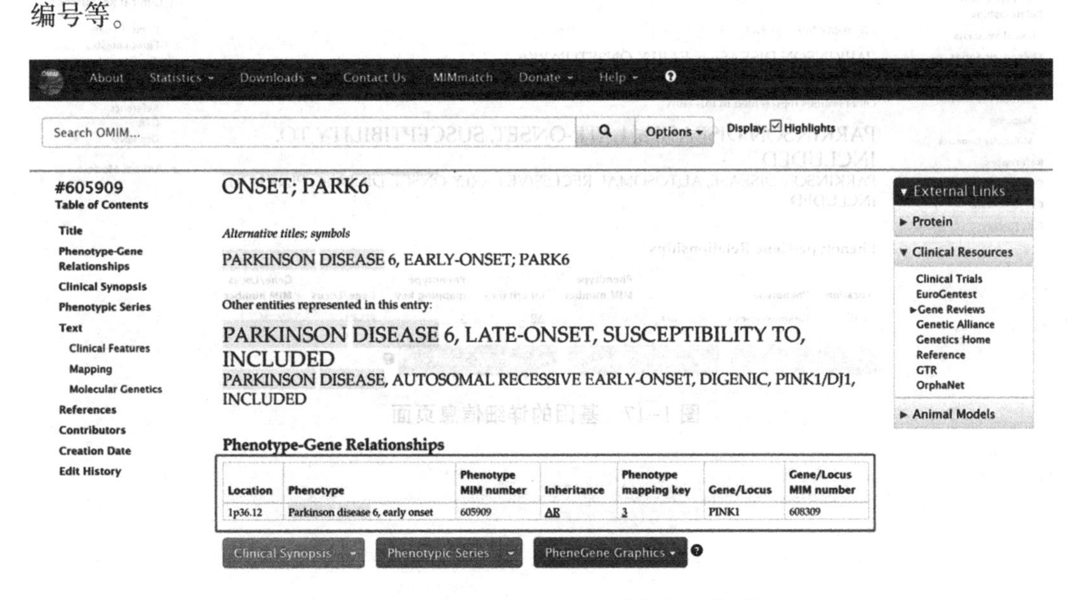

图 1-15 Parkinson Disease 相关基因信息页面

如图 1-16 点击某一个染色体位置如 1p36.12，会出现这个位置附近基因的列表以及引发的各种疾病。

OMIM Gene/Loci: 218 - 227 of 1,721 on Chromosome 1 (All Entries)

Show 10 | Download As | pter | « Towards pter | Towards qter » | qter   Phenotype Only Entries | All Entries

Location (from NCBI, GRCh38)	Gene/Locus	Gene/Locus name	Gene/Locus MIM number	Phenotype	Phenotype MIM number	Inheritance	Pheno map key	Comments	Mouse symbol (from MGI)
1:20,183,006 1p36.12	UBXN10	UBX domain protein 10	616783						Ubxn10
1:20,482,390 1p36.12	CAMK2N1	Calcium/calmodulin-dependent protein kinase II inhibitor 1	614986						Camk2n1
1:20,499,447 1p36.12	MUL1, MULAN, C1orf166	Mitochondrial ubiquitin ligase activator of NFKB1	612037						Mul1
1:20,589,096 1p36.12	CDA	Cytidine deaminase	123920						Cda
1:20,633,457 1p36.12	PINK1, PARK6	PTEN-induced putative kinase 1	608309	Parkinson disease 6, early onset	605909	AR	3		Pink1
1:20,651,776 1p36.12	DDOST, OST, OST48, CDG1R	Dolichyl-diphosphooligosaccharide-protein glycosyltransferase	602202	?Congenital disorder of glycosylation, type Ir	614507	AR	3	mutation (cmpd het) identified in 1 CDG1R patient	Ddost
1:20,664,013 1p36.12	KIF17, KIAA1405	Kinesin family member 17	605037						Kif17
1:20,740,265 1p36.12	HP1BP3, HP1BP74	Heterochromatin protein 1-binding protein 3	616072						Hp1bp3

图 1-16　染色体位置附近基因引发的疾病页面

点击某一个基因的数据库编号(Phenotype MIM number)可以查看这个基因的详细信息如图 1-17。

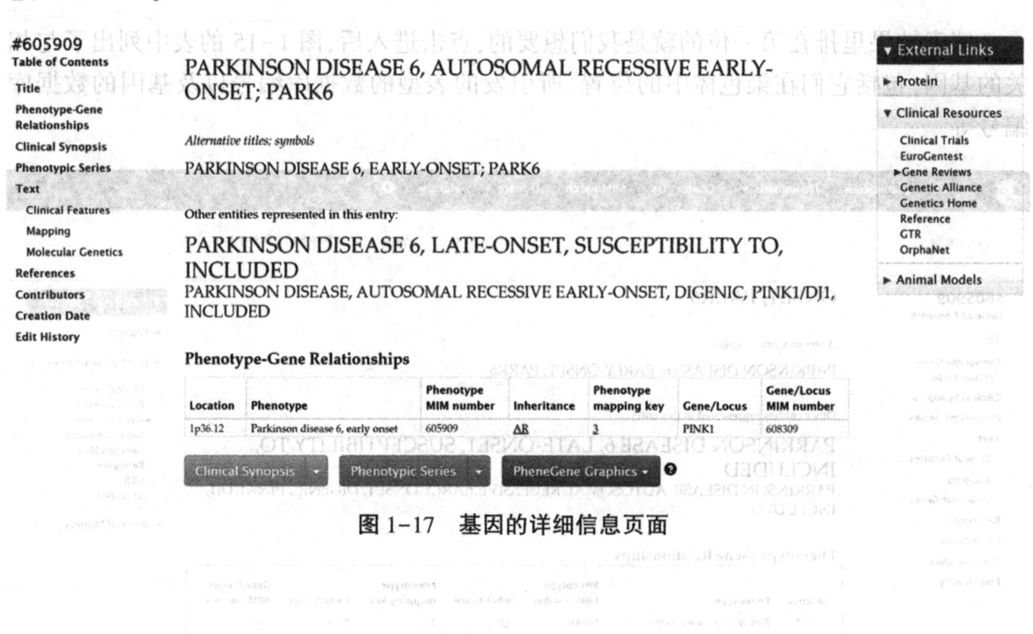

图 1-17　基因的详细信息页面

第二章　序列比对

对于一个蛋白质或核酸序列,需要从序列数据库中找到与它相同或相似的序列。不可能用眼睛去比较每一对序列,因为数据库中有太多序列。相似的序列往往起源于一个共同的祖先序列。它们很可能有相似的空间结构和生物学功能,因此对于一个已知序列但未知结构和功能的蛋白质,如果与它的序列相似的某些蛋白质的结构和功能已知,则可以推测这个未知结构和功能的蛋白质的结构和功能。我们用一致度和相似度这两个指标来描述有多相似,如果两个序列(蛋白质或核酸)长度相同,那么它们的一致度定义为它们对应位置上相同的残基(一个字母,氨基酸或碱基)的数目占总长度的百分数。如果两个序列(蛋白质或核酸)长度相同,那么它们的相似度定义为它们对应位置上相似的残基与相同的残基的数目和占总长度的百分数。那么什么是序列比对呢？序列比对(alignment)也叫对位排列、联配、对齐等。运用特定的算法找出两个或多个序列之间产生最大相似度得分的空格插入和序列排列方案。通俗易懂地将比如序列 s 和序列 t,把 s 和 t 这两个字符串上下排列起来,在某些位置插入空格(空位,gap),然后依次比较它们在每一个位置上字符的匹配情况,从而找出使这两条序列产生最大相似度得分的排列方式和空格插入方式。比对不是随便比比看看,而是需要专门的序列比对算法,根据比对序列的个数,可以把序列比对分为双序列比对和多序列比对。双序列比对就是比两条,而多序列比对需要比两条以上。此外根据序列比对的算法不同,双序列比对又可分为全局比对和局部比对。

一、双序列比对

经典的全局比对算法是 Needle-Wunsch 算法,1970 年 Saul Needleman 和 Christian Wunsch 两人首先将动态规划算法应用于两条序列的全局比对。这个算法后称为 Needleman-Wunsch 算法。现今所有软件的算法都是从这个经典算法演变出来的。全局比对是用于比较两个长度近似的序列,局部比对是用于比较一长一短两条序列。1981 年 Temple Smith 和 Michael Waterman 对局部比对进行了研究,产生了 Smith-Waterman 算法。我们懂了这些方法,发现自己计算对于长序列来说是很难实现的,我们介绍一种可以在线使用的双序列比对工具,目前使用率比较高的是 EMBL 网站的双序列比对工具,网址为 https://www.ebi.ac.uk/Tools/psa,打开页面里面有全局比对工具、局部比对工具和基因组比对工具,我们先看全局比对中的蛋白质比对工具,如图 2-1。

Tools > Pairwise Sequence Alignment

Pairwise Sequence Alignment is used to identify regions of similarity that may indicate functional, structural and/or evolutionary relationships between two biological sequences (protein or nucleic acid).

By contrast, **Multiple Sequence Alignment (MSA)** is the alignment of three or more biological sequences of similar length. From the output of MSA applications, homology can be inferred and the evolutionary relationship between the sequences studied.

Global Alignment

Global alignment tools create an end-to-end alignment of the sequences to be aligned.

Needle (EMBOSS)

EMBOSS Needle creates an optimal global alignment of two sequences using the Needleman-Wunsch algorithm.

This website requires cookies, and the limited processing of your personal data in order to function. By using the site you are agreeing to this as outlined in our Privacy Notice and Terms of Use. I agree, dismiss this banner

图 2-1　全局比对工具

打开之后把需要比较的两条蛋白质序列粘贴到输入框里或者上传(图 2-2)。

Pairwise Sequence Alignment

EMBOSS Needle reads two input sequences and writes their optimal global sequence alignment to file.

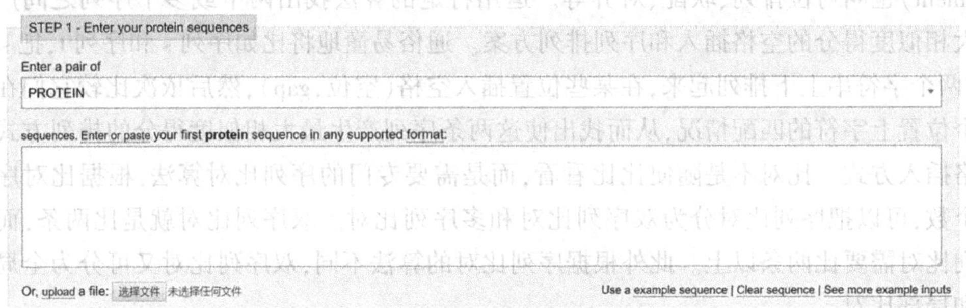

图 2-2　全局比对部分页面

如果想要进一步设置比对的参数可以点击 More options,点击 Submit 可以得到结果(图 2-3)。

STEP 2 - Set your pairwise alignment options

OUTPUT FORMAT

pair

The default settings will fulfill the needs of most users.

More options... *(Click here, if you want to view or change the default settings.)*

STEP 3 - Submit your job

Be notified by email *(Tick this box if you want to be notified by email when the results are available)*

Submit

图 2-3　比对参数设置链接页面

局部比对我们选择主页里的局部比对，输入序列，参数设置，提交，可以得到结果。

二、序列相似性搜索工具

在生物学研究中，对于新测定的氨基酸序列人们可以通过数据库搜索工具来找出与其相似的序列，来推测位置序列与已知序列是否同源，从而从已知蛋白质的三维结构来推测位置蛋白质的空间结构。序列相似性搜索工具主要是在一个序列数据库中查找一条序列，找出与查询序列最相似的序列。目前世界上广泛使用的就是BLAST(Basic Local Alignment Search Tool，基本局部比对搜索工具)。国际上著明的生物数据库网站都提供BLAST在线搜索服务，BLAST实际上是综合在一起的一组工具的统称，它不仅可以用于直接对蛋白质序列数据库和核酸序列数据库进行搜索，而且可以将带搜索的核酸序列翻译成蛋白质序列后再进行搜索，或反之，以提高搜索效率。我们以NCBI里的BIAST为例来介绍其使用方法，进入NCBI主页，点击BLAST链接，如图2-4。

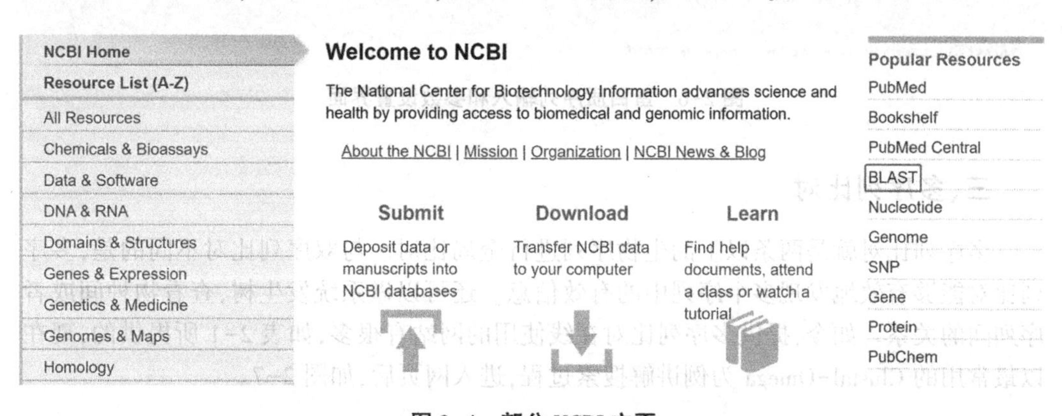

图2-4 部分NCBI主页

进入后我们点击Protein BLAST(图2-5)，也就是用蛋白质序列搜索蛋白质序列数据库，进入下个页面(图2-6)后输入蛋白质序列，选择蛋白质数据库，其他参数为默认参数，点击BLAST按钮，可以得到数据库搜索结果。

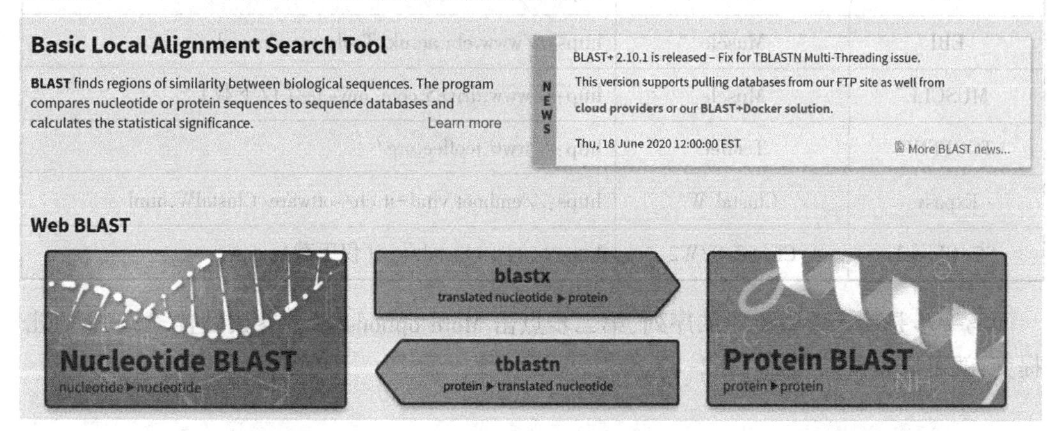

图2-5 BLAST主页

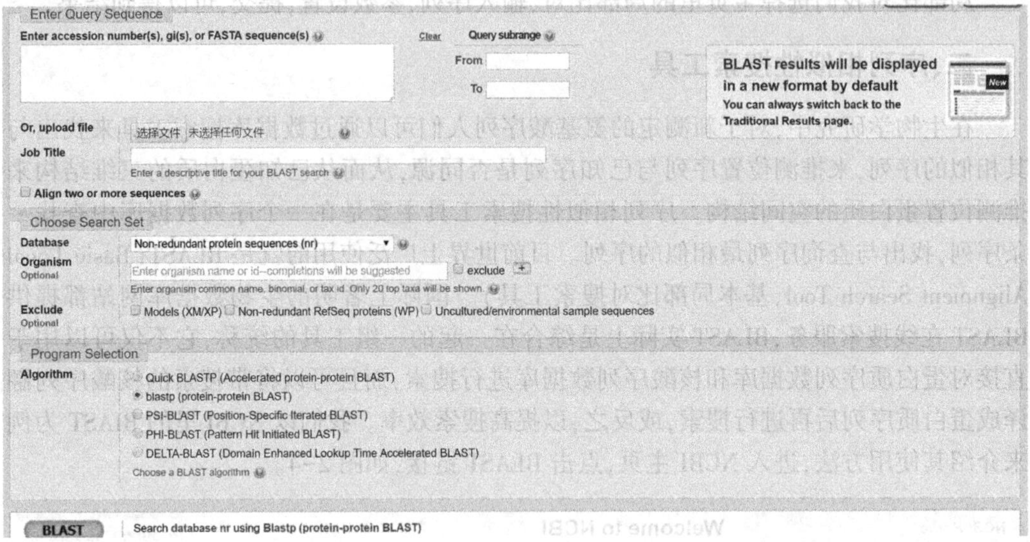

图 2-6　蛋白质序列输入和参数设置界面

三、多序列比对

多序列比对就是两条以上的生物序列进行全局比对。与双序列比对不同的是，多序列比对能够有效地发现多个序列中的有效信息。还可以做系统发生树，查看物种间或者序列间的关系。如今，提供多序列比对在线使用的网站有很多，如表 2-1 所提供的，现在以最常用的 Clustal-Omega 为例讲解搜索过程，进入网页后，如图 2-7。

表 2-1　多序列比对在线使用的网站

网站名称	服务器位置	网址
EBI	Clustal-Omega	https://www.ebi.ac.uk/Tools/msa/clustalo/
EBI	Tcoffee	https://www.ebi.ac.uk/Tools/msa/tcoffee/
EBI	Muscle	https://www.ebi.ac.uk/Tools/msa/muscle/
MUSCLE	Muscle	http://www.drive5.com/muscle/（仅下载）
TCOFFEE	Tcoffee	http://www.tcoffee.org/
Expasy	Clustal W	https://embnet.vital-it.ch/software/ClustalW.html
Sfi-Clustal	Clustal O/W2	http://www.clustal.org/（仅下载）

第一步是输入要做比对的序列，第二步点击 More options 查看参数设置，第三步点击提交，就可以查看结果了（图 2-8）。

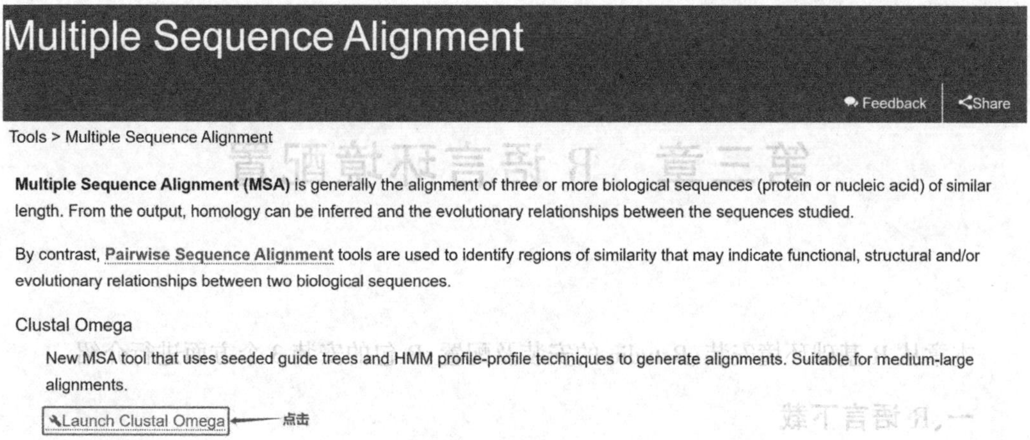

Multiple Sequence Alignment

Feedback | Share

Tools > Multiple Sequence Alignment

Multiple Sequence Alignment (MSA) is generally the alignment of three or more biological sequences (protein or nucleic acid) of similar length. From the output, homology can be inferred and the evolutionary relationships between the sequences studied.

By contrast, Pairwise Sequence Alignment tools are used to identify regions of similarity that may indicate functional, structural and/or evolutionary relationships between two biological sequences.

Clustal Omega

New MSA tool that uses seeded guide trees and HMM profile-profile techniques to generate alignments. Suitable for medium-large alignments.

Launch Clustal Omega ← 点击

图 2-7　多序列比对页面

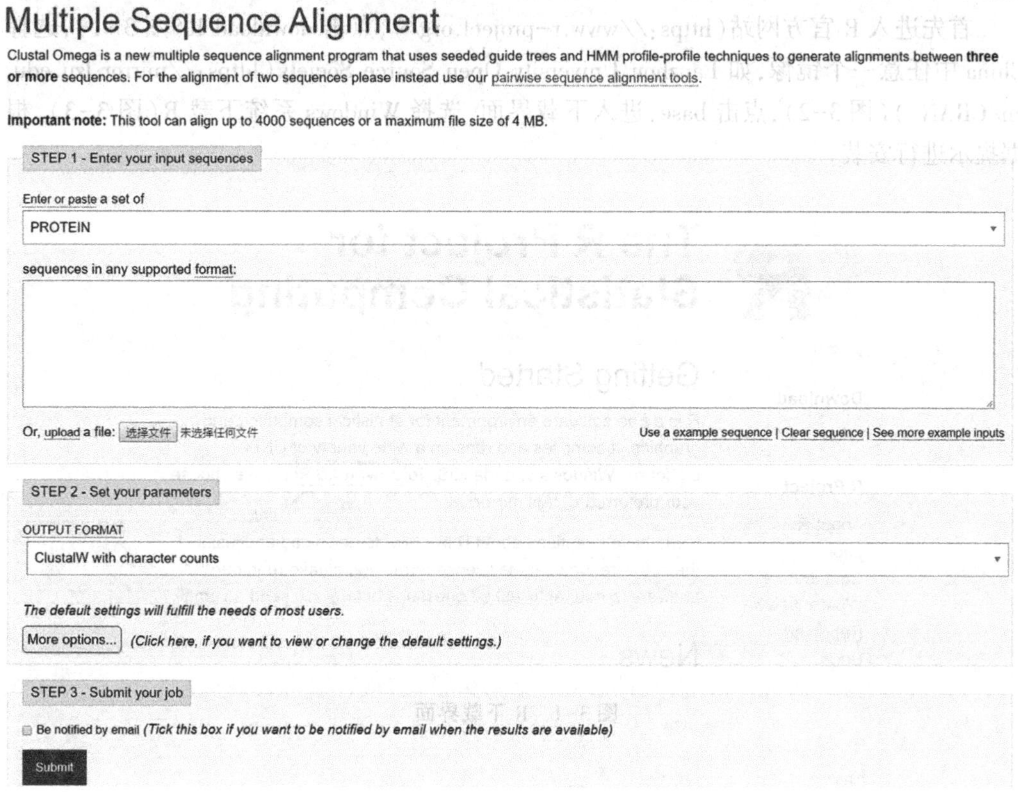

Multiple Sequence Alignment

Clustal Omega is a new multiple sequence alignment program that uses seeded guide trees and HMM profile-profile techniques to generate alignments between **three or more** sequences. For the alignment of two sequences please instead use our pairwise sequence alignment tools.

Important note: This tool can align up to 4000 sequences or a maximum file size of 4 MB.

STEP 1 - Enter your input sequences

Enter or paste a set of

PROTEIN

sequences in any supported format:

Or, upload a file: 选择文件 未选择任何文件

Use a example sequence | Clear sequence | See more example inputs

STEP 2 - Set your parameters

OUTPUT FORMAT

ClustalW with character counts

The default settings will fulfill the needs of most users.

More options... *(Click here, if you want to view or change the default settings.)*

STEP 3 - Submit your job

Be notified by email *(Tick this box if you want to be notified by email when the results are available)*

Submit

图 2-8　序列输入和参数设置界面

第三章　R 语言环境配置

本章从 R 基础环境安装、Rstudio 的安装及配置、R 包的安装 3 个方面进行介绍。

一、R 语言下载

R 语言官网提供了 Windows 系统、Linux 系统和(Mac)OS X 系统的 R 语言版本下载链接。本节以 Windows 系统为示例来讲解。

首先进入 R 官方网站(https://www.r-project.org/),点击 download R(图 3-1),选择 China 中任意一个镜像,如 Lanzhou University Open Source Society(https://mirror.lzu.edu.cn/CRAN/)(图 3-2),点击 base,进入下载界面,选择 Windows 系统下载 R(图 3-3),根据提示进行安装。

图 3-1　R 下载界面

China

https://mirrors.tuna.tsinghua.edu.cn/CRAN/	TUNA Team, Tsinghua University
https://mirrors.bfsu.edu.cn/CRAN/	Beijing Foreign Studies University
https://mirrors.ustc.edu.cn/CRAN/	University of Science and Technology of China
https://mirror-hk.koddos.net/CRAN/	KoDDoS in Hong Kong
https://mirrors.e-ducation.cn/CRAN/	Elite Education
https://mirror.lzu.edu.cn/CRAN/	Lanzhou University Open Source Society
https://mirrors.nju.edu.cn/CRAN/	eScience Center, Nanjing University
https://mirrors.tongji.edu.cn/CRAN/	Tongji University

图 3-2　镜像选择界面

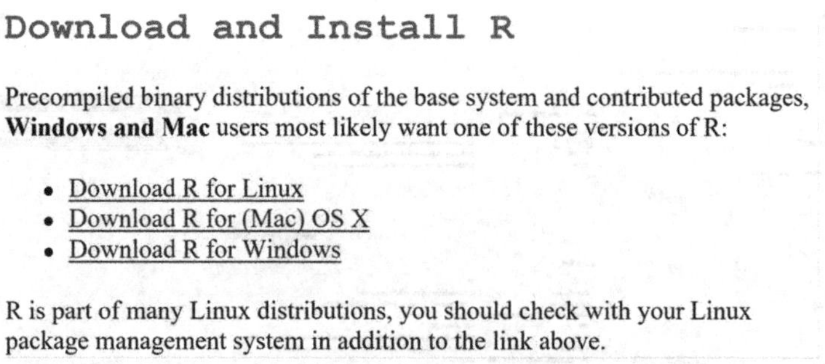

Download and Install R

Precompiled binary distributions of the base system and contributed packages, **Windows and Mac** users most likely want one of these versions of R:

- Download R for Linux
- Download R for (Mac) OS X
- Download R for Windows

R is part of many Linux distributions, you should check with your Linux package management system in addition to the link above.

图 3-3 不同系统 R 下载页面

当安装完成以后,点击 R 图标或快捷方式,进入以下界面,说明 R 语言已经安装成功(图 3-4)。需要注意 Windows 系统是 64 位系统还是 32 位系统,如果是 32 位系统,则装 32 位的 R,否则会出现不兼容,打不开 R。

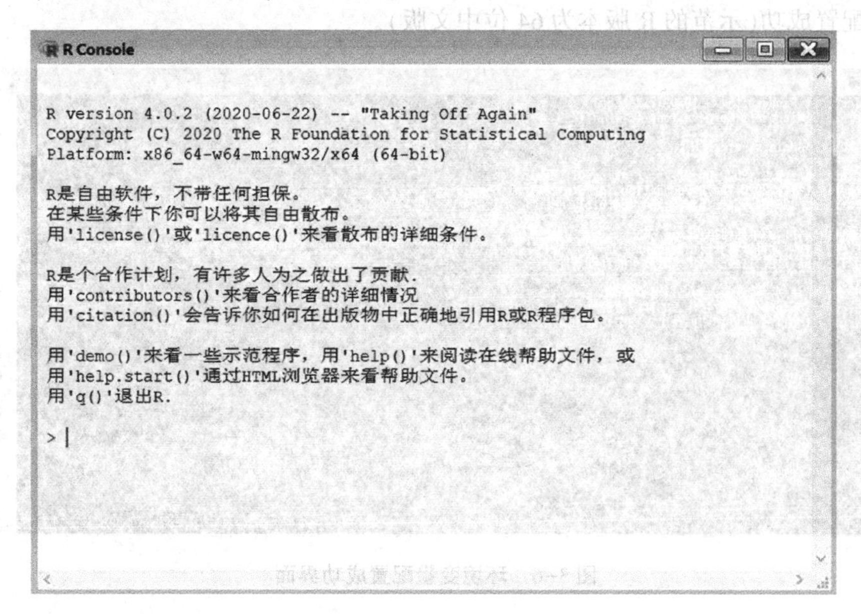

图 3-4 R Console 界面

二、系统环境变量添加 R

环境变量(environment variable)通常是指在操作系统中用来指定操作系统运行环境的一些参数。当需要系统运行一个程序,但却没有告诉它程序所在的完整路径时,系统除了在当前目录下寻找此程序外,还应到 path 中指定的路径去找。因此,用户可通过设置环境变量,来更好地运行进程,方便其他程序调用 R。本节以 Windows 10 系统为示例来讲解。

右击计算机→属性→高级系统设置→环境变量→Path,新增 R 的按照路径即可,如电脑 R 路径为:"D:\software\R-4.0.2\bin",点击确定所有的确定按钮(图 3-5)。

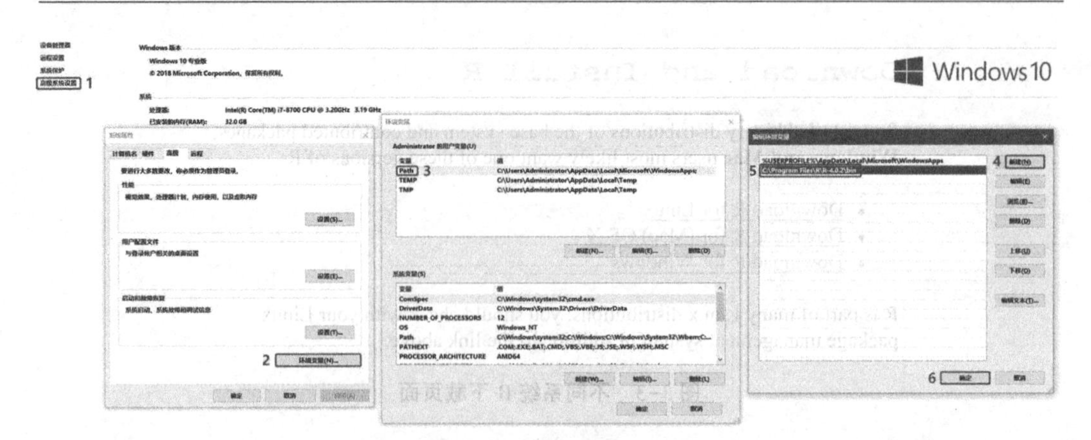

图 3-5　环境变量添加

进入终端：Windows+R，输入 cmd，输入“R”，显示如图 3-6 的界面，说明系统环境变量已经配置成功(示范的 R 版本为 64 位中文版)。

图 3-6　环境变量配置成功界面

三、Rstudio 的安装及配置

RStudio 是 R 语言的集成开发环境(IDE)，它是一个独立的开源项目，它将许多功能强大的编程工具集中到一个直观、易于学习的界面中。RStudio 可以在所有主要平台(Windows、Mac、Linux)上运行，也可以通过 web 浏览器(使用服务器安装)运行。如果你是一个 R 新手或者偏爱界面版的 R 环境，那么你会喜欢上 RStudio。

(一)Rstudio 的安装

R 安装完以后，就可以安装 Rstudio 了(需要注意的是安装 Rstudio 前，先安装 R)。

进入 Rstudio 官网下载页面(网页地址是 https://rstudio.com/products/rstudio/download/)，选择 Desktop Free 版的下载(图 3-7)。

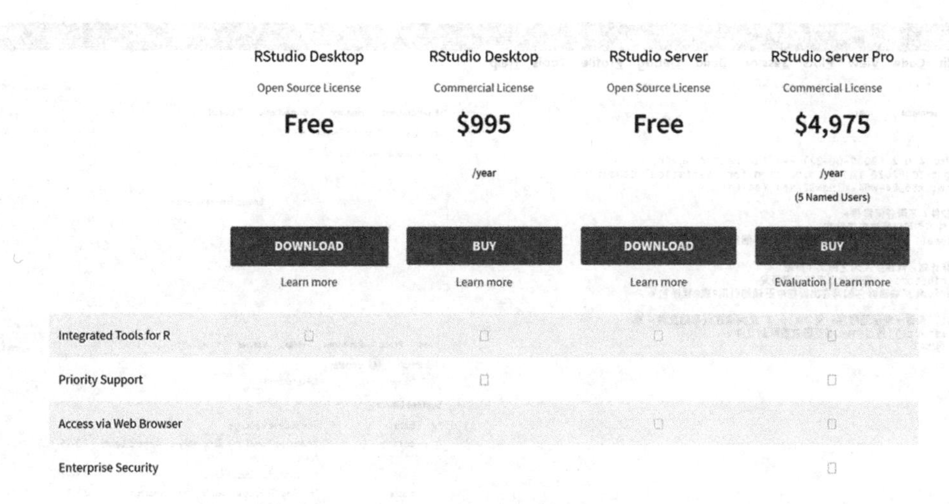

图 3-7 版本选择界面

点击 DOWNLOAD 后,根据自身系统进行下载(图 3-8)下载完成之后,Rstudio 的安装路径要与 R 安装的路径相同,否则会导致 Rstudio 无法使用。

OS	Download	Size	SHA-256
Windows 10/8/7	RStudio-1.3.1056.exe	171.62 MB	a8f1fee5
macOS 10.13+	RStudio-1.3.1056.dmg	148.64 MB	f343c77d
Ubuntu 16	rstudio-1.3.1056-amd64.deb	124.56 MB	cbd5e5e5
Ubuntu 18/Debian 10	rstudio-1.3.1056-amd64.deb	126.50 MB	cd1a9e17
Fedora 19/Red Hat 7	rstudio-1.3.1056-x86_64.rpm	146.86 MB	0b1576bb
Fedora 28/Red Hat 8	rstudio-1.3.1056-x86_64.rpm	150.95 MB	bc4b3f44
Debian 9	rstudio-1.3.1056-amd64.deb	126.65 MB	3fb317e5
SLES/OpenSUSE 12	rstudio-1.3.1056-x86_64.rpm	119.17 MB	1be3540b
OpenSUSE 15	rstudio-1.3.1056-x86_64.rpm	128.14 MB	0e881257

图 3-8 版本下载页面

安装完成之后,双击 Rstudio 图标或快捷方式,得到 Rstudio 界面,如图 3-9 所示,则安装成功。

(二) Rstudio 的配置

1.版本的选择　如果电脑上装了多个版本的 R,RStudio 会选择最近安装的作为默认项,但是最近更新的且安装了的新版本做不了某些分析时,那该怎么办呢? 解决办法是使用之前的版本,可按照以下步骤设置:Tools→Global Options→General→Basic→Change→选择版本→Apply 即可(图 3-10)。

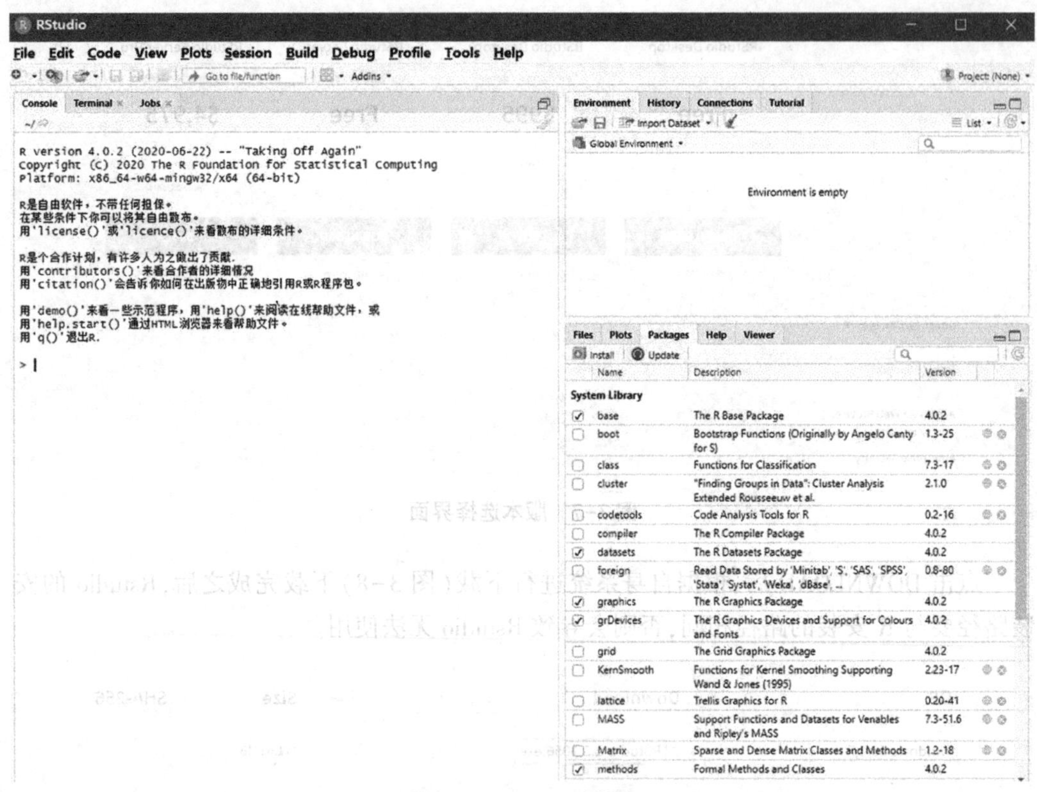

图 3-9　R studio 界面

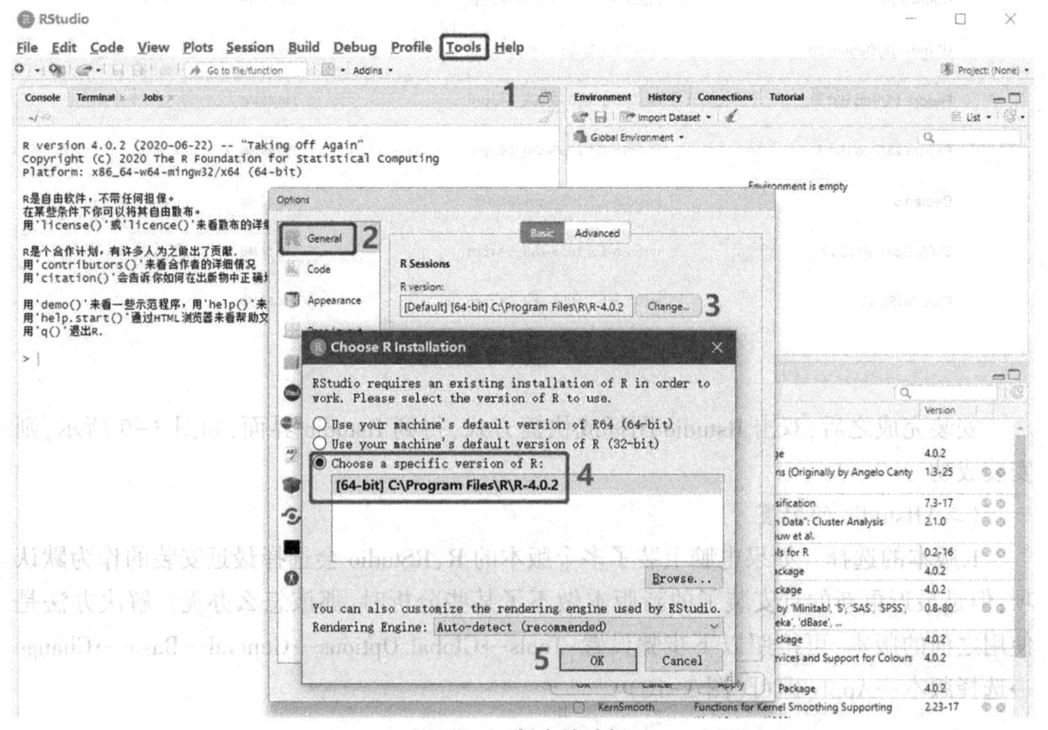

图 3-10　版本的选择

2.代码诊断的开启　对于新手来说，难免会遇到代码编写错误而导致报错，如中文双引号或单引号、逗号等。这种时候即使检查了代码，发现代码没编写错误，找不出问题所在，那么建议开启此功能。开启代码诊断后 RStudio 会有所提示，设置步骤如下：Tools→Global Options→Code→Diagnostics→全部勾选→Apply（图 3-11）。

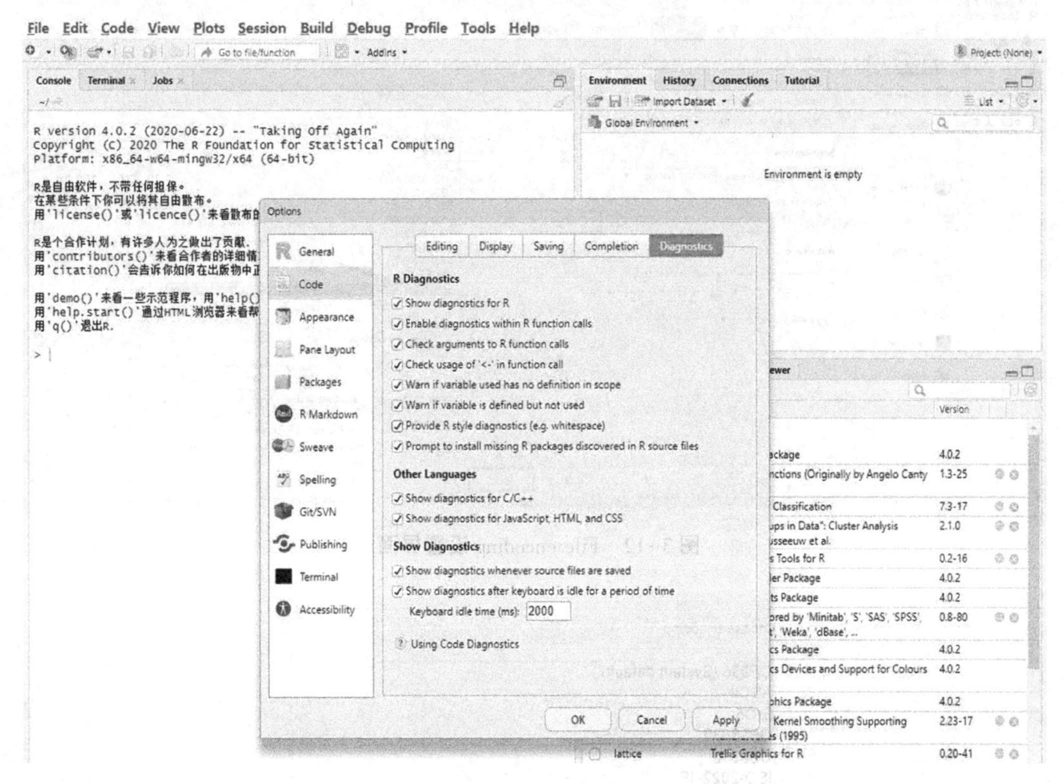

图 3-11　代码诊断设置界面

3.中文注释乱码问题　如果发现打开上次保存的 R 脚本代码出现注释的中文变成了乱码，那么这是怎么回事呢？原来这是 file encoding 的问题，那又该如何解决呢？方法有 3 种。

（1）打开 Rstudio，选择 Tools→Global Options→General→Code→Saving→Change→选择 UTF-8→Apply（图 3-12）。

（2）打开 Rstudio，选择 File→Save with Encoding→选择 UTF-8，勾选 Set as default encoding for source file→OK（图 3-13）。

（3）打开 Rstudio，选择 File→Reopen with Encoding→选择 UTF-8，勾选 Set as default encoding for source file→OK，打开界面和图 3-13 一样。

如果不想设置为默认，则每次打开时如果出现乱码，再选择一次即可。

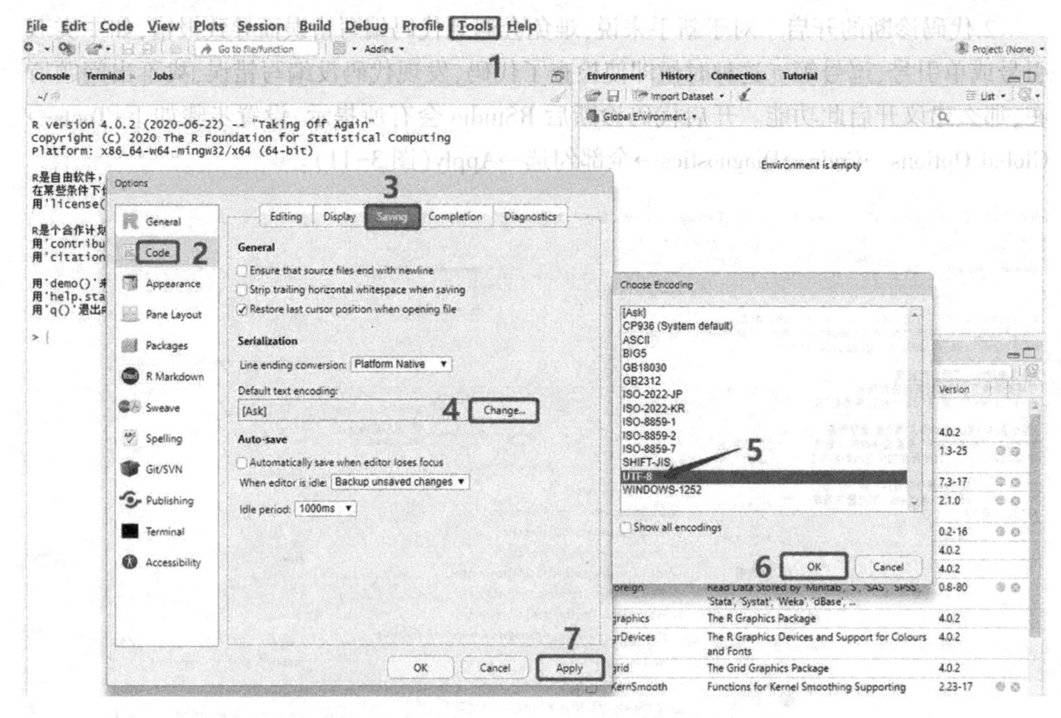

图 3-12 File encoding 设置界面

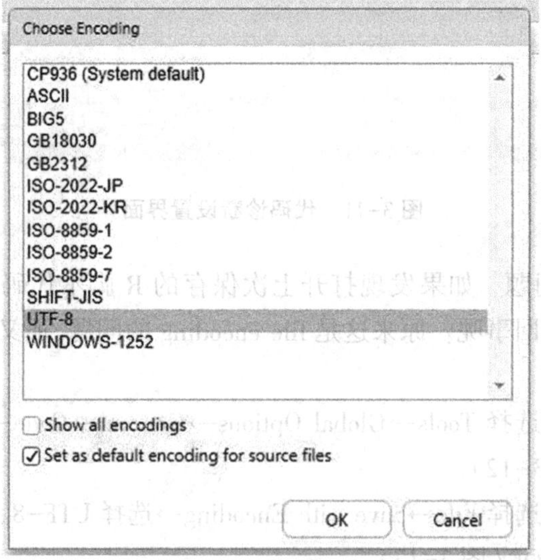

图 3-13 Encoding 设置界面

四、镜像设置和 R 包的安装

(一)镜像设置

在安装 R 包之前将镜像设置为国内镜像,如选择清华大学镜像,设置步骤为:Tools→Global Options→Packages→Management→Change→China(Beijing 1)[https]-TUNA Team,

Tsinghua University→OK→Apply(图 3-14)。

Options
General
Code
Appearance
Pane Layout
Packages
R Markdown
Sweave
Spelling
Git/SVN
Publishing
Terminal
Accessibility
Management Development
Package Management
Primary CRAN repository:
Global (CDN) - RStudio Change...
Choose Primary Repository
Custom:
CRAN Mirrors:
Bulgaria [https] - Sofia University
Canada (BC) [https] - Simon Fraser University, Burnaby
Canada (MB) [https] - Manitoba Unix User Group
Canada (NS) [https] - Dalhousie University, Halifax
Chile (Santiago) [https] - Departamento de Ciencias de la Computación, Un
Chile (Temuco) [https] - Departamento de Matemática y Estadística, Univer
China (Beijing 1) [https] - TUNA Team, Tsinghua University
China (Beijing 2) [https] - Beijing Foreign Studies University
China (Hefei) [https] - University of Science and Technology of China
China (Hong Kong) [https] - KoDDoS in Hong Kong
China (Guangzhou) [https] - Elite Education
China (Lanzhou) [https] - Lanzhou University Open Source Society
China (Nanjing) [https] - eScience Center, Nanjing University
China (Shanghai) [https] - Tongji University
Colombia (Cali) [https] - Icesi University
Costa Rica [https] - Distance State University (UNED)
Czech Republic [https] - CZ.NIC, Prague
Denmark [https] - Aalborg University
OK Cancel

图 3-14 镜像设置界面

命令行设置国内镜像。代码清单 1 如下：

```
options()$repos  ①
options("repos" = c(CRAN="https://mirrors.tuna.tsinghua.edu.cn/CRAN/"))  ②
```

查看 install.packages 安装时的默认镜像；指定 install.packages 安装镜像，此处为清华大学镜像。

更改本地配置文件，如 R 安装目录为 D:\R\R-4.0.2\etc\，找到 Rprofile.site 文件，打开该文件，找到以下语句：

```
local({r <- getOption("repos")
        r["CRAN"] <- "http://my.local.cran"      ③
        options(repos=r)})
```

将③修改为以下语句：

```
local({r <- getOption("repos")
        r["CRAN"] <- "https://mirrors.tuna.tsinghua.edu.cn/CRAN/"
        options(repos=r)})
```

(二)Rstudio 安装 R 包

点击右下方模块的 Packages→Install,输入需要安装的 R 包名称,如 BiocManager,勾选 Install dependencies(图 3-15)。如果没有勾选 Install dependencies,会导致 R 包使用过程中因为没有它所依赖包而出现错误。

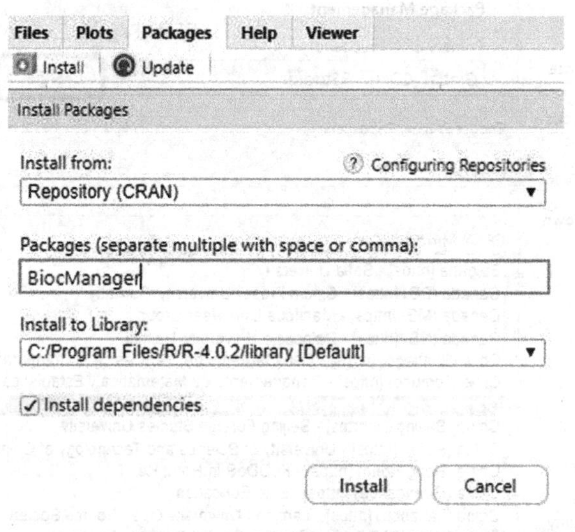

图 3-15　R 安装界面

Rstudio 本地安装 R 包。安装步骤为:Packages→Install→Package Archive File(如图 3-16)。其实 Rstudio 本地安装 R 包只需将 Install from 更改为"Package Archive File,Browse",这里需要加载入从 R 官网下载的 R 包。

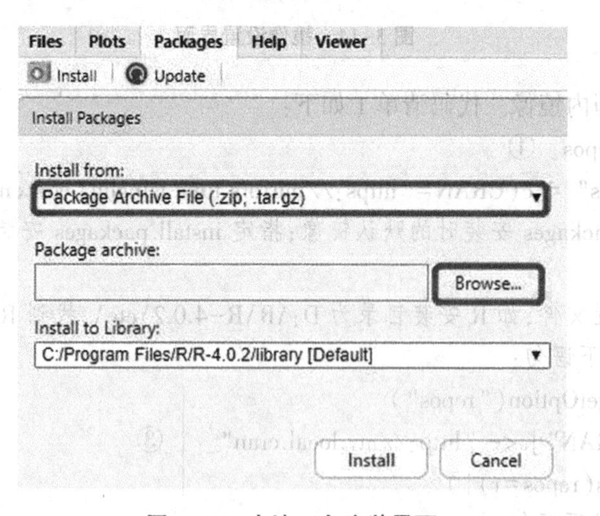

图 3-16　本地 R 包安装界面

命令行安装 R 包,一般使用 install.packages(),如安装 BiocManager 包,命令行为 install.packages("BiocManager"),点击 RUN 或者 Ctrl+Enter,即可安装。安装完成后,如果出现 package 'BiocManager' successfully unpacked and MD5 sums checked 或者"'＊＊'包

打开成功,MD5 和检查也通过",说明安装成功(图 3-17)。代码编辑窗口打开顺序为:File→New File→Script。

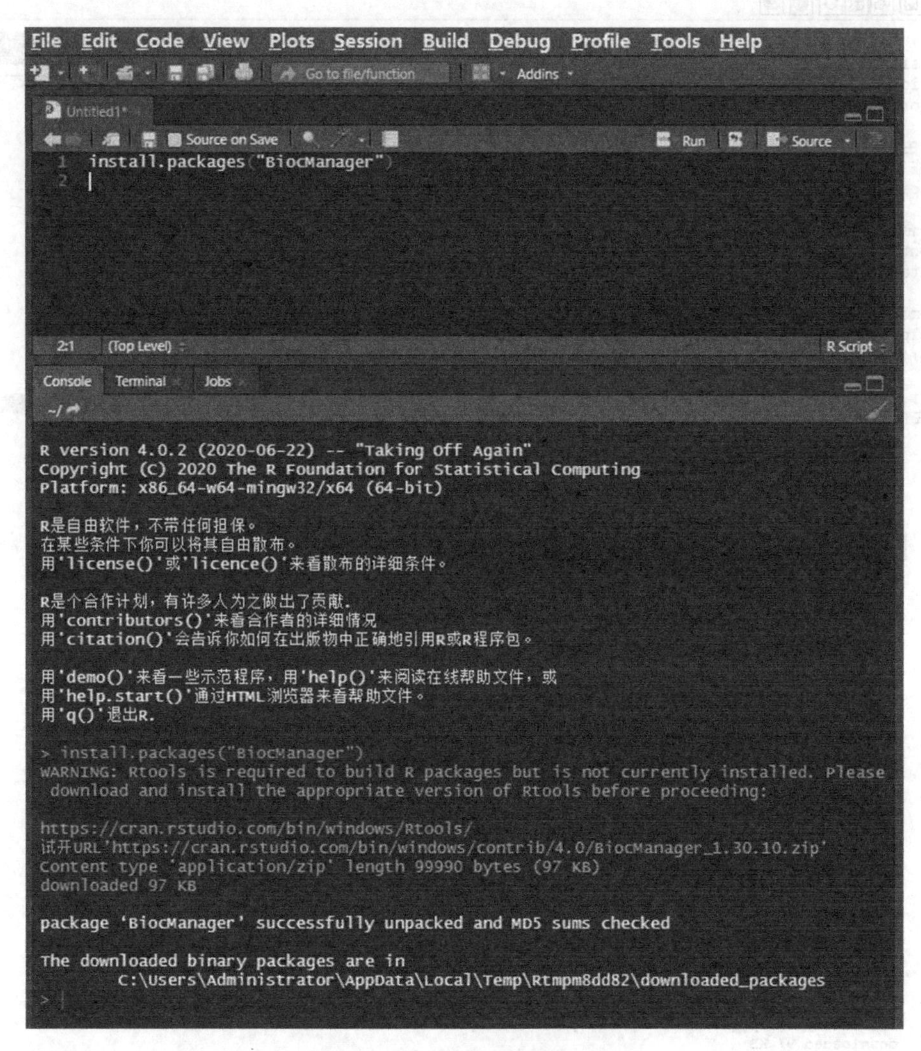

图 3-17　R 包命令行安装界面

(三)CRAN 安装 R 包

CRAN(https://cran.r-project.org/mirrors.html)是 R 综合档案网络的简称,这里提供了各种预编译好的安装文件和源代码,Packages 包含了大量开发者贡献的扩展包,里面有上百个镜像网站。

使用 CRAN 安装 R 包,首先在 R console 中输入一行代码 install.packages,按 Enter 运行。运行代码时,R 会弹出一个选择镜像的对话框,选择国内镜像中的任意一个即可,如选择 China(Guangzhou)[htpps](图 3-18)。

出现以下页面以及"' * * '包打开成功,MD5 和检查也通过"则安装成功(图 3-19)。

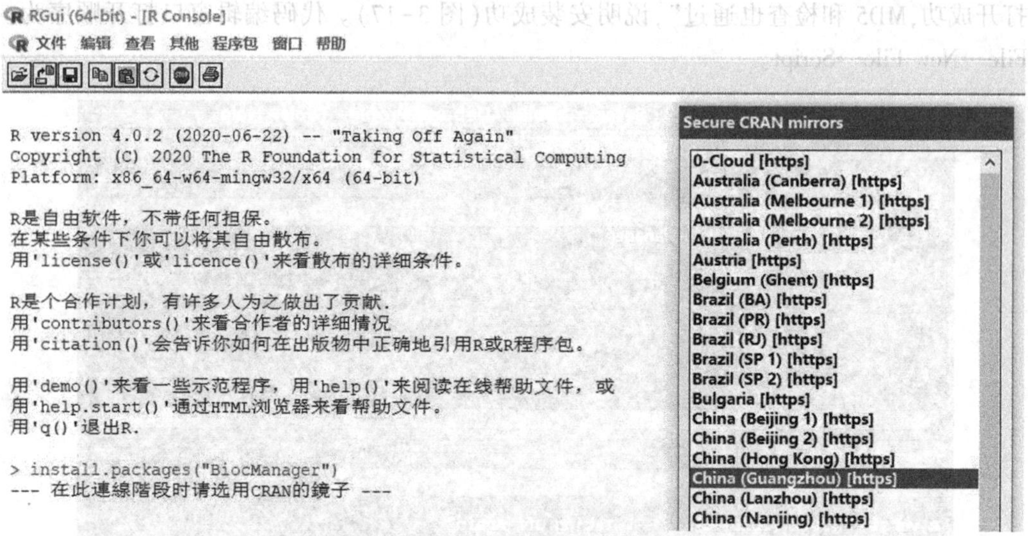

RGui (64-bit) - [R Console]

文件 编辑 查看 其他 程序包 窗口 帮助

```
R version 4.0.2 (2020-06-22) -- "Taking Off Again"
Copyright (C) 2020 The R Foundation for Statistical Computing
Platform: x86_64-w64-mingw32/x64 (64-bit)

R是自由软件，不带任何担保。
在某些条件下你可以将其自由散布。
用'license()'或'licence()'来看散布的详细条件。

R是个合作计划，有许多人为之做出了贡献.
用'contributors()'来看合作者的详细情况
用'citation()'会告诉你如何在出版物中正确地引用R或R程序包。

用'demo()'来看一些示范程序，用'help()'来阅读在线帮助文件，或
用'help.start()'通过HTML浏览器来看帮助文件。
用'q()'退出R.

> install.packages("BiocManager")
--- 在此連線階段时请选用CRAN的鏡子 ---
```

Secure CRAN mirrors

0-Cloud [https]
Australia (Canberra) [https]
Australia (Melbourne 1) [https]
Australia (Melbourne 2) [https]
Australia (Perth) [https]
Austria [https]
Belgium (Ghent) [https]
Brazil (BA) [https]
Brazil (PR) [https]
Brazil (RJ) [https]
Brazil (SP 1) [https]
Brazil (SP 2) [https]
Bulgaria [https]
China (Beijing 1) [https]
China (Beijing 2) [https]
China (Hong Kong) [https]
China (Guangzhou) [https]
China (Lanzhou) [https]
China (Nanjing) [https]

图 3-18　CRAN 安装 R 包安装界面

RGui (64-bit) - [R Console]

文件 编辑 查看 其他 程序包 窗口 帮助

```
R version 4.0.2 (2020-06-22) -- "Taking Off Again"
Copyright (C) 2020 The R Foundation for Statistical Computing
Platform: x86_64-w64-mingw32/x64 (64-bit)

R是自由软件，不带任何担保。
在某些条件下你可以将其自由散布。
用'license()'或'licence()'来看散布的详细条件。

R是个合作计划，有许多人为之做出了贡献.
用'contributors()'来看合作者的详细情况
用'citation()'会告诉你如何在出版物中正确地引用R或R程序包。

用'demo()'来看一些示范程序，用'help()'来阅读在线帮助文件，或
用'help.start()'通过HTML浏览器来看帮助文件。
用'q()'退出R.

> install.packages("BiocManager")
--- 在此連線階段时请选用CRAN的鏡子 ---
试开URL'https://mirrors.e-ducation.cn/CRAN/bin/windows/contrib/4.0/BiocManager_1.30.10.zip'
Content type 'application/zip' length 99990 bytes (97 KB)
downloaded 97 KB

程序包'BiocManager'打开成功，MD5和检查也通过

下载的二进制程序包在
        C:\Users\Administrator\AppData\Local\Temp\RtmpURrQwQ\downloaded_packages里
> |
```

图 3-19　R 包成功安装界面

本地安装 R 包，此方法所依赖的包不会自动被安装。首先从 R 官网载 R 包(https://cran.r-project.org/)；点击 Packages，选择 Table of available packages, sorted by date of publication 或者 Table of available packages, sorted by name(图 3-20)。

找到需要下载的 R 包，如 ggplot2。进入到 ggplot2 的下载页面以后，可以看到不同电脑系统(Windows 和 macOS)的关于 ggplot2 的 R 压缩包以及之前版本的 ggplot2 压缩包，点击即可下载(图 3-21)。

图 3-20　Packages 下载页面

图 3-21　不同系统 R 包下载页面

下载完 R 包以后，打开 R，按照以下顺序安装 R 包：菜单栏→程序化包→Install package(s) from local files...，或者输入代码 utils::menuInstallLocal()，会弹出对话框，选中本地下载好的 R 包即可安装。

（四）Bioconductor 安装 R 包

Bioconductor（http://www.bioconductor.org/）是一个基于 R 语言的、面向基因组信息分析的软件包集合。它提供的软件包中包括各种基因组数据分析和注释工具，其中大多数工具是针对 DNA 微阵列或基因芯片数据的处理、分析、注释及可视化的。

在 Bioconductor 安装 R 包，要先安装 BiocManager 包，这个包在上面几节中已经介绍过（详见本章相关内容），调用包的命令行为 library(BiocManager)。运行 Bioconductor 包中的函数 BiocManager::install() 即可安装 R 包。如安装 clusterProfiler 包，命令行为：BiocManager::install("clusterProfiler")。同时安装多个 R 包时，需用到 c() 函数，如同时

安装 clusterProfiler 包和 org.Hs.eg.db 包命令行为：BiocManager：：install（c"clusterProfiler"，"org.Hs.eg.db"）。

（五）Github 安装 R 包

对于有些 R 包，如 Twitter 在 Github 上提供的 AnomalyDetection 包，使用 install.packages（）函数则无法安装，这时可以通过安装 devtools 包来安装该 R 包。用 devtools 包中的函数 install_github（）需要提供 Github 的仓库名，但往往是记不住仓库名的，这时可以安装 githubinstall 包。githubinstall 包中的函数 githubinstall（）不仅可以从 Github 的仓库中搜索相应的 R 包，并询问你是否安装，还可以通过模糊的字符串自动纠正包名。

（六）Rstudio 界面改变

通过前面的介绍发现图 3-17 中 Rstudio 界面外观改变了，而且白色外观比较伤眼睛，所以建议将 Rstudio 外观改变一下，设置顺序为：Tools→Global Options→Appearence→Editor theme→外观选择如 Dracula→Apply。当然 Appearance 界面也可以编辑字体样式（Editor font）如 Courier New 和字体大小如 12（Editor font size）。点击 Apply 后，Rstudio 外观即可改变（图 3-22）。

图 3-22 Rstudio 界面

第四章　肿瘤基因表达数据分析

一、基因表达数据分析软件介绍

基因表达数据分析软件大多是开源软件，而大多用于基因表达的开源软件被收集在 http://www.bioconductor.org/中；Bioconductor 是基于 R 的开源免费的软件，用于生物信息数据的注释、处理、分析及可视化工具包的总集，由一系列 R 扩展包组成，应用十分广泛。而且随着时代的发展，计算机技术以及软件技术越发成熟，各学科相互交错，其中形成了一门以生物学、计算机学、统计学、分子生物学等学科为理论基础，以互联网为媒介，以数据库为载体，利用数学和计算机科学对生物学数据进行储存、检索和处理分析，并进一步挖掘和解读生物学数据的学科——生物信息学。在研究基因的差异表达时，利用生物信息学进行大量的、快速的数据处理是必要的，而 R 语言就是用于生物信息学数据处理分析的有用工具。这章我们先介绍 R 语言和 Bioconductor，然后介绍如何利用 R 包从 TCGA（The Cancer Genome Atlas）数据库下载基因表达数据以及后续的差异分析。

R 语言是当前主流的分析软件之一，是一种编程语言。它是一个自由软件操作系统（GNU），这也意味着它是自由的开源软件，具有非常强大的数据处理和分析功能，如统计学中的建模、靶基因和免疫细胞含量的相关性、单细胞主成分分析、计算机辅助药物设计、功能富集分析、机器学习算法等，下载地址为 https://www.r-project.org/。生物信息学已经成为了 R 语言的一个非常重要的应用领域，近年来，R 语言的迅猛发展很大程度上得益于生物信息学的推动。表 4-1 显示了 R 程序中的帮助函数和相关说明，读者可以在电脑上学习各种 R 包和函数的使用方法。学会使用这些帮助文档，毫无疑问有助于数据分析。有一点需要注意的是并非所有的 R 包都提供了 Vignette 文档。

表 4-1　R 程序中的帮助函数

函数	功能
help(match)或？match	查看函数 match 的帮助
help.search（“match”）或?? match	以 match 为关键词搜索本地帮助文档
help.start()	打开帮助文档首页
RSiteSearch（“match”）	以 match 为关键词搜索本地在线文档
apropos（“match”，mode=“function”）	列出名称中含有 match 的所有可用函数
example(match)	函数 match 的使用示例

续表 4-1

函数	功能
Vignette()	列出已安装包中所有可用的 vignette 文档
Vignette("match")	为主题 foo 显示指定的 vignette 文档
data()	列出已加载包中所有可用示例数据集

Bioconductor 是建立在 R 语言环境上的,用于生物信息数据的注释、处理、分析及可视化工具包的总集,由一系列 R 扩展包组成。它也是免费和开源的。

Bioconductor 当前最主要应用在基因芯片和下一代测序数据分析两个领域,而且在其他领域的应用也逐渐展开。Bioconductor 有一个非常大的优点就是用户可以方便地查看或修改现有算法或数据模块,并且根据新的需求可以不断地更新已有的扩展包或开发新包。

除了上述优点以外,它还有很多其他优点。

1.透明　高通量数据分析是非常复杂的,往往需要很多个步骤才能完成。从原始数据(比如说图片)的处理到统计学方法的应用,到总结出生物学意义,中间往往需要经过多步数据及其结构的转换。小的误差甚至错误会影响整个下游的分析。只有高度透明才能让最有价值的工作被广泛使用。

2.分布式开发模式　Bioconductor 依赖 R 包测试系统的测试机制来对每一个包进行测试以确定其稳定性与健壮性。每一个开发者都要对其开发的包中的所有函数进行记录,并且提供示例代码、脚本或命令用于代码测试。开发者在每次提交新包或者升级旧包之前都必须保证所提交的代码可以正常运行。有时升级包会影响依赖它或者导入它的相关包的运行,所以在提交升级之前,必须保证升级的部分不会影响其他包的正常运行。开发团队的成员们可以通过论坛、电子邮件、电话和会议等交流思想、更新知识或协调合作。

3.外部资源再利用　这里的外部资源主要是指用其他编程语言编写的程序。第一,Bioconductor 开发的一个基本原则就是尽量直接使用或者稍加改编整合已有的算法或程序,特别是一些标准工具和成熟算法,而不是重写。这样大大减少了使用未经测试的新代码的风险,而且提高了效率。第二,由于生物信息学是一个复杂的领域,往往需要使用多种程序和工具来完成一个任务,所以 Bioconductor 提供了多种整合其他代码或程序的手段。

4.动态的生物学注释　这里的注释特指元数据(metadata),在 Bioconductor 的一些文档中,元数据与数据的注释这两个概念经常混用。Bioconductor 项目开发了一些软件协助研究人员使用和分析元数据。为了保证元数据及时更新,以便用户可以得到最新的元数据,Bioconductor 将元数据写入 R 包。这些 R 包都是采用半自动更新的方法创建,并通过一些基于 reposTools 包开发的工具发布或更新。元数据有版本管理,用户可以决定何时更新需要的数据,还可以方便地获取旧版本的数据。

5.实验的可重复性　Bioconductor 非常强调研究的可重复性,这是生物信息学乃至科

学发现的基础。Bioconductor 扩展包及文档的统一标准为同时发布数据和代码等信息提供最优秀的平台,完全可以满足生物信息学研究的可重复性要求。

6.教育培训资源丰富　R/Bioconductor 作为一种新的程序设计语言,需要生物学计算机和统计学等多方面的背景知识,因此教育培训用户成为了一个重要的环节。每年都会有大量的培训资料公布在 Bioconductor 的官网或其他网站上,主要提供两个方面的资源:课程资料和说明文档。一些 Bioconductor 的开发者会亲自主讲一些课程,并且依据反馈不断改进课程资料。课程资料主要是为了介绍如何使用扩展包,是公开免费的,不过对发表有限制。Bioconductor 除了发表传统的说明文档(如使用手册),更依赖于网上可动态更新的在线文档。

7.响应用户需求　Bioconductor 在建立初始就启动了相应的邮件列表(bioconductor@stat.math.ethz.ch),并可查询以往的邮件,帮助遇到相同问题的用户快速地解决问题,错误报告为开发者避免或者修正错误提供了参考。另一方面,响应用户需求还需要图形化用户界面(Graphical User Interface, GUI)。

二、TCGA 基因表达数据下载与整理

(一)TCGAbiolinks 软件包简介和安装

TCGAbiolinks 能够访问国家癌症研究所(NCI)基因组数据共享(GDC),深入其 GDC 应用编程接口(API),搜索、下载和准备相关数据,以便在 R 中进行分析。TCGAbiolinks 软件包可以从 TCGA 数据库下载 33 种相关癌症的 RNA-seq 数据、临床数据、拷贝数突变、甲基化等数据,并且可以对其进行正常样本和癌症样本的差异分析、生存分析、拷贝数分析、甲基化分析、生存分析等。此软件包可以使用两种方法下载 GDC 数据。①使用 GDC Application Programming Interface(API)下载数据;②client:创建 MANIFEST 文件并使用 GDC Data Transfer Tool 下载数据。这两种方法相比 API 下载速度较 client 快,但 client 比较可靠。

首先我们需要访问著名的 Bioconductor 网站 http://www.bioconductor.org/,在网站首页 Search 栏输入 TCGAbiolink 如图 4-1(符号 1),会出现最新版本的 TCGAbiolinks 软件包,以及以前版本的软件包(符号 2 处)。

点击 2 处任意链接,然后往下拉得到 TCGAbiolinks 软件包安装命令行(图 4-2)和不同电脑系统的 TCGAbiolinks 软件包的压缩包下载页面(图 4-3)。这里主要介绍命令行下载 TCGAbiolinks 软件包。在图 4-2 中可以看到安装 TCGAbiolinks package 之前需要先安装 BioManagerpackage。If 条件语句,图中语句参数释义:1 处询问是否安装 BioManagerpackage,如果已安装则执行不安装,如果没安装则执行安装;2 处使用 BiocManagerpackage 中的 BiocManager::install()函数安装 TCGAbiolinkspackage。除此之外根据 TCGAbiolinks 文档介绍[可以使用 browseVignettes()查看包的文档],还需要安装 dplyr、SummarizedExperiment 和 DT packages。

Search: TCGAbiolinks 1

Home Install Help Developers About

Home » Help » Search

Search

Your search for *TCGAbiolinks* returned 4366 results.

Bioconductor - TCGAbiolinks - /packages/release/bioc/html/TCGAbiolinks.html
Bioconductor - *TCGAbiolinks*
Bioconductor - TCGAbiolinks (development version) - /packages/devel/bioc/html/TCGAbiolinks.html
Bioconductor - *TCGAbiolinks* (development version)
Bioconductor - TCGAbiolinks - /packages/3.4/bioc/html/TCGAbiolinks.html
Bioconductor - *TCGAbiolinks*
Bioconductor - TCGAbiolinks - /packages/3.8/bioc/html/TCGAbiolinks.html
Bioconductor - *TCGAbiolinks*
Bioconductor - TCGAbiolinks - /packages/3.5/bioc/html/TCGAbiolinks.html
Bioconductor - *TCGAbiolinks*
Bioconductor - TCGAbiolinks - /packages/3.2/bioc/html/TCGAbiolinks.html
Bioconductor - *TCGAbiolinks*
TCGAbiolinks GUI - /packages/devel/bioc/vignettes/TCGAbiolinksGUI/inst/doc/vignette.html
TCGAbiolinks GUI

2

图 4-1　TCGAbiolinks 包搜索界面

Installation

To install this package, start R (version "4.0") and enter:

```
if (!requireNamespace("BiocManager", quietly = TRUE))
    install.packages("BiocManager")

BiocManager::install("TCGAbiolinks")
```

图 4-2　TCGAbiolinks 软件包安装命令行

Package Archives

Follow Installation instructions to use this package in your R session.

Source Package	TCGAbiolinks_2.16.3.tar.gz
Windows Binary	TCGAbiolinks_2.16.3.zip
macOS 10.13 (High Sierra)	TCGAbiolinks_2.16.3.tgz

图 4-3　TCGAbiolinks 软件包的压缩包下载

安装完成之后，需要加载软件包，加载包的函数为 library( )，代码清单如下：

```
library( TCGAbiolinks)
library( plyr)
library( DT)
library( SummarizedExperiment)
```

（二）转录组数据下载

加载完软件包以后，就可以开始数据下载了，我们以肺癌（LIHC）为示例进行分析，代码清单如下：

建立工作目录

```
setwd('D:/LIHC')
```

```
query <-GDCquery(project = "TCGA-LIHC",
data.category = "Transcriptome Profiling",
              data.type = "Gene Expression Quantification",   询问设置条件并询问 GDC
workflow.type = "HTSeq - Counts")
samplesDown <- getResults(query,cols=c("cases"))            从 query 中获取结果表
dataSmTP <- TCGAquery_SampleTypes(barcode = samplesDown,    筛选个肿瘤样本(371)的 barcode
                        typesample = "TP")
dataSmNT <- TCGAquery_SampleTypes(barcode = samplesDown,    筛选正常样本(50)的 barcode
                        typesample = "NT")
queryDown <- GDCquery(project = "TCGA-LIHC",                                    设置barcode
data.category = "Transcriptome Profiling",
data.type = "Gene Expression Quantification",
workflow.type = "HTSeq - Counts",
                  barcode = c(dataSmTP, dataSmNT))
GDCdownload(query = queryDown)                              下载数据
dataPrepare1<- GDCprepare(query = queryDown, save = TRUE, save.filename = "LIHC_cases.rda")
读取下载的数据,得到 Human_genes__GRCh38_p12_.rda 文件以及保存 LIHC_cases.rda 文件
dataPrepare2<- TCGAanalyze_Preprocessing(object = dataPrepare1,
                            cor.cut = 0.6,                  去除异常值
                            datatype = "HTSeq - Counts")
write.csv(dataPrepare2,file = "dataPrep.csv",quote = FALSE)    保存肿瘤组织和正常
                                                               组织数据,格式为 CSV
rownames(dataPrepare2)<-rowData(dataPrepare1) $ external_gene_name    ID 名转化为基因名

data_lihc <- TCGAanalyze_Normalization(tabDF = dataPrepare2,
                            geneInfo = geneInfo,            对 LIHC 数据进行标准化
                            method = "gcContent")
dataFilt_lihc_final <- TCGAanalyze_Filtering(tabDF = data_lihc,
                            method = "quantile",            对标准化后数据进行过滤
                            qnt.cut = 0.25)
write.csv(dataFilt.lihc.final,file = "dataFilt_LIHC_final.csv",quote = FALSE)
                              保存基因表达数据
```

对于 miRNA 数据下载,方法同上面一样,将对应的筛选条件换成 miRNA 即可。代码清单如下:

```
query <- GDCquery(project = "TCGA-LIHC",
experimental.strategy = "miRNA-Seq",
data.category = "Transcriptome Profiling",
data.type = "miRNA Expression Quantification")
samplesDown <- getResults(query,cols=c("cases"))
dataSmTP <- TCGAquery_SampleTypes(barcode = samplesDown,
                        typesample = "TP")
dataSmNT <- TCGAquery_SampleTypes(barcode = samplesDown,
```

```
                          typesample = "NT")
queryDown <- GDCquery(project = "TCGA-LIHC",
experimental.strategy = "miRNA-Seq",
data.category = "Transcriptome Profiling",
data.type = "miRNA Expression Quantification")
                   barcode = c(dataSmTP, dataSmNT))
GDCdownload(query = queryDown)
dataPrep1 <- GDCprepare(query = queryDown, save = TRUE, save.filename = "LIHC_mRNA.rda")
```

关于对 TCGA 数据下载的软件包还有 RTCGA、RTCGAToolbox、TCGA2STAT、cgdsr。RTCGAToolsbox 包数据更新较慢；TCGA2STAT 包数据分析跟 TCGAbiolinks 包相似，但比较难理解；cgdsr 包是从 cbioportal 网站下载 TCGA 数据(http://www.cbioportal.org/public-portal)。

（三）基因表达数据差异分析

基因表达数据差异分析我们使用了 TCGAbiolinks package 中的函数 TCGAanalyze_DEA()，差异分析方法使用了 edgeR，代码清单如下：

```
DEG_LIHC_edgeR <- TCGAanalyze_DEA(mat1 = dataFilt.lihc.final[,dataSmNT],
                          mat2 = dataFilt.lihc.final[,dataSmTP],
                          pipeline="edgeR",
                          Cond1type = "Normal",              差异分析
                          Cond2type = "Tumor",
                          fdr.cut = 0.05 ,
                          logFC.cut = 1)
write.table(DEG_LIHC_edgeR,file = "DEGs_lihc_edgeR.txt",sep="\t")保存差异基因，文件
                                                                格式为 txt
```

差异分析常用的包和软件有 limma、Deseq2、edgeR、SAM。

1.limma　一般用于 Microarray 的 RMA 数据的差异分析。

2.Deseq2 和 edgeR　一般用于 RNA-seq 的原始数据的差异分析。对于 TPM、RPM、FPKM/RPKM 标准化后的 RNA-seq 数据，一般用 t-test 对其进行差异分析。

3.SAM　是斯坦福大学 Rob Tibshirani 教授课题组开发的基因表达分析软件。SAM 软件可以将基因表达的数据和各种临床特征（生存期、肿瘤分期、治疗等）关联起来，对样本进行置换并计算，提供 fase discovery rate，对时间序列数据进行分析，使用 K 临近算法补充缺失值，差异基因数量可通过修改参数改变，SAM 可以以插件形式在 EXCEL 环境下运行等。SAM 需要注册，网站为 http://statweb.stanford.edu/~tibs/SAM/。SAM 功能比较强大，它可以使用 SAMSeq 方法对 RNA-seq 数据进行分析、处理蛋白质表达数据、基因集分析、富集分析等。并且 SAM 软件在筛选得到较多差异基因的同时，FDR 值还能够保持在较低的水平，因而是一种非常理想的差异基因筛选工具，如果你对 SAM 软件感兴趣的话，可以尝试摸索一下，你会发现很多关于 SAM 软件隐藏的秘密。但是在分析数据之前需注意以下几点：①软件安装和数据格式必须按照 SAM 手册准备；②当因数据很大，内存不足时，先补缺保存再执行 SAM 分析；③确保基因大于一个，不然会导致补缺时出错。

三、GEO 基因表达谱芯片数据差异分析

NCBI Gene Expression Omnibus(GEO)作为各种高通量实验数据的公共存储库。这些数据包括基于单通道和双通道微阵列的实验,检测 mRNA,基因组 DNA 和蛋白质丰度,以及非阵列技术,如基因表达系列分析(SAGE),质谱蛋白质组学数据和高通量测序数据。在 GEO 最基本的组织层面,有四种基本实体类型(样本、平台、系列和数据集)。样本、平台和系列由用户提供;数据集由 GEO 工作人员根据用户提交的数据进行编译和策划。本小节主要介绍如何使用 GEO 数据库的 Analysiswith GEO2R 工具对微阵列数据集进行差异分析,以数据集 GSE16456 为示例进行讲解。

1.进入 GEO 数据库主页(https://www.ncbi.nlm.nih.gov/geo/),搜索框中输入 GSE16456,点击 Search(图 4-4)。

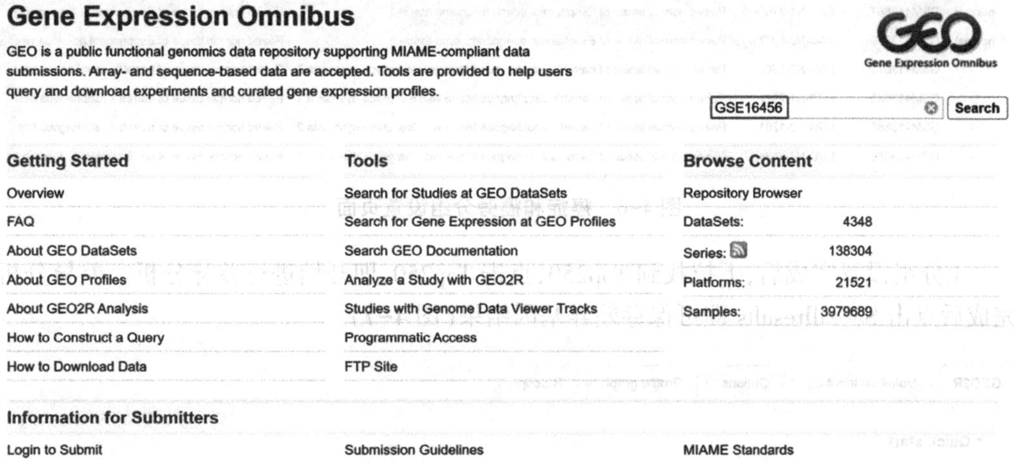

图 4-4　GEO 数据库主页

2.点击 Search 后,找到 Analyzewith GEO2R 按钮并点击(图 4-5)。

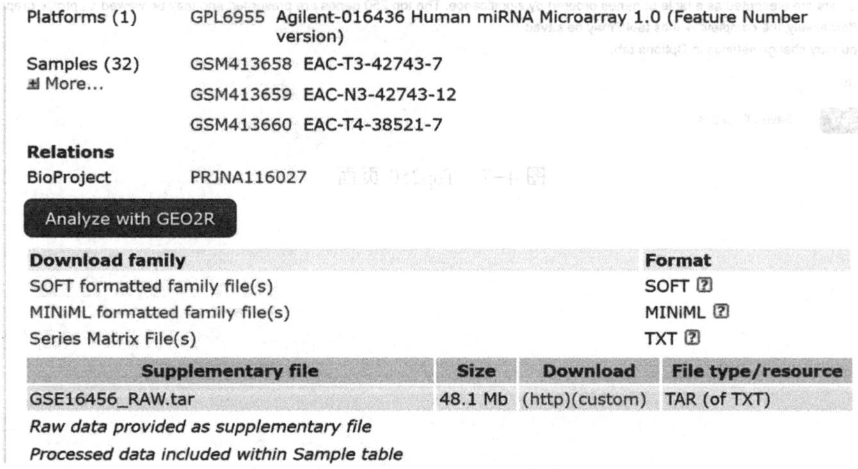

图 4-5　Analyzewith GEO2R 工具页面

3.点击 Definegroups→输入框中输入 normal 或者 tumor，然后回车(Enter)即分组成功(没设置一个分组重复一次操作)，然后选中样本，点击 normal(对应 tumor，操作一样)(图 4-6)。

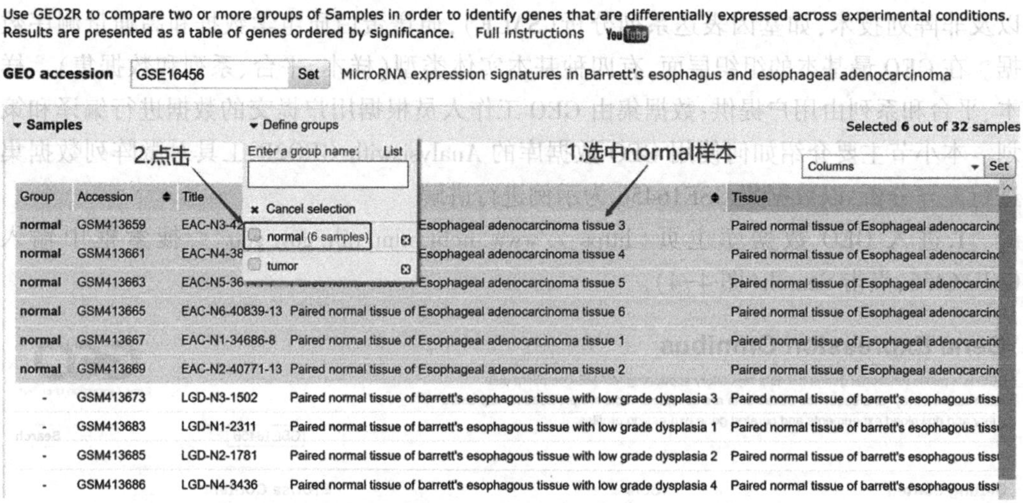

Use GEO2R to compare two or more groups of Samples in order to identify genes that are differentially expressed across experimental conditions.
Results are presented as a table of genes ordered by significance. Full instructions

GEO accession GSE16456 Set MicroRNA expression signatures in Barrett's esophagus and esophageal adenocarcinoma

Samples — Define groups — Selected 6 out of 32 samples

Enter a group name: List

Cancel selection

normal (6 samples)

tumor

2.点击

1.选中normal样本

Columns Set

Group	Accession	Title	Source name	Tissue
normal	GSM413659	EAC-N3-42…	…Esophageal adenocarcinoma tissue 3	Paired normal tissue of Esophageal adenocarcin…
normal	GSM413661	EAC-N4-38…	…Esophageal adenocarcinoma tissue 4	Paired normal tissue of Esophageal adenocarcin…
normal	GSM413663	EAC-N5-36…	…Esophageal adenocarcinoma tissue 5	Paired normal tissue of Esophageal adenocarcin…
normal	GSM413665	EAC-N6-40839-13	Paired normal tissue of Esophageal adenocarcinoma tissue 6	Paired normal tissue of Esophageal adenocarcin…
normal	GSM413667	EAC-N1-34686-8	Paired normal tissue of Esophageal adenocarcinoma tissue 1	Paired normal tissue of Esophageal adenocarcin…
normal	GSM413669	EAC-N2-40771-13	Paired normal tissue of Esophageal adenocarcinoma tissue 2	Paired normal tissue of Esophageal adenocarcin…
-	GSM413673	LGD-N3-1502	Paired normal tissue of barrett's esophagous tissue with low grade dysplasia 3	Paired normal tissue of barrett's esophagous tiss…
-	GSM413683	LGD-N1-2311	Paired normal tissue of barrett's esophagous tissue with low grade dysplasia 1	Paired normal tissue of barrett's esophagous tiss…
-	GSM413685	LGD-N2-1781	Paired normal tissue of barrett's esophagous tissue with low grade dysplasia 2	Paired normal tissue of barrett's esophagous tiss…
-	GSM413686	LGD-N4-3436	Paired normal tissue of barrett's esophagous tissue with low grade dysplasia 4	Paired normal tissue of barrett's esophagous tiss…

图 4-6 癌症和癌旁分组设置页面

4.分组设置完成后，下拉找到 Top250，点击 Top250，即开始进行差异分析。差异分析完成后点击 Saveallresults 即可保存差异基因结果(图 4-7)。

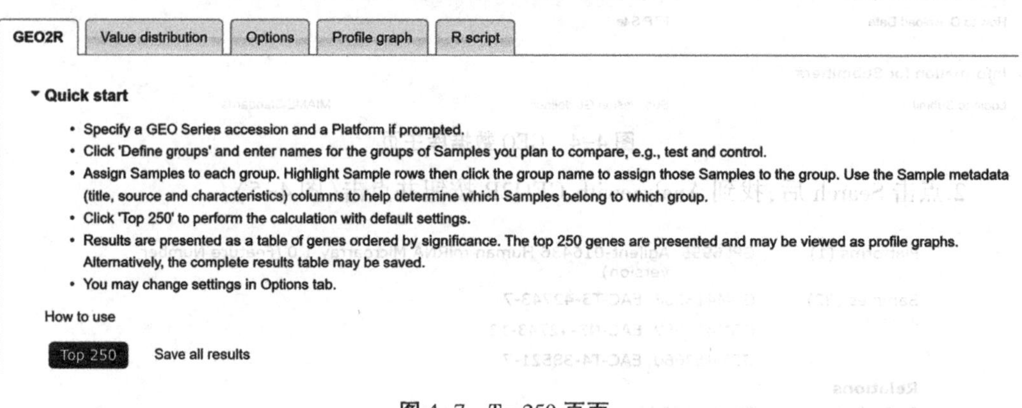

图 4-7 Top250 页面

第五章　转录因子结合位点预测

转录因子(transcription factors)是重要的基因调节子,在发育、细胞信号传导和细胞周期中具有独特的作用,并且已经与许多疾病相关。本节介绍一种免费工具 ConTra V3(http://bioit2.irc.ugent.be/contra/v3/#/step/1)和 JASPAR。

一、ConTra V3

ConTra V3 可以轻松地可视化和探索编码或非编码基因周围的任何基因组区域中的预测转录因子结合位点(TFBS),主要提供两种分析。可视化可以让研究者识别特定的转录因子识别位点与指定基因的关联,而挖掘分析则可以帮助研究者对只知道指定基因而尚未有明确的转录因子时使用。

1.以基因 *PIEZO*1 为示例,进入 ConTra V3 网页首页,选择分析类型为挖掘类型,物种为人类,选择 gene/tanscript 项,输入框中输入基因 *PIEZO*1,点击 NEXT(图 5-1)。Additional settings 可添加邮箱,用于接收结果。

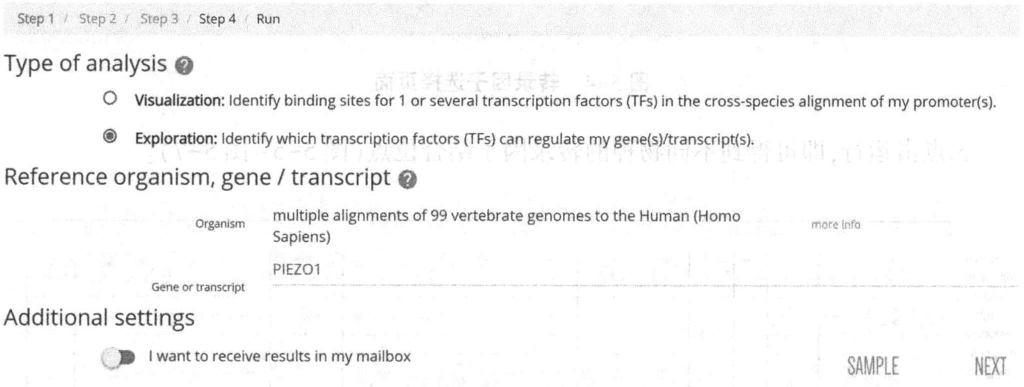

Step 1 / Step 2 / Step 3 / Step 4 / Run

Type of analysis

Visualization: Identify binding sites for 1 or several transcription factors (TFs) in the cross-species alignment of my promoter(s).

Exploration: Identify which transcription factors (TFs) can regulate my gene(s)/transcript(s).

Reference organism, gene / transcript

Organism　multiple alignments of 99 vertebrate genomes to the Human (Homo Sapiens)　more info

Gene or transcript　PIEZO1

Additional settings

I want to receive results in my mailbox　SAMPLE　NEXT

图 5-1　Exploration 分析页面

2.根据需要选择转录类型,点击 NEXT(图 5-2)。

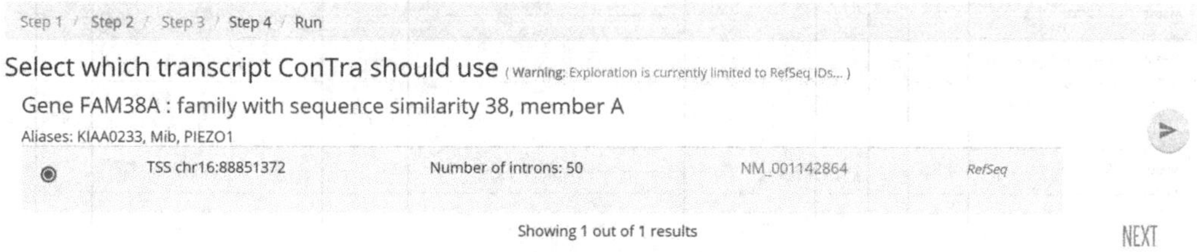

Step 1 / Step 2 / Step 3 / Step 4 / Run

Select which transcript ConTra should use (Warning: Exploration is currently limited to RefSeq IDs...)

Gene FAM38A : family with sequence similarity 38, member A

Aliases: KIAA0233, Mib, PIEZO1

TSS chr16:88851372　Number of introns: 50　NM_001142864　RefSeq

Showing 1 out of 1 results　NEXT

图 5-2　转录类型选择页面

3.根据需要选择分析的序列位置，如 Promoter、Gene 等，点击 NEXT(图 5-3)，然后点击 RUN。

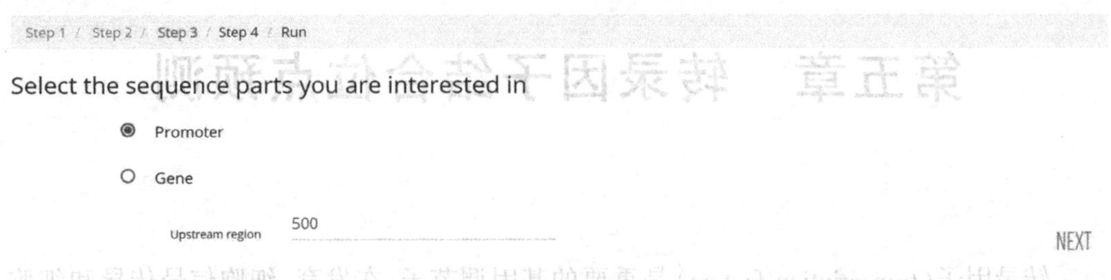

图 5-3　序列位置选择页面

4.选择转录因子，stringency(条件严格度)为：core = 0.95，similarity matrix = 0.85(可自行设置)，点击 RUN VISUALIZATION(图 5-4)。

Below you can find the results. You can also download zip package.

Filter / Select	Matrix ID	TF	PWM db	p-value	q-value	IC	Consensus	RP rank	HS rank	CE rank
				<=	<= 0.25	>= 5		<=	<=	<=
	V$AP2ALPHA_Q6	AP-2alpha	TRANSFAC20113	9.67404e-6	0.0010448	5.172	MGCCYSSGGSS	1	4	1
	V$COE1_Q6	COE1	TRANSFAC20113	5.79601e-5	0.0031298	7.302	YCYCWRGGGAAYYK	6	1	2
	MA0154.3	EBF1	JASPAR_CORE_2016	2.28638e-4	0.0082310	11.088	ATTCCCHWGGGAMT	5	2	3
	V$AP2_Q6_01	AP-2	TRANSFAC20113	4.47441e-4	0.0120809	6.236	SSSBCCSCAGGCB	4	3	4
	V$AP2_Q6	AP-2	TRANSFAC20113	0.0027952	0.0567065	5.827	MKCCCSCMGGCG	3	13	5

Select the stringency　core = 0.95, similarity matrix = 0.85　RUN VISUALIZATION

图 5-4　转录因子选择页面

5.点击运行，即可得到不同物种的转录因子结合位点(图 5-5~图 5-7)。

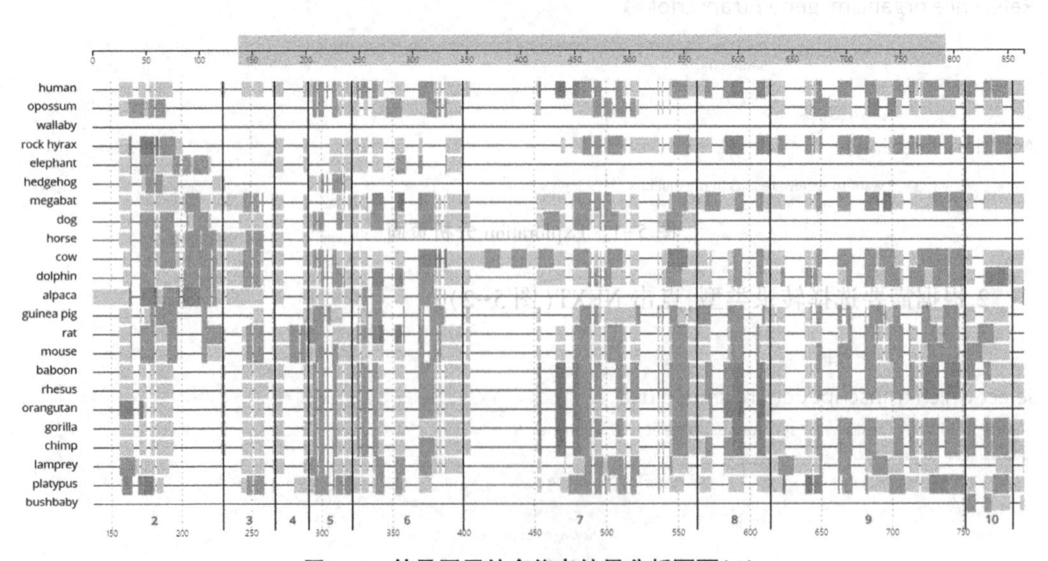

图 5-5　转录因子结合位点结果分析页面(1)

```
human       GGCT-----G--------G-------AGG-GCCCA-----GGGCCCGGCCCAG-------ACCGAGCGGAC--GCCG--CGGC---GCTATGGGGC---------------GGTG--CGGGGGCCCCGGGGCCGGCG-----------
opossum     GCCG-----T--------G-----------GCCTC------------CCTCCG-------ATCCTCCGGCT--CCTG--CGGCCGGGCTAAAGGACTCGGAGACAGAGGAGGTGGCCGAGATCCGCGAGGCCCGAG-----------
wallaby     GCCG-----G--------G-------GCC-GCCCC-----CCGACC-CTCCGG-------CTCAGGAGGCTGGGCTA--GAGC---ACTAGGAGGC--------CGACTGAGATC--CGTGAGTCCCGAGGC------------------
rock hyrax  GCCG-----G--------T-------CGG-GCTAG------------CCCGGG-------GCCGCGGGGCC--GCGG--CAAC---GCTAAGGGAC---------------GTTA--CGGGGGCCCCGGGACCCGCT-----------
elephant    GCCA-----G--------C-------CCC-GCCAG------------TCCGGG-------GCCGCGGAGCT--GCGG--CAGC---GCTAAAAGGA---------------GGTG--AGGGGGCTCCGGGACCCGCT-----------
hedgehog    GCCC-----G--------G-------CGG-GATCG----------------GG-------GCCTC---------CCG--GGGC---GCTAAGGGGA---------------CGCG--CGGGGCTCCCGAGGCCCGTG-----------
megabat     GCCCAGGGTG--------G-------GGG-GCCCG---TGGAGTCCGCCCTGG-------GTCGCTGGGCC--GCCT--CGGC---ACTAAGGGAC---------------CGCG--CGGGGCATCCGGGCTTGGCG-----------
dog         GCCC-----G--------G-------GGG------------------CCCGGG-------GTCTCGGTGCC--GCCG--CGGC---GCTAAGGG----------------------------------------------------
horse       GCCC-----G--------G-------GGG-TCCCG---GG-------TCCCGGG-------GTCTCTGGGCC--GCCT--CGGC---GCTAAGGGGC---------------GGCA--CCCGGCAACCGGGGCCGACG-----------
cow         GCCC-----G--------A-------GGG-GCCCG---GGGGCCGG-CCAGG-------GTCTCTCGGCC--GGCG--CGGC---GCTAAGGGGC---------------GGTG--CCGGGGAGCCCCGGCCGGCG-----------
dolphin     GCCC-----G--------A-------GGG-GCCCG---TGGAGCCGGCCCGGG-------GTCGCTCGGCC--GCCG--CGGC---ACTAAAGGGC---------------GGCG--CTGGGGAGCCGCGGCCGGCG-----------
alpaca      GTCT-----GGAAGCAAAA-------GCA-GCCAGTCTTGGCGCTAT-GCAGGACGCTAAGGGGCGGGGCT--GAAGAACGGG---GCT-AGGGGC---------------GGGG--CTAAGGCGCCGCGGCCCGCGCAGAGGTCATC
guinea pig  G-------------------------G-GCCGA-----GG---------------------GTGC---C--GCC----G-----GCTACGGGGA---------------CGCG--CGGGCGCTCGGGGCCCTGCG-----------
rat         GCCC-----C--------G--------CG-GCCGG-----GGGACCGCCCCGG-------GTCGCGC---C--GCCG--TG-----GCTAAAGGGA---------------GGTG--CGAGGGCCGGAGGAACCGCG-----------
mouse       GCCC-----C--------G--------CG-GCCGG-----GGGACCGGCCGGG-------GTCGCGC---C--GCCG--TG-----GCTAAAGGGA---------------GGTG--CGAGGGCCGGAGGAACCGCG-----------
baboon      GGCT-----G--------G-------AGG-GCCCA-----GGGCCCGGCCCGG-------ACCGTGCGGAC--GCCG--CGGC---GCTATGGGGC---------------GGTG--TGGGGGCCCCGGGACCGGCG-----------
rhesus      GGCT-----G--------G-------AGG-GCCCA-----GGGCCCGGCCCGG-------ACCGTGCGGAC--GCCG--CGGC---GCTATGGGGC---------------GGTG--TGGGGGCCCCGGGACCGGCG-----------
orangutan   GGCT-----G--------G-------AGG-GCCCA-----GGGCCCGGCCCGG-------ACCGAGCGGAC--GCCG--CGGC---GCTATGGGGC---------------GGTG--CGGGGGCCCCGGGGCCGGCG-----------
gorilla     GGCT-----G--------G-------AGG-GCCCA-----GGGCCCGGCCCAG-------ACCGAGCGGAC--GCCG--CGGC---GCTATGGGGC---------------GGTG--CGGGGGCCCCGGGGCCGGCG-----------
chimp       GGCT-----G--------GAGGGCCCAGG-GCCCA-----GGGCCCGGCCCAG-------ACCGAACGGAC--GCCG--CGGC---GCTATGGGGC---------------GGTG--CGGGGGCCCCGGGGCCGGCG-----------
lamprey     GGCT-----G--------A-------AGGCGTCCG----------------------CTCGGCGTGGC--GCCG--CGTT---TCC----GGC---------------CTCG--CGCGG-CTCCGAGTCCTTCG-----------
platypus    ------------------------------------------------------------------------------------------------------------------------------CTTCG-----------
bushbaby    ------------------------------------------------------------------------------------------------------------------------------------------------
```

图 5-6　转录因子结合位点结果分析页面(2)

Promoter region

Alignment block nr: 1

Position: chr16:88851372-88851447

Links:

- Results link
- UCSC link (Human only)
- UCSC link (all species)

Downloads:

- .FC file
- Fasta file
- TFBS scores

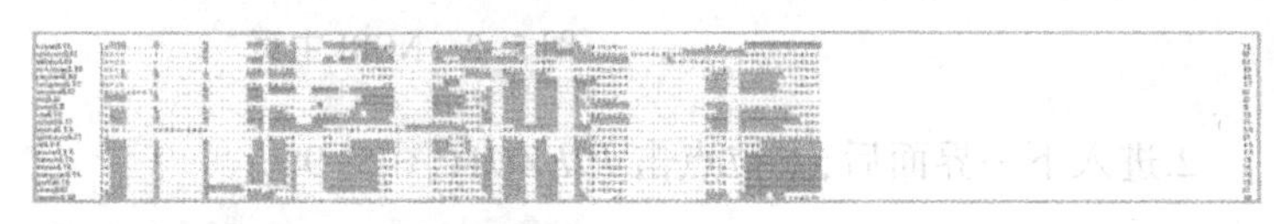

AP-2alpha V$AP2ALPHA_Q6　COE1 V$COE1_Q6

图 5-7　转录因子结合位点结果分析页面(3)

二、JASPAR

JASPAR 是一个免费公开的转录因子数据库,提供了转录因子与 DNA 结合位点 motif 最全面的公开数据,共收集了脊椎动物、植物、昆虫、线虫、真菌和尾索动物六大类不同类生物的数据,可以用来预测转录因子与序列的结合区域。本节主要以物种 Homo Sapiens 为示例来进行介绍。

(一)用 NCBI 来获取基因启动子序列和位置

1.打开 NCBI 的官网(https://www.ncbi.nlm.nih.gov/pubmed/),下拉框选择 gene,搜索框输入基因如 *PIEZO1*,点击 Search(图 5-8)。

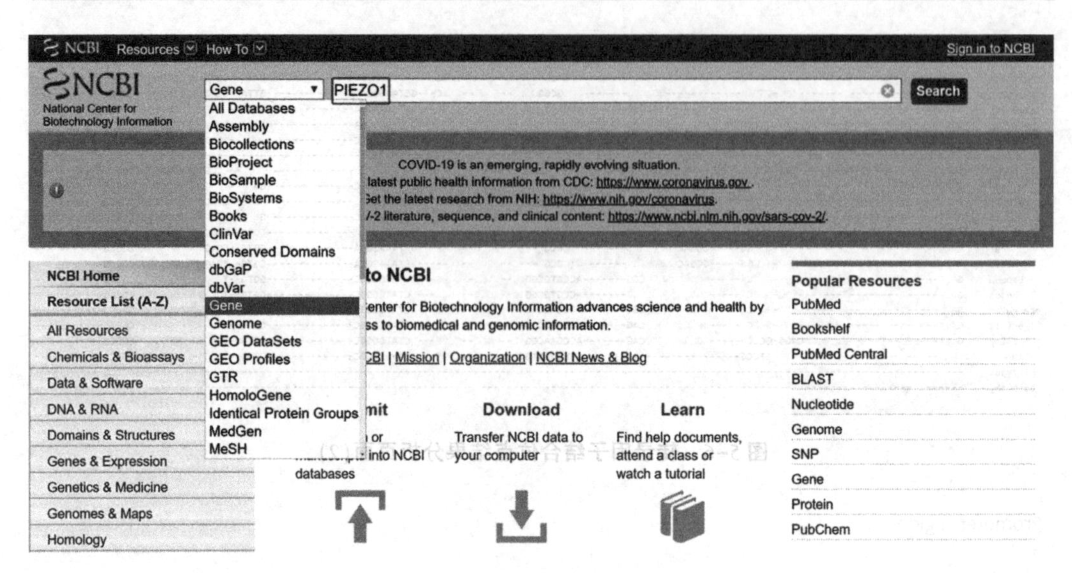

图 5-8　NCBI 主页

2.进入下一界面后，下拉点击 *PIEZO1*（图 5-9）。

Name/Gene ID	Description	Location	Aliases	MIM
PIEZO1 ID: 9780	piezo type mechanosensitive ion channel component 1 [*Homo sapiens* (human)]	Chromosome 16, NC_000016.10 (88715338..88785220, complement)	DHS, FAM38A, LMPH3, LMPHM6, Mib	611184
Piezo1 ID: 234839	piezo-type mechanosensitive ion channel component 1 [*Mus musculus* (house mouse)]	Chromosome 8, NC_000074.7 (123208437..123278068, complement)	9630020g22, Fam3, Fam38a, Pie, mKIAA0233	
Piezo1 ID: 361430	piezo-type mechanosensitive ion channel component 1 [*Rattus norvegicus* (Norway rat)]	Chromosome 19, NC_005118.4 (55305494..55367680, complement)	Fam38a, Mib	
piezo1 ID: 567949	piezo-type mechanosensitive ion channel component 1 [*Danio rerio* (zebrafish)]	Chromosome 7, NC_007118.7 (55325761..55515998, complement)	FAM3, im:714904, im:7149048	
PIEZO1 ID: 489662	piezo type mechanosensitive ion channel component 1 [*Canis lupus familiaris* (dog)]	Chromosome 5, NC_006587.3 (64584153..64640423)	FAM38A	

图 5-9　*PIEZO1* 搜索结果页面

3.鼠标下滑，鼠标放在 *PIEZO1* 所在序列框上，查看的 Location 和确定转录方向。可以看到 *PIEZO1* 转录方向为正向，转录起始位点为 88715338（图 5-10）。

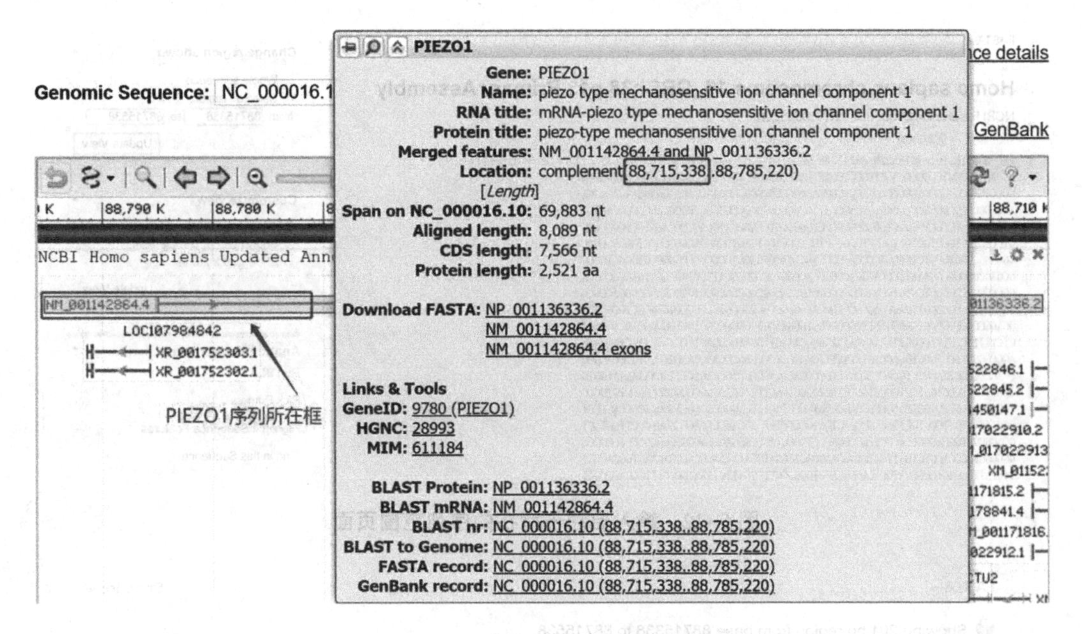

图 5-10　确定 *PIEZO*1 转录方向

4.点击 FASTA(图 5-11)。

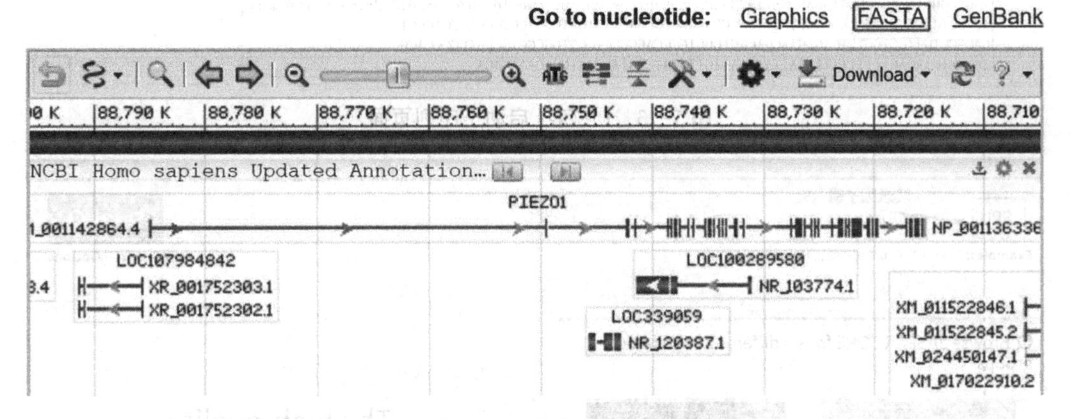

图 5-11　点击 FASTA

5.在搜索框中,输入启动子所在的序列范围,转录起始位点的上游 2000 个序列和下游 200 个序列(88715338-88715538),点击 Update View(图 5-12)。

6.得到启动子序列(图 5-13)(注意,在这里要提醒大家注意目的基因的转录方向,文中提到的 *PIEZO*1 为正向基因,负向基因操作则相反)。

(二)用 JARPAR 预测 *PIEZO*1 是否和某个转录因子结合

1.首先进入 JAPAR 网站主页(http://jaspar.genereg.net/),搜索框中输入转录因子的名字如 SPl1,点击 Search(图 5-14)。

FASTA ▾ Send to: ▾

Homo sapiens chromosome 16, GRCh38.p13 Primary Assembly

NCBI Reference Sequence: NC_000016.10

GenBank Graphics

```
>NC_000016.10:c88785220-88715338 Homo sapiens chromosome 16, GRCh38.p13 Primary Assembly
GGGAGCCGCCGTCCGGCCCAGCTCGGCCCCAGTGAGCCGAGCGCTGCGCTCCGCCGAGGGGCAGGGCGGT
CGCCTGAGCGAGCGCGGGCCCGGGACGTCGGCACCGGCGGGGCGGCCGAAGGAGAAGGAGGAAGAGGAGA
AGGCGGCGCGCGGGTCCCCGCGGGTCAGCCATGGCGCGCCGGCCCCGGGGCCCCCGCACCGCCCCATAGC
GCCGCGGCGTCCGCTCGGTCTGGGCCGGGCCCTGGGCCCTCCAGCCATGGAGCCGCACGTGCTCGGCGCG
GTCCTGTACTGGCTGCTGCTGCCCTGCGCGCTGCTGGCTGGTGAGTGGGGGGCGGGCGCCTGGGGGCGAC
GGGAGGGGGCTGCGTCTCGGCTCCCCACGGCCTGGACACCGGACGACGCCGGCCGGGGCGAGGGCTGCGG
GCGAGCGGGCGCGGAAATTCCCAGGGACGCGCGACCCGGGCGCCCGCATTCCTGAAGCATGAGCGCGCCA
GGCGGCGGCGGGGCTCCTGTCCCAGGGCCGGGCTGGAAGGGCGGCGGCGGCTGGGGGAGACGGCACCGCG
TGCCCACGGGGGCGGTCGAGCGAGCGCCGGGCATAGCGCGGCTGGCGTCTCCGCCGGGGCGCTGCGGAGA
GGAGGCCGCCGGGCGAGGCGGTGTTTGCCCCGGTGGGAAGGGCCGCGGCGGTGGTGGGGGAGCACGAAT
CTCTTTTTCTCTTTCGGGTTTAAAAAAAAAAGCGCAAAGTTGCATCAGGACTTCCTGACAATCTGGGAGA
AGGCGGGCTTCCTGCCTGGAGCTGTTTAATTTGGAGCTTCCCGAGCCCAACGAACGTCCGTGCCCAGGGC
CCAGCCCCGCTCACCGCTGCACCCCCCTCTGCCGGACTGAGGCGGTCCCACACTTTGGAAAAAAATAGTG
TGGGTTCCTCCCTGGTCCTCCCTTGCCCTACTGGGCTCAGTTTCGCAGGGGCGGGGGCCGGCCTCTGCCC
TGGTCTGGGGGAGGGGACACCCCCGGAGGCTGTGGCCTGGTGTCAGGGCGGGGCAGGGGTCCCCAGTCCT
GGCATCTGTGTTCCCTGCTTGCCGGGCAGTGGTGCCCCTTTCGCGAAGCACACCCGGGTGGCTTGGTGCT
GCACGGCCTGGCACCCCTACCCTTCCCCGACCCTGGCCTAGCCGGGACCCAGGGTCCGCGCCCTCCGCCC
GGGGGCTCCCCACGTGTGATTGATCTGGGAAGCAGTCGGATGGAATTAACCCACGGACAAGTGGGACGGT
TTGCATTGGGAGTCCGCCATGGACACGGCAGGTGGGGCCTTTTGATTGTAAAAGCCCTTTCGGAGCCCTT
```

Change region shown
- Whole sequence
- Selected region

from: 88715338 to: 88715538

Update View

Customize view

Display options
- Show reverse complement
- Show gap features

Update View

Analyze this sequence
- Run BLAST
- Pick Primers
- Highlight Sequence Features
- Find in this Sequence

图 5-12 输入启动子所在的序列范围页面

FASTA ▾ Send to: ▾

Showing 201 bp region from base 88715338 to 88715538.

Homo sapiens chromosome 16, GRCh38.p13 Primary Assembly

NCBI Reference Sequence: NC_000016.10

GenBank Graphics

```
>NC_000016.10:c88715538-88715338 Homo sapiens chromosome 16, GRCh38.p13 Primary Assembly
ACTCCTCAGGCCGGGGGAGCCACTGCCCCGTCCAAGGCCGCCAGCTGTGATGCATCCTCCCGGCCTGCCT
GAGCCCTGATGCTGCTGTCAGAGAAGGACACTGCGTCCCCACGGCCTGCGTGGCGCTGCCGTCCCCCACG
TGTACTGTAGAGTTTTTTTTTAATTAAAAAATGTTTTATTTATACAAATGGACAATCAGA
```

图 5-13 *PIEZO*1 启动子序列页面

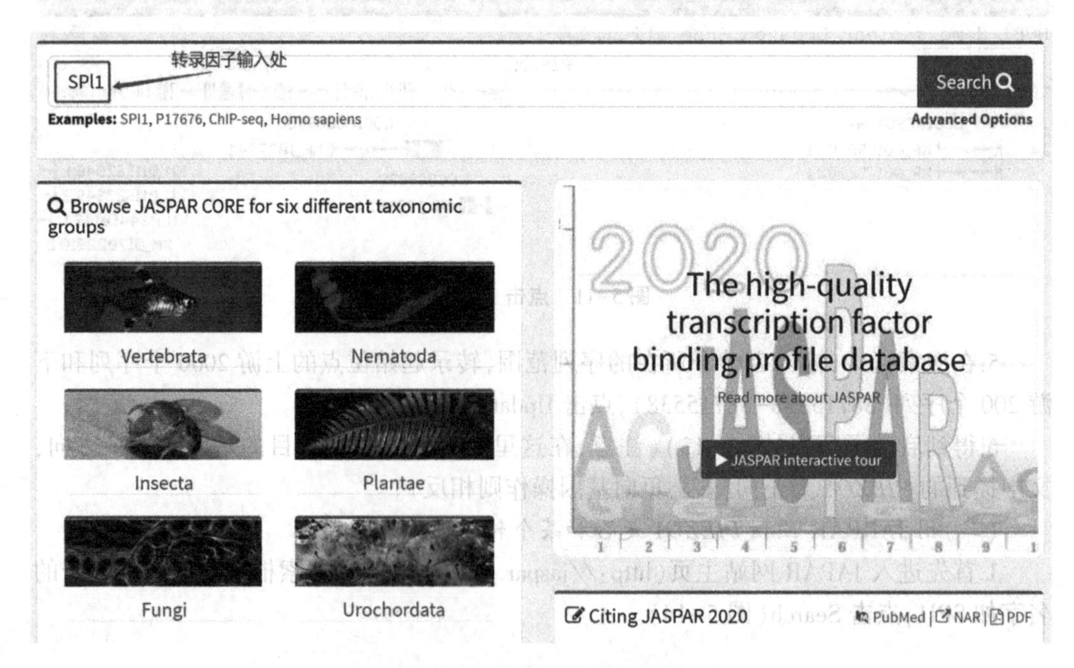

图 5-14 转录因子输入页面

2.选中 SPI1,点击 Scan(图 5-15)

	ID	Name	Species	Class	Family	Logo
☑	MA0080.1	SPI1	Homo sapiens	Tryptophan cluster factors	Ets-related factors	GGAAG
☐	MA0080.2	SPI1	Homo sapiens	Tryptophan cluster factors	Ets-related factors	AGGAAGT
☐	MA0080.3	Spi1	Mus musculus	Tryptophan cluster factors	Ets-related factors	
☐	MA0080.4	SPI1	Homo sapiens	Tryptophan cluster factors	Ets-related factors	
☐	MA0080.5	SPI1	Homo sapiens	Tryptophan cluster factors	Ets-related factors	

cart or perform the following analysis.

Add to cart

Add to c　View cart

Scan

Cluster

Randomize

Permute

图 5-15　转录因子选择页面

3.输入 NCBI 复制的启动子序列,在 Scan 序列输入框中输入我们想要查找的启动子区域序列或增强子区域序列或其它关注的区域,特别注意需要输入的格式为 FASTA 格式。点击 Scan,弹出的界面即为预测结果,点击 csv 即可保存结果,Score 评分越高,表示该转录因子与输入序列结合的可能性越大(图 5-16)。

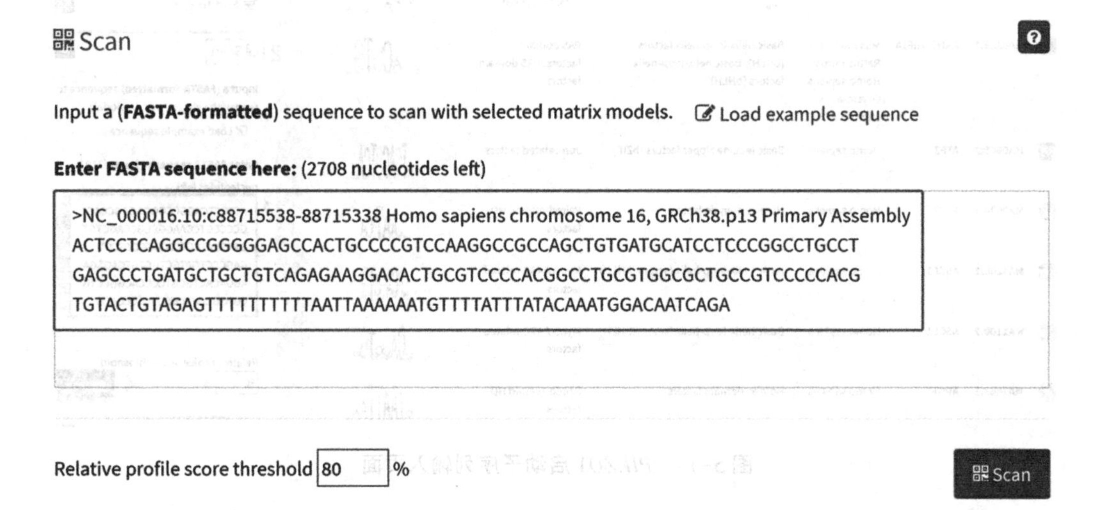

图 5-16　NCBI 预测到的 PIEZO1 启动子序列输入页面

(三)用 JARPAR 预测 *PIEZO1* 是否和转录因子结合

1.首先进入 JARPAR 网站首页(http://jaspar.genereg.net/),点击 Homosapiens(图 5-17)。

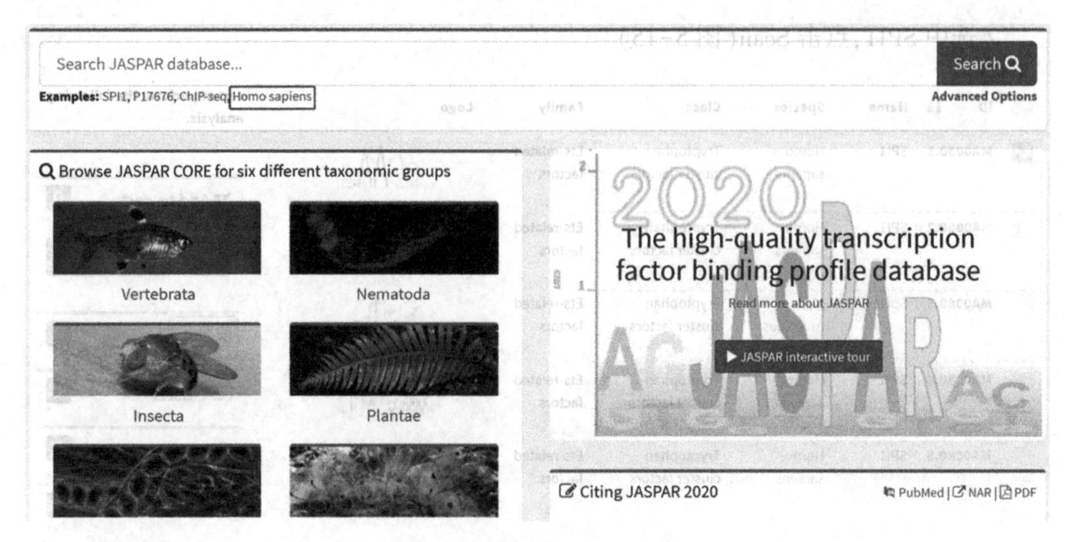

图 5-17　JARPAR 网站主页

2.依次勾选 ID→点击 Scan→输入 NCBI 得到的 *PIEZO*1 启动子序列→点击 Scan（图 5-18）。

ID	Name	Species	Class	Family	Logo
MA0007.2	AR	Homo sapiens	Nuclear receptors with C4 zinc fingers	Steroid hormone receptors (NR3)	
MA0259.1	ARNT::HIF1A	Mus musculus Rattus rattus Homo sapiens Oryctolagus cuniculus	Basic helix-loop-helix factors (bHLH)::Basic helix-loop-helix factors (bHLH)	PAS domain factors::PAS domain factors	
MA0605.2	ATF3	Homo sapiens	Basic leucine zipper factors (bZIP)	Jun-related factors	
MA0634.1	ALX3	Homo sapiens	Homeo domain factors	Paired-related HD factors	
MA1100.1	ASCL1	Homo sapiens	Basic helix-loop-helix factors (bHLH)	MyoD / ASC-related factors	
MA1100.2	ASCL1	Homo sapiens	Basic helix-loop-helix factors (bHLH)	MyoD / ASC-related factors	
MA1463.1	ARGFX	Homo sapiens	Homeo domain factors	Paired-related HD factors	

following analysis.
Add to cart
2 Scan
Input a (FASTA-formatted) sequence to scan with selected matrix models.
Load example sequence
Enter FASTA sequence here: (2797 nucleotides left)
3
ACTCCTCAGGCCGGGGGAGCCACT
GCCCCGTCCAAGGCCGCCAGCTGT
GATGCATCCTCCCGGCCTGCCT
GAGCCCTGATGCTGCTGTCAGAGA
AGGACACTGCGTCCCCACGGCCTG
CGTGGCGCTGCCGTCCCCACG
Relative profile score threshold
80 %
4 Scan

图 5-18　*PIEZO*1 启动子序列输入页面

3.得到转录因子结合位点预测结果，点击 CSV 即可下载，Score 评分越高，表示该转录因子与输入序列结合的可能性越大（图 5-19）。

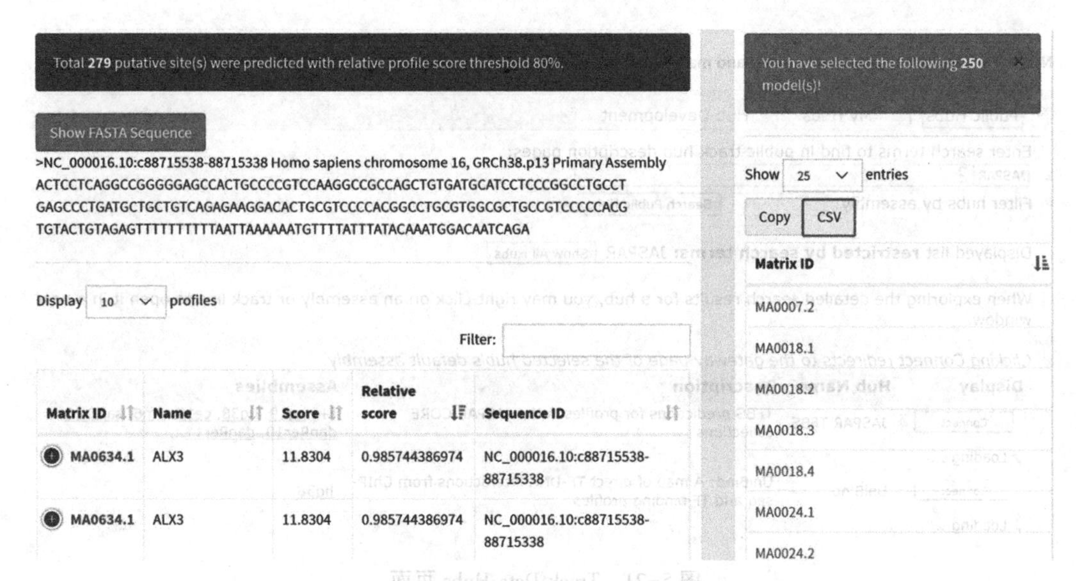

图 5-19　转录因子结合位点预测结果页面

(四)寻找可能与基因可能结合的转录因子

上一节中我们以数据库自己的转录因子为示例对 *PIEZO*1 是否和转录因子结合 SlP1,那么当我们不知道自己的基因和哪个转录因子结合毫无头绪时,而又不想大范围去预测,从而得到许多转录因子,这大大增加了科研进展的难度,该如何去寻找特定转录因子呢? UCSC 数据库帮助我们解决了这一问题。

1.进入 UCSC 数据库主页(http://genome.ucsc.edu/),依次点击→My Data→Track Hubs(图 5-20)。

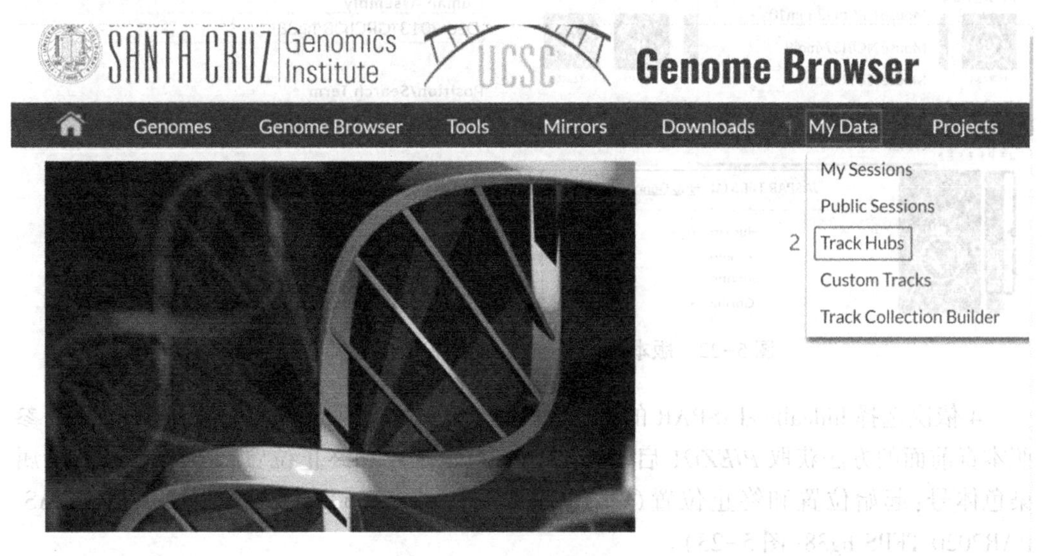

图 5-20　UCSC 数据库主页

2.点击 Public Hub,在 public hub 下面输入 JASPAR,依次点击 Search Public Hub→Conect(图 5-21)。

NOTE: Because Track Hubs are created and maintained by external sources, UCSC is not responsible for their content.

Public Hubs 1 | My Hubs | Hub Development

Enter search terms to find in public track hub description pages:

JASPAR 2

Filter hubs by assembly: Search Public Hubs 3

Displayed list **restricted by search terms:** JASPAR Show All Hubs

When exploring the detailed search results for a hub, you may right-click on an assembly or track line to open it in a new window.

Clicking Connect redirects to the gateway page of the selected hub's default assembly.

Display	Hub Name	Description	Assemblies
Connect 4	JASPAR TFBS	TFBS predictions for profiles in the JASPAR CORE collections	[+] hg19, hg38, ce10, dm6, sacCer3, danRer10, danRer11...
Loading ...			
Connect	UniBind	UniBind: A map of direct TF-DNA interactions from ChIP-seq and TF binding profiles	hg38
Loading ...			

图 5-21 Track Data Hubs 页面

3.连接成功后,在 Genomes 进入相应版本号(Human GRCh38/hg38)的基因组信息库中(图 5-22)。

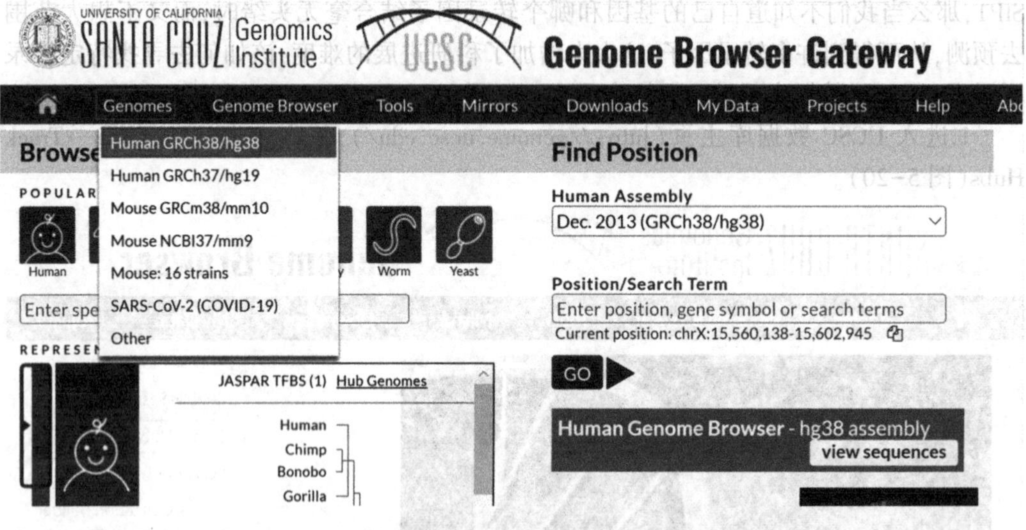

图 5-22 版本号(Human GRCh38/hg38)选择页面

4.依次选择 hideall→JASPAR 的 track 状态选择 pack 显示出来→在信息栏里输入(参照本章前面的方法获取 *PIEZO*1 启动子序列的起始位置和终止位置)*PIEZO*1 序列所属染色体号:起始位置和终止位置(chr16:88715338-88715538)→点击 GO→点击 JASPAR2020 TFBS hg38(图 5-23)。

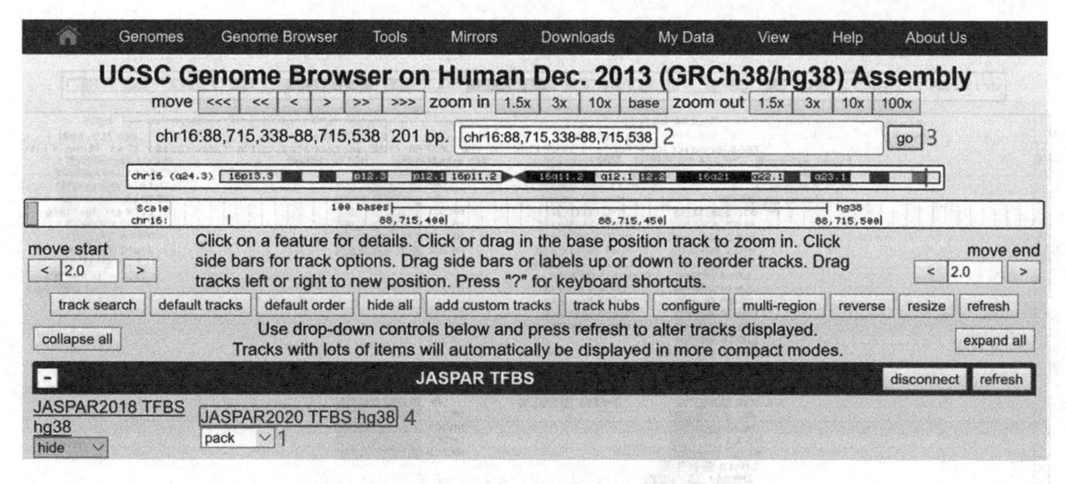

图 5-23　启动子起始位置和终止位置输入页面

5.在 Minimumscore 中输入阈值如 500(一般大于 200 即具有统计学意义),点击 submit(图 5-24)。

Genomes　Genome Browser　Tools　Mirrors　Downloads　My Data　Projects　Help

JASPAR2020 TFBS hg38 Track Settings

TFBS predictions for all profiles in the JASPAR CORE vertebrates collection (2020)

Display mode: pack　Submit 2

Minimum Score (0-1000): 500 1

Filter items in 'name' field: *　using wildcard

图 5-24　Track 设置页面

6.选择转录调控方向与基因转录方向一致的转录因子 ZNF384(转录因子后面的小灰框代表了转录方向,颜色越深,P 值越显著)(图 5-25)。

当我们得到转录因子 ZNF384 和就可以回到上文中,使用上文中用到的方法预测 *PIEZO1* 启动子序列和转录因子 ZNF384 的结合位点。

除此之外,类似的转录因子预测的经典工具还有 PlantTFDB、PlantRegMap 和 R 包 TFBSTools 等。PlantTFDB(http://planttfdb.cbi.pku.edu.cn/)只需提交蛋白质或者 cds 序列,即可预测是否是转录因子,可选择一次性或分批次上传所有的基因组文件来预测。PlantRegMap(http://plantregmap.cbi.pku.edu.cn/binding_site_prediction.php)将基因集的启动子区序列提取出来,在线提交就可以出结果(启动子区一般是基因前 1 kb,1.5kb 或者 2 kb)。R 包 TFBSTools 可用于鉴定转录因子结合位点。

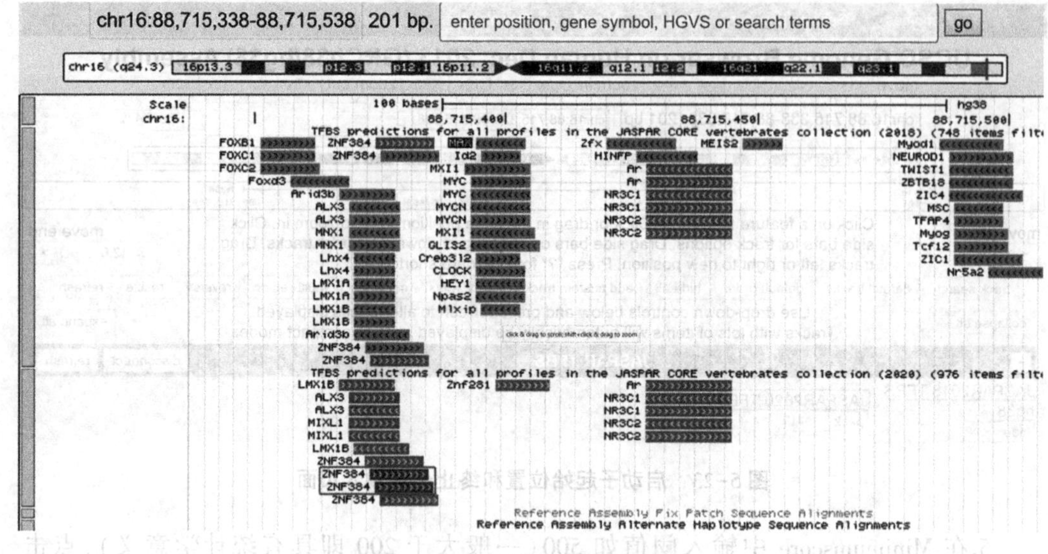

图 5-25　转录因子预测结果页面

第六章　蛋白质结构预测

首先先复习一下蛋白质的结构,蛋白质的结构可以分为 4 级,一级结构是氨基酸按照一定的顺序进行排列;二级结构是周期性的结构构象,比如 α 螺旋、β 折叠等;三级结构是蛋白质的空间结构;四级结构是特定三级结构的肽链通过非共价键而形成的大分子体系,本章的研究对象是二级结构和三级结构。

一、蛋白质二级结构预测

蛋白质折叠后会形成规则的片段,这些规则的片段构成了蛋白质的二级结构单元,比较常见的几种结构单元包括 α 螺旋、β 折叠、β 转角。蛋白质二级结构经常用图形来描述。截至目前并非所有的已经发现的蛋白质都有明确的二级结构信息,只有通过实验方法已经解析出三维结构的蛋白质才有二级结构信息,这些二级结构信息是怎么得来的呢？研究人员的根据是 DSSP(definition of secondary structure of proteins),即蛋白质二级结构定义词典。DSSP 并不预测二级结构,而是根据二级结构的定义对已经测定三级结构的蛋白质的各个位置指认出是哪种二级结构。然后按照规定的格式记录下蛋白质中每个氨基酸处于哪种二级结构单元,这样一个记录蛋白质信息的文件叫作 DSSP 文件。DSSP 网址是 https://swift.cmbi.ru.nl/gv/dssp。进入网站之后我们可以在 Introduction 下看到一个 web server 的链接(图 6-1),这个可以指认自己的二级文件,也就是 PDB 文件中的二级结构,并创建出相应的 DSSP 文件。自己的 PDB 文件可以是用实验方法刚解析出来的未提交的蛋白质三级结构,也可以是用计算方法预测出来的蛋白质三级结构模型,总之,输入的必须是三级结构而不是一级的氨基酸序列。此外 PDB 中也含有直接下载 DSSP 文件的网址,http://www.pdb.org/pdb/files/3cig.dssp、ftp://ftp.cmbi.ru.nl/pub/molbio/data/dssp/3cig.dssp。DSSP 文件虽然记录的信息全,但是查看起来并不直观,如果想要更加直观地查看蛋白质的二级结构信息可以去 PDB 数据库网站。这是已知蛋白质的二级结构信息,但是未知的蛋白质二级结构该如何得知？我们可以通过氨基酸序列,预测其二级结构。常用的二级结构预测软件有 PSIPRED、Jpred3、PREDICTPROTEIN、SSpro、PSSpred、SOMPA 等,可在线用这些进行蛋白质二级结构的预测,预测结果可能与真实有些出入。这里主要介绍用 PSIPRED 和 Jpred3 如何从氨基酸序列预测其二级结构。

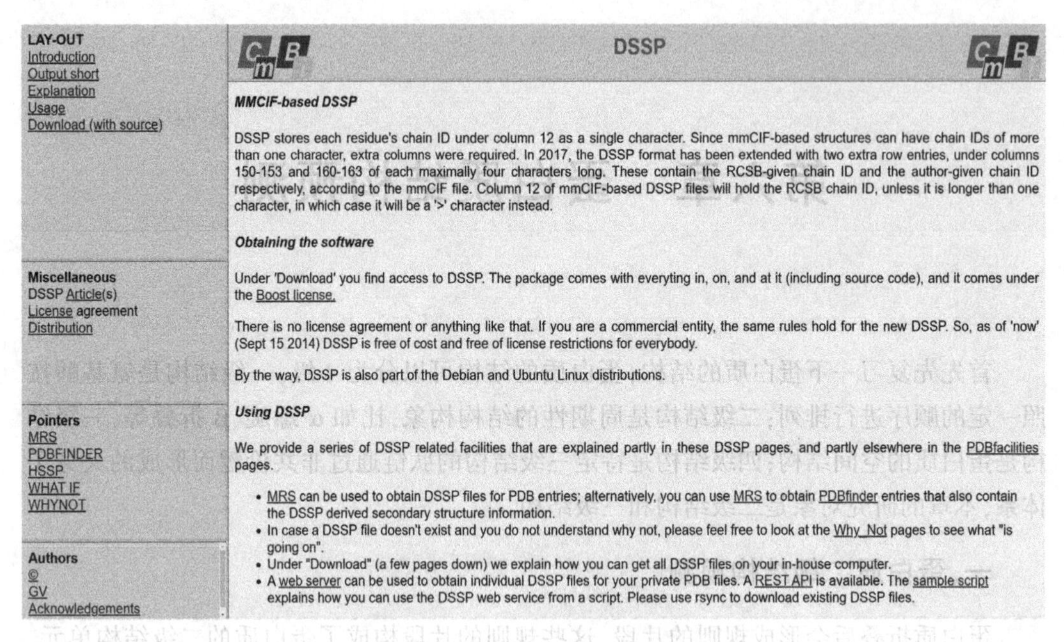

图 6-1　web server 的链接页面

PSIPRED 是一个蛋白质序列分析平台，不仅可以预测二级结构，还有很多其他的功能，其网址为 http://bioinf.cs.ucl.ac.uk/psipred。进入网页之后选择第一个 PSIPRED 的软件（图 6-2），然后输入氨基酸序列，可以在线等预测结果，也可以提交邮箱（图 6-3）。注意：不支持免费的商业邮箱。

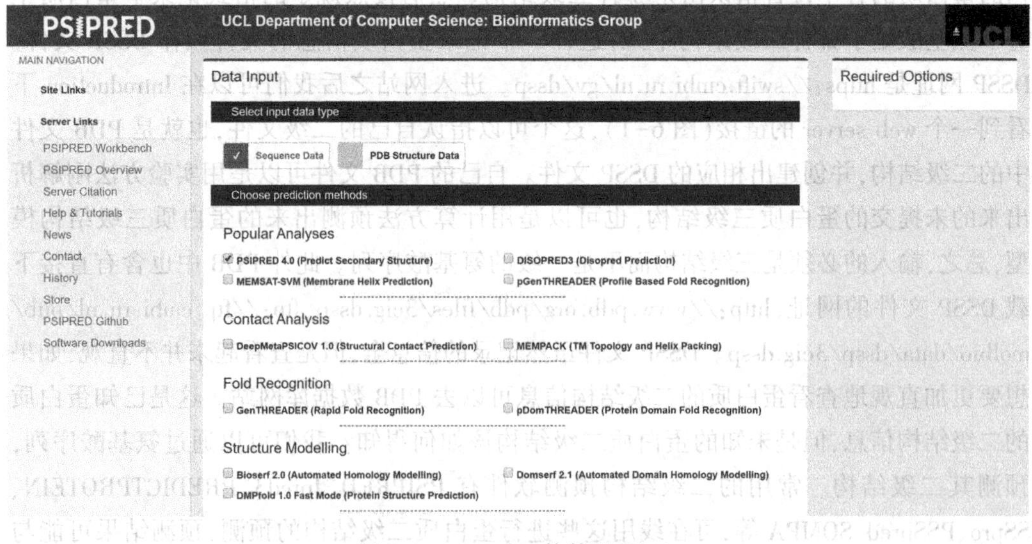

图 6-2　PSIPRED 软件页面（1）

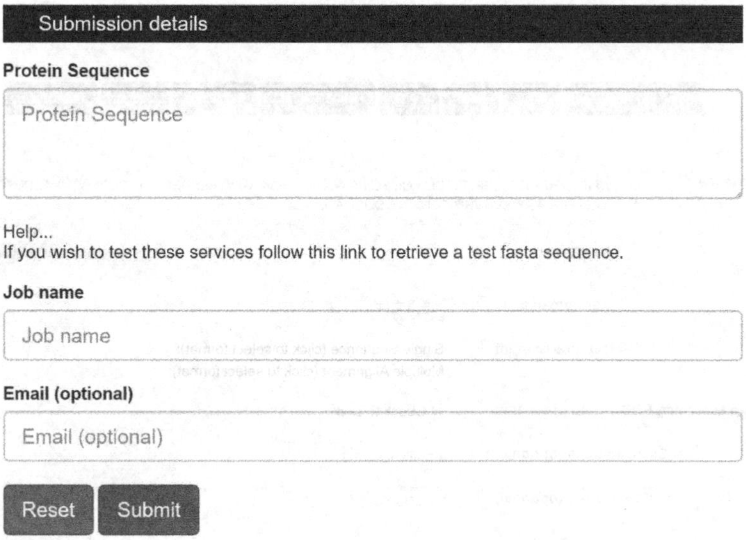

图 6-3　PSIPRED 软件页面(2)

Jpred 4 的网址为 http://www.compbio.dundee.ac.uk/www-jpred/,进入首页,在 Input sequence 下的空白处直接输入序列(图 6-4),点击 Make Prediction;也可以选择 Advanced options 高级模式(图 6-5),选择提交电子邮件,输入蛋白质序列或从本地文件夹中获取,再点击 Make Prediction。

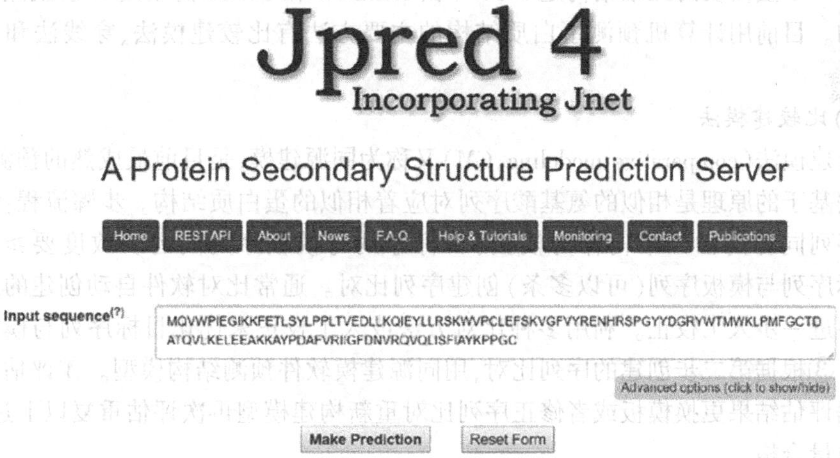

图 6-4　Jpred 4 主页

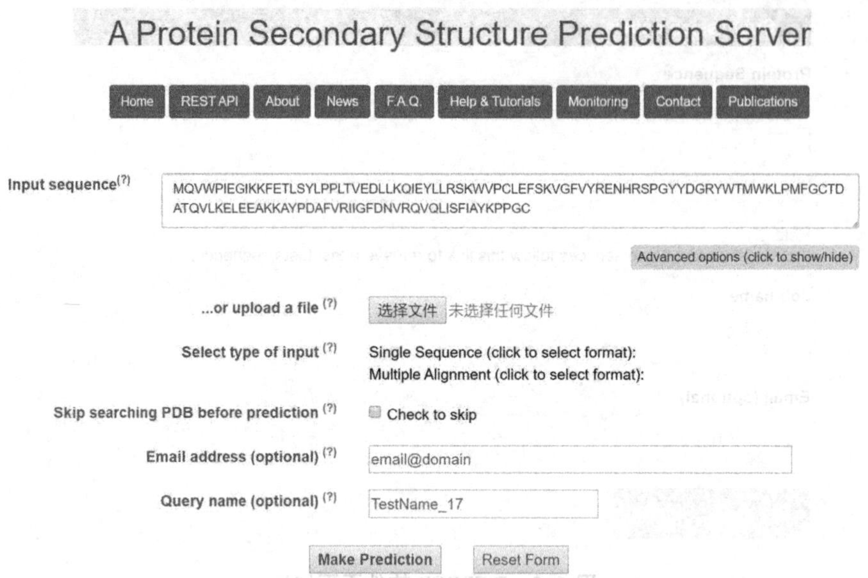

A Protein Secondary Structure Prediction Server

Home | REST API | About | News | F.A.Q. | Help & Tutorials | Monitoring | Contact | Publications

Input sequence(?) MQVWPIEGIKKFETLSYLPPLTVEDLLKQIEYLLRSKWVPCLEFSKVGFVYRENHRSPGYYDGRYWTMWKLPMFGCTD ATQVLKELEEAKKAYPDAFVRIIGFDNVRQVLQLISFIAYKPPGC

Advanced options (click to show/hide)

...or upload a file (?) 选择文件 未选择任何文件

Select type of input (?) Single Sequence (click to select format): Multiple Alignment (click to select format):

Skip searching PDB before prediction (?) Check to skip

Email address (optional) (?) email@domain

Query name (optional) (?) TestName_17

Make Prediction | Reset Form

图 6-5　Advanced options 高级模式页面

二、蛋白质三级结构预测

三级结构是整条多肽链的三维空间结构，包括骨架和侧脸在内的所有原子三维空间排列。第一个蛋白质的三维结构是 1958 年由 Kendrew 和 Perutz 博士用 X 射线晶体衍射法测定的。目前用计算机预测蛋白质结构的主要方法有比较建模法、穿线法和从头计算法。

（一）比较建模法

比较建模法（comparative modeling，CM）又称为同源建模，是目前最成熟的预测方法，这种方法基于的原理是相似的氨基酸序列对应着相似的蛋白质结构。步骤流程：①找到与目标序列同源的已知结构作为模板（目标序列与模板序列间的一致度要≥30%）。②为目标序列与模板序列（可以多条）创建序列比对。通常比对软件自动创建的序列比对还需要进一步人工校正。利用多种比对方法或人工校正来优化目标序列与模板结构的比对。③根据第二步创建的序列比对，用同源建模软件预测结构模型。④评估模型质量并根据评估结果更换模板或者修正序列比对重新构建模型再次评估重复以上过程，直到模型质量合格。

比较常用的一个服务器是 SWISS-MODEL（https://swissmodel.expasy.org），它是一款用同源建模法预测蛋白质三级结构的全自动在线软件。它能帮助完成上述步骤中从选模板到做比对再到建模以及最后评估的全部过程。进入网页后如图 6-6，点击 Start Modelling，然后输入目标序列点击 Build Model，等大概 3～5 分钟就会出结果，或者也可以通过点击 Search For Templates 自己挑选指定模板，也可以把做好的目标序列与模板序列之间的序列比对粘贴到输入框里（图 6-7），再点击 Build Model，该软件就会根据所给的模板和比对创建模型，然后就可以得出结果页面。

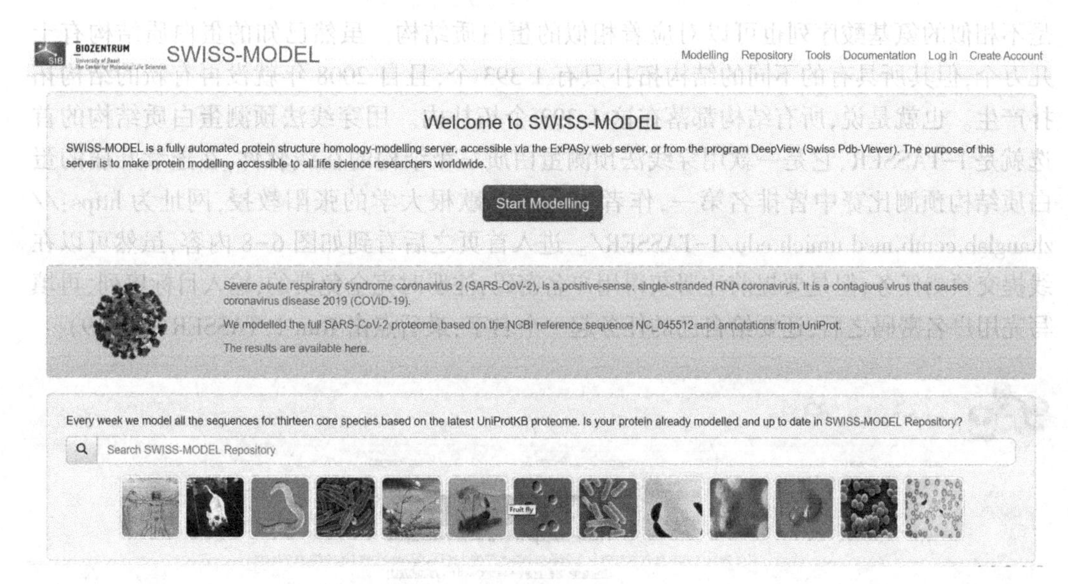

图 6-6　SWISS-MODEL 主页

图 6-7　目标序列输入页面

关于结果页面，首先观察搜到的模板与目标序列一致度是否≥30%，如果可以用再看 SWISS-MODEL 里的评分高低。GMQE 的可信度范围是 0～1，值越大表明质量越好，QMEAN4 的区间是-4～0，越靠近 0，评估目标蛋白和模板蛋白的匹配度越好。如果目标序列与模板序列一致度非常高，那么同源建模法是最准确的方法。但是也有特例情况，虽然序列一致度很高，但是结构并不相同，这种情况下如果按照传统的同源建模法，以其中一个为模板预测另一个结构的话，将无法预测出正确的结果，幸好这种情况很罕见。

（二）穿线法

穿线法是用于检测进化相关的蛋白质序列和相似的折叠，接受与模板蛋白十分相似的结构。该方法是将目标序列与模板蛋白已经解析了的三维结构直接匹配，基于的原理是不相似的氨基酸序列也可以对应着相似的蛋白质结构。虽然已知的蛋白质结构有十几万个,但其所具有的不同的结构拓扑只有 1 393 个,且自 2008 年就没再有新的结构拓扑产生。也就是说,所有结构都落在这 1 393 个拓扑内。用穿线法预测蛋白质结构的首选就是 I-TASSER,它是一款用穿线法预测蛋白质三级结构的在线软件,在连续几届的蛋白质结构预测比赛中皆排名第一,作者为美国密歇根大学的张阳教授,网址为 https://zhanglab.ccmb.med.umich.edu/I-TASSER/。进入首页之后看到如图 6-8 内容,虽然可以在线提交预测任务,但是要提前注册获得用户名密码,注册时完全免费的,输入目标序列,再填写完用户名密码之后,还要给自己的任务起一个名字,最后点击 Run I-TASSER(图 6-9)。

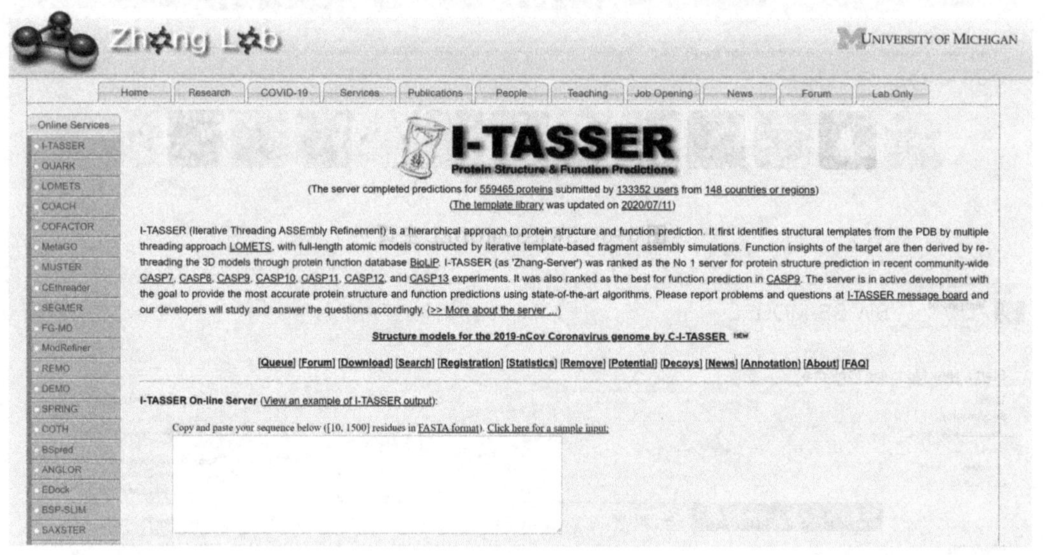

图 6-8　I-TASSER 主页

I-TASSER On-line Server (View an example of I-TASSER output):

Copy and paste your sequence below ([10, 1500] residues in FASTA format). Click here for a sample input:

Or upload the sequence from your local computer:

选择文件 未选择任何文件

Email: (mandatory, where results will be sent to)

Password: (mandatory, please click here if you do not have a password)

ID: (optional, your given name of the protein)

▶ Option I: Assign additional restraints & templates to guide I-TASSER modeling.

▶ Option II: Exclude some templates from I-TASSER template library.

▶ Option III: Specify secondary structure for specific residues.

☑ Keep my results public (uncheck this box if you want to keep your job private, and a key will be assigned for you to access the results. We received numerous requests from users who loss their key to access result. To save your time, please keep results public, or ensure you remember the key if you choose to keep job private)

Run I-TASSER　Clear form

(Please submit a new job only after your old job is completed)

图 6-9　目标序列输入页面

任务提交之后要记住任务号或者保存结果链接以便日后查看，此外，通过点击 Queue 链接可以查看当前的所有任务进程。一个用户、一个 IP 地址一次只能提交一个任务。还可以通过点击 Search 链接，搜索任务号找到任务，或者搜索账号找到账号下的所有任务，或者通过搜索序列查找（图 6-10）。等待出结果之后，结果页面还可以显示出预测的二级结构和预测残基可溶性，再往下是构建模型所使用的模板和序列比对，这些不是通过序列相似性比对的而是用穿线法穿出来的。比对下面就是最重要的预测模型，模型质量评估系数 C-score：[-5,2]，分值越高模型可信度越高；两两结构相似度系数 TM-score >0.5 说明模型具有正确的结构拓扑，可信，<0.17 说明模型属于随即模型，不可信；RMSD 是两两结构间的距离偏差。选择到合格的模型后点击 Download Model 下载模型的 PDB 文件。该软件还可以预测出蛋白质结构，以及有可能与之结合的配体以及具体的配体结合位点。

Search targets in the I-TASSER server database

This page provides an interface to search through the I-TASSER target pool which was modeled in the last 365 days. The search can be made by:

- Job identifier number.
- Email address (Only registered Email can be used to perform this search. Click here to register your Email address and obtain a password).
- Target sequence (Homologous proteins with sequence identity >40% to the sequence will be returned).

Search using Job identifier number (type in e.g. S33857):

Job ID:

Search using email address (you will need to register your email account and obtain a password before you can perform this search):

Email:

Password:

Search using sequence (copy and paste your sequence here, it may take up to 1 minute to complete the search):

Search　Clear form

图 6-10　Search 模块页面

（三）从头计算

从头计算基于的原理是 1973 年 Anfinsen 在 *science* 发表的“蛋白质的三维结构决定于自身的氨基酸序列，并且处于最低自由能状态”。也就是说当一个蛋白质被翻译出来后，其氨基酸顺序就已经决定了蛋白质的结构。所以从头计算法可以模拟出肽段在三维空间中所有可能的姿态，并计算每一个姿态下的自由能，最终给出自由能最低的那个姿态作为预测结果。但其计算量特别大，所以轻易不用。所用的软件不多，这里我们用 QUARK，QUARK 是一款用从头计算法预测蛋白质三级结构的在线软件，适用于没有同源模板的蛋白质,并且氨基酸序列长度在200以内。我们进入QUARK(https://zhanglab.ccmb.med.umich.edu/QUARK/)主页(图6-11)后,输入序列和用户信息,QUARK需要单独注册,填好之后,点击Run QUARK。因为计算量大,所以需要很长时间。结果页面后给出排名前10的预测模型,根据每个模型的TM-score查看每个模型是否可用。

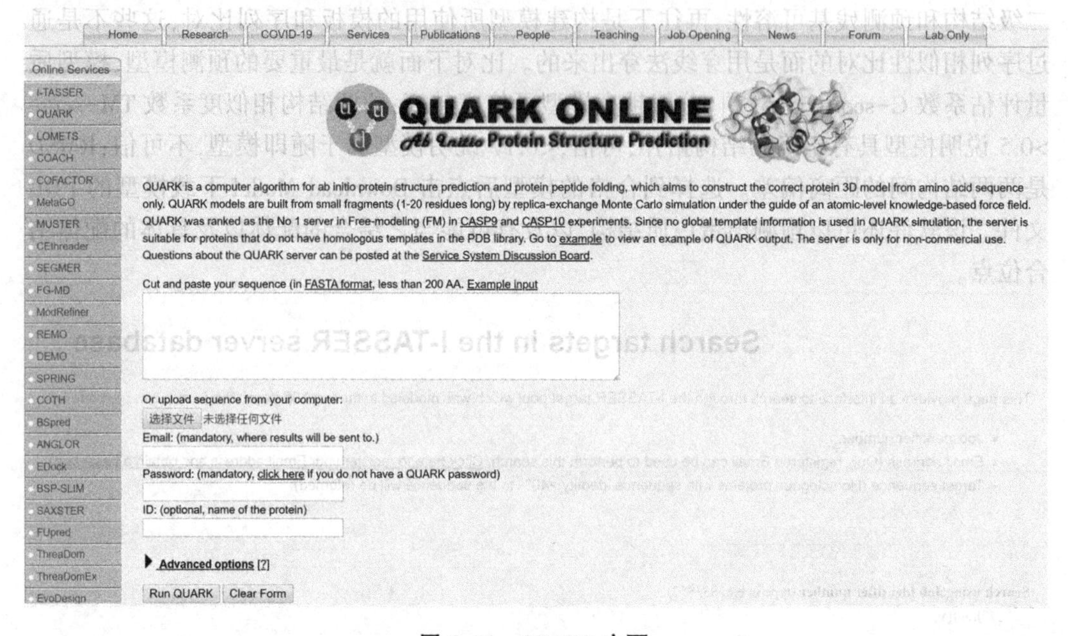

图6-11 QUARK主页

第七章　基因注释和功能富集分析

一、基因注释数据库

目前,越来越多的全基因组数据,基因和基因产物以及关于生物学的通路被获得,就单研究某一蛋白的功能就相当复杂,要是在基因组范围内进行研究就更加复杂,更何况某一物种的基因组就包括了成千上万的基因。对于这一难题可能最好的方法是构建一个具有结构化的标准生物学模型,以便于进行工具计算机程序分析。本节主要介绍基因注释数据库的使用。

(一)基因本体数据库的使用

众所周知,基因本体数据库(gene ontology,GO)是 GO consortium 在 2000 年构建的一个具有结构化的标准生物学模型,涵盖了基因的三大生物学功能:分子功能(molecular function,MF)、细胞组分(cellular component,CC)和生物学过程(biological process,BP)。在 GO 注释系统中,一个基因或者一个蛋白都可以从 BP、CC、MF 3 个层面得到注释。我们以 *PIEZO*1 基因为示例来介绍 GO 数据库的使用。

以 *PIEZO*1 基因为关键词检索 GO 数据库。

首先进入 AmiGO 2 网站首页(http://amigo.geneontology.org/amigo),选择 Search 选项中的 Genes and gene products 或者直接在快速搜索框中输入 *PIEZO*1,点击白色框 Search(图 7-1),再点击 Genes and gene products。

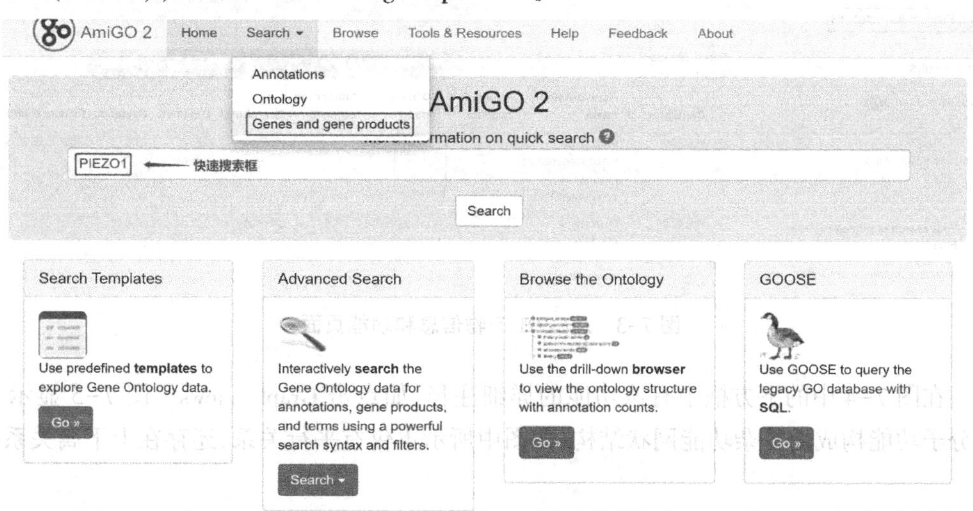

图 7-1　AmiGO 2 网站首页

在搜索框中输入基因 *PIEZO*1，总共检索出关于 *PIEZO*1 的 15 条结果（图 7-2），其中包括了 14 种物种。

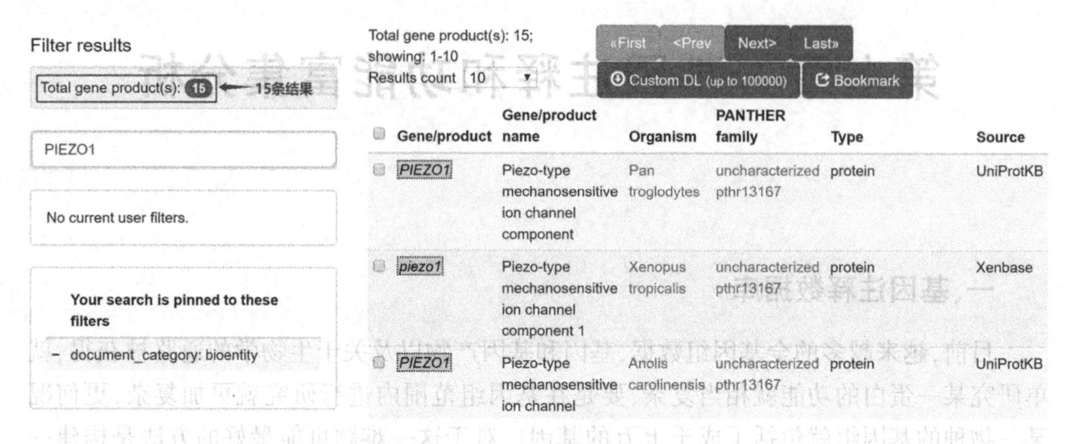

图 7-2 *PIEZO*1 检索结果页面

下拉选择人类的 *PIEZO*1 记录，点击 *PIEZO*1，得到关于 *PIEZO*1 的注释结果，如图 7-3 显示了 *PIEZO*1 产物的信息，如基因 symbol、*PIEZO*1 的全名、类型，物种等信息。也显示了 *PIEZO*1 基因产物的关联（gene product associations），如点击 cation channel activity，可查看该基因分子功能（图 7-3）。

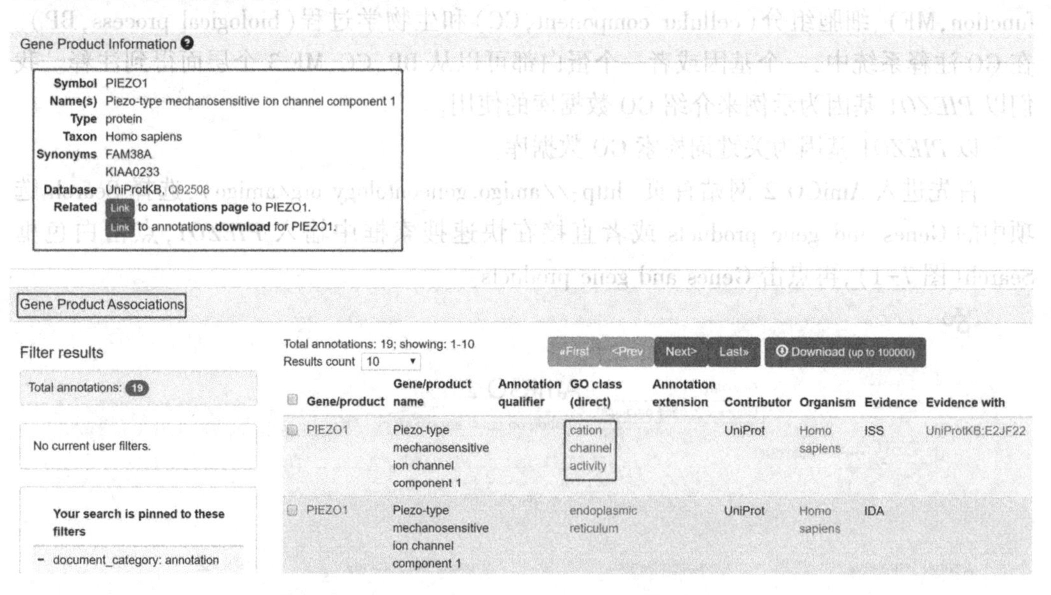

图 7-3 *PIEZO*1 产物信息和功能页面

在图 7-4 中的下方框中有该功能的详细注释，如点击 Graph Views。图 7-5 显示了该分子功能构成的复杂功能网状结构，如图中所示不仅有平行关系，还存在上下属关系。

Term Information

Accession GO:0005261
Name cation channel activity
Ontology molecular_function
Synonyms cation diffusion facilitator activity, non-selective cation channel activity
Alternate IDs GO:0015281, GO:0015338
Definition Enables the energy-independent passage of cations across a lipid bilayer down a concentration gradient.
Source: GOC:mtg_transport, GOC:dph, ISBN:0815340729, GOC:pr, GOC:def
Comment None
History See term history for GO:0005261 at QuickGO
Subset None
Related Link to all **genes and gene products** annotated to cation channel activity.
Link to all direct and indirect **annotations** to cation channel activity.
Link to all direct and indirect **annotations download** (limited to first 10,000) for cation channel activity.

Data health

Annotations　Graph Views　Inferred Tree View　Neighborhood　Mappings

图 7-4　*PIEZO*1 基因产物关联信息页面

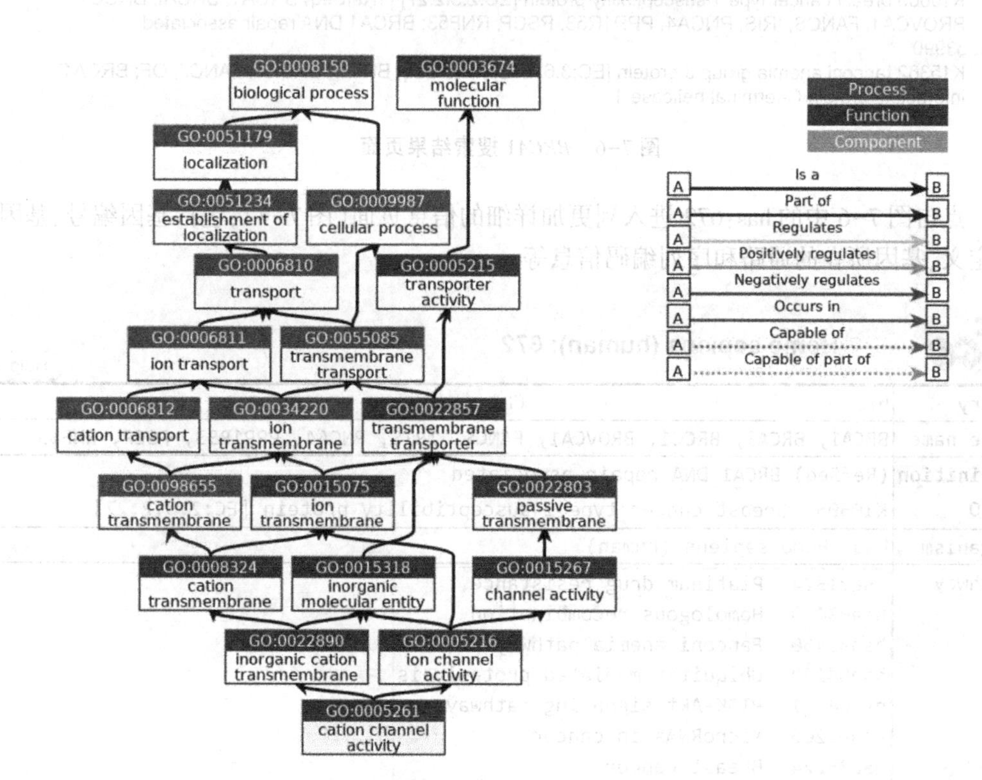

图 7-5　功能网状结构页面

（二）KEGG 通路数据库的使用

下面以 *BRCA*1 基因为示例介绍 KEGG 通路数据库的使用方法。首先进入 KEGG 首页（https://www.kegg.jp/），在输入框中输入基因 *BRCA*1，点击 Search，KEGG 数据库会给出关于基因 *BRCA*1 的搜索结果（图 7-6）。

Search GENES ▼ for BRCA1 Go Clear

Database: KEGG - Search term: BRCA1

KEGG ORTHOLOGY

K10605
BRCA1; breast cancer type 1 susceptibility protein [EC:2.3.2.27]
K10632
BRAP; BRCA1-associated protein [EC:2.3.2.27]
K10683
BARD1; BRCA1-associated RING domain protein 1
K11864
BRCC3, BRCC36; BRCA1/BRCA2-containing complex subunit 3 [EC:3.4.19.-]
K12173
BRE, BRCC45; BRCA1-A complex subunit BRE
• • • » display all

KEGG GENES

hsa:672
K10605 breast cancer type 1 susceptibility protein [EC:2.3.2.27] | (RefSeq) BRCA1, BRCAI, BRCC1, BROVCA1, FANCS, IRIS, PNCA4, PPP1R53, PSCP, RNF53; BRCA1 DNA repair associated
hsa:83990
K15362 fanconi anemia group J protein [EC:3.6.4.12] | (RefSeq) BRIP1, BACH1, FANCJ, OF; BRCA1 interacting protein C-terminal helicase 1

图 7-6 *BRCA*1 搜索结果页面

点击图 7-6 中的 has:672 进入到更加详细的信息页面(图 7-7),包括基因编号、基因的定义、基因所在的通路和序列编码信息等。

Homo sapiens (human): 672 Help

Entry	672 CDS T01001
Gene name	BRCA1, BRCAI, BRCC1, BROVCA1, FANCS, IRIS, PNCA4, PPP1R53, PSCP, RNF53
Definition	(RefSeq) BRCA1 DNA repair associated
KO	K10605 breast cancer type 1 susceptibility protein [EC:2.3.2.27]
Organism	hsa Homo sapiens (human)
Pathway	hsa01524 Platinum drug resistance hsa03440 Homologous recombination hsa03460 Fanconi anemia pathway hsa04120 Ubiquitin mediated proteolysis hsa04151 PI3K-Akt signaling pathway hsa05206 MicroRNAs in cancer hsa05224 Breast cancer
Disease	H00027 Ovarian cancer H00031 Breast cancer H01554 Fallopian tube cancer H01665 Primary peritoneal carcinoma

图 7-7 hsa:672 detail 页面

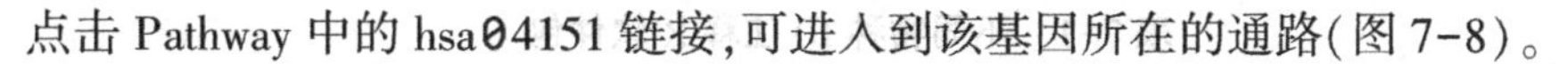
点击 Pathway 中的 hsa04151 链接,可进入到该基因所在的通路(图 7-8)。

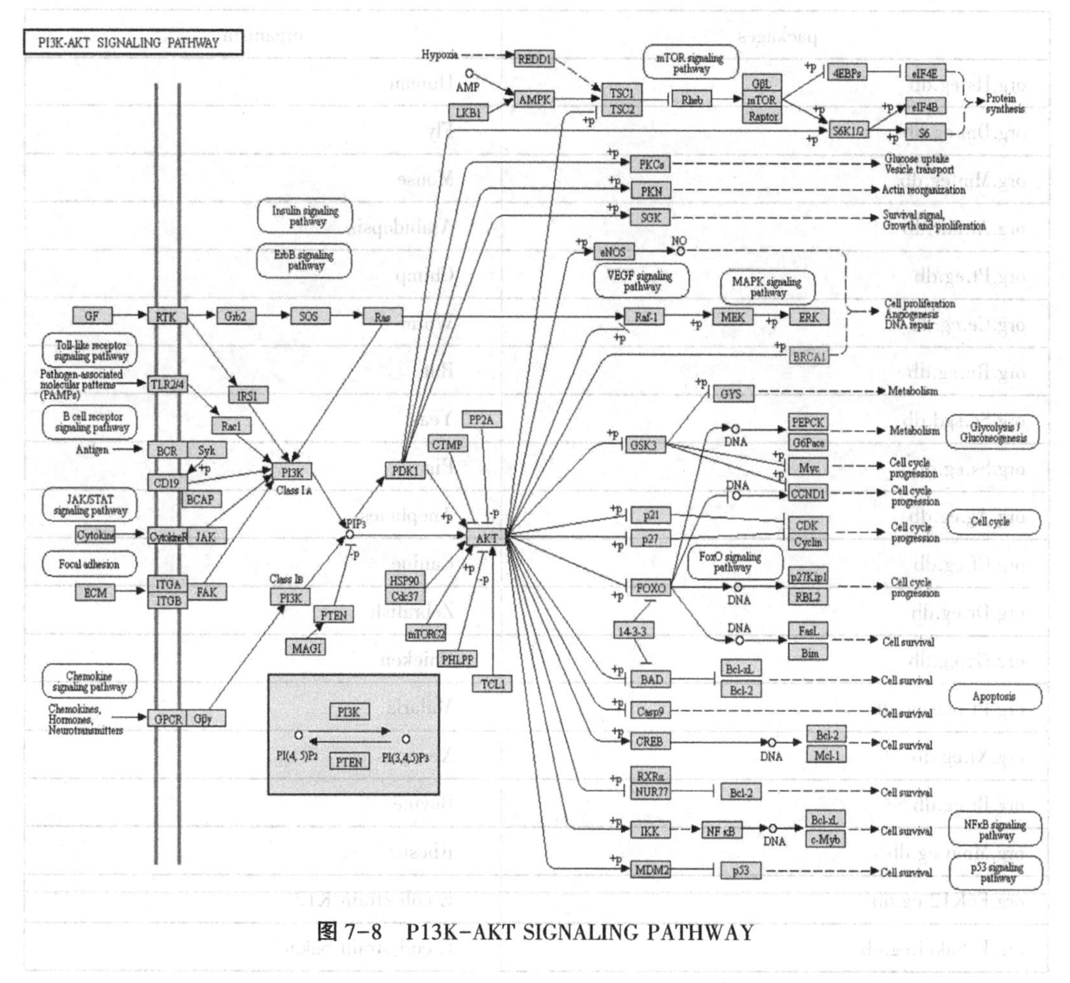

图 7-8　P13K-AKT SIGNALING PATHWAY

二、基因功能富集分析

当得到某种癌症的差异基因时,不知道它们参与了哪些生物学功能,那么我们该如何解决这一问题呢? 答案当然是对这些差异基因进行功能富集分析。功能富集分析不仅能探索差异基因参与了哪些生物学功能,还能探索出差异基因主要参与了哪些通路,以及他们所编码的酶,为后续的研究提供了线索,如基因是如何发挥功能的。因此本节主要介绍如何使用 R 里面的 clusterProfiler 包进行功能富集分析。

(一)基因本体富集分析

基因本体定义了用于描述基因功能的概念、类,以及这些概念之间的关系。GO terms 是一个有向无环图的结构,它从 3 个方面对功能进行了分类:参与的分子功能(MF),细胞组分(CC),生物学过程(BP)。因此,通过 GO 富集分析可以知道基因参与哪些生物学功能。本节主要使用 clusterProfilerpackage、org.Hs.eg.db 进行 GO 富集分析。org.Hs.eg.db 包属于人类基因注释包,其他物种的注释包显示在表 7-1 中。

表 7-1 不同物种 ID 注释 R 软件包

packages	organism
org.Hs.eg.db	Human
org.Dm.eg.db	Fly
org.Mm.eg.db	Mouse
org.At.tair.db	Arabidopsis
org.Pt.eg.db	Chimp
org.Ce.eg.db	Worm
org.Rn.eg.db	Rat
org.Sc.sgd.db	Yeast
org.Ss.eg.db	Pig
org.Ag.eg.db	Anopheles
org.Cf.eg.db	Canine
org.Dr.eg.db	Zebrafish
org.Gg.eg.db	Chicken
org.Pf.plasmo.db	Malaria
org.Xl.eg.db	Xenopus
org.Bt.eg.db	Bovine
org.Mmu.eg.db	Rhesus
org.EcK12.eg.db	E coli strain K12
org.EcSakai.eg.db	E coli strain Sakai

第四章中已经介绍过如何安装和加载软件包,那么如何进行 GO 富集分析呢,这儿用到了 DOSE 包里面数据集 geneList,代码清单如下。

1.GO 过代表分析

```
library(clusterProfiler)
library(org.Hs.eg.db)
data(geneList, package="DOSE")                 ①获取 DOSE 包里面的数据集 geneList
head(geneList)                                 ②查看数据集前六个元素
gene <- names(geneList)[abs(geneList) > 2]     ③定义差异倍数绝对值大于 2
head(gene)
## [1] "4312" "8318" "10874" "55143" "55388" "991"
ego <- enrichGO(gene          = gene,
                OrgDb         = org.Hs.eg.db,④OrgDb 指定该物种对应的 org 包的名字
                ont           = "CC",⑤ont 代表 GO 的 3 大类别,BP, CC, MF,这里为 CC
                pAdjustMethod = "BH",⑥多重假设检验矫正的方法
```

```
            pvalueCutoff    = 0.01, ⑦cufoff 指定对应的阈值,阈值为 0.01
            qvalueCutoff    = 0.05, ⑧cufoff 指定对应的阈值,阈值为 0.05
            readable        = TRUE) ⑨将基因 ID 转换为基因 symbol
```

综上所述,OrgDb 支持的任何基因 ID 类型都可以直接用于 GO 分析中。因此,可以指定 keyType 参数来指定输入基因 ID 类型。如:

```
gene.df <- bitr(gene, fromType = "ENTREZID",
      toType = c("ENSEMBL", "SYMBOL"),
      OrgDb = org.Hs.eg.db)
head(gene.df)
##    ENTREZID ENSEMBL          SYMBOL
## 1     4312 ENSG00000196611  MMP1
## 2     8318 ENSG00000093009  CDC45
## 3    10874 ENSG00000109255  NMU
## 4    55143 ENSG00000134690  CDCA8
## 5    55388 ENSG00000065328  MCM10
## 6      991 ENSG00000117399  CDC20
ego2 <- enrichGO(gene = gene.df $ ENSEMBL,
            OrgDb = org.Hs.eg.db,
            keyType = 'ENSEMBL',
            ont = "CC",
            pAdjustMethod = "BH",
            pvalueCutoff = 0.01,
            qvalueCutoff = 0.05,
readable=TRUE)
```

2.GO GSEA 分析(gene set enrichment analysis,GSEA)

```
ego3 <- gseGO(geneList     = geneList,
              OrgDb        = org.Hs.eg.db,
              ont          = "CC",
              nPerm        = 1000,    ⑩设置置换次数
              minGSSize    = 100,   | 指定被检验基因集大小,检验方法为 permutation test
              maxGSSize    = 500,   |
              pvalueCutoff = 0.05,
              verbose      = FALSE)   | 是否 print message,此处为否
```

(二)KEGG 富集分析

1.KEGG 过代表分析

```
data(geneList, package="DOSE")
gene <- names(geneList)[abs(geneList) > 2]
kg<- enrichKEGG(gene = gene,
            organism = 'hsa', 物种为人类
            pvalueCutoff = 0.05,
            pAdjustMethod ="BH",
```

```
         qvalueCutoff = 0.05)
```

2. KEGG GSEA 分析

```
keg<- gseKEGG(geneList      = geneList,
              organism      = 'hsa',
              nPerm         = 1000,
              minGSSize     = 120,
              pvalueCutoff = 0.05,
              verbose       = FALSE)
```

三、分析前数据准备

(1)数据可以是 txt 格式的文件,也可以是其他格式的文件,如 csv。
(2)文件中第一列为 ENTREZID 或者 ENSYMBL,第二列为 FC 值。
(3)geneList 为数值向量,值为 FC 值。文件中第一列为字符型向量。
(4)对 geneList 进行排序。

示列代码清单如下:

```
example<- read.csv(your_txt_file)
geneList <- example[ ,2]
names(geneList) <- as.character(example[ ,1])
geneList <- sort(geneList, decreasing = TRUE)    | 对 geneList 进行降序排列
```

四、富集分析网络平台

(一)Metascape

Metascape 提供了两种方式给用户上传基因数据:①支持上传多种格式的文件;②支持直接粘贴数据(图 7-9)。Or paste a gene list 中粘贴基因名→Submit→物种选择人类→Expression Analysis(图 7-10),当进度条 100%时,点击 Analysis Report Page。可得到富集条形图、富集网络图等(图 7-11,图 7-12)。

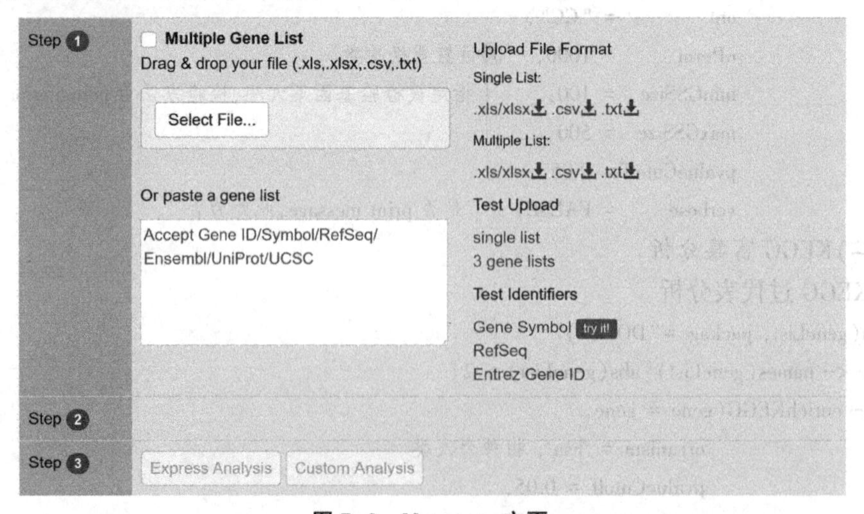

图 7-9 Metascape 主页

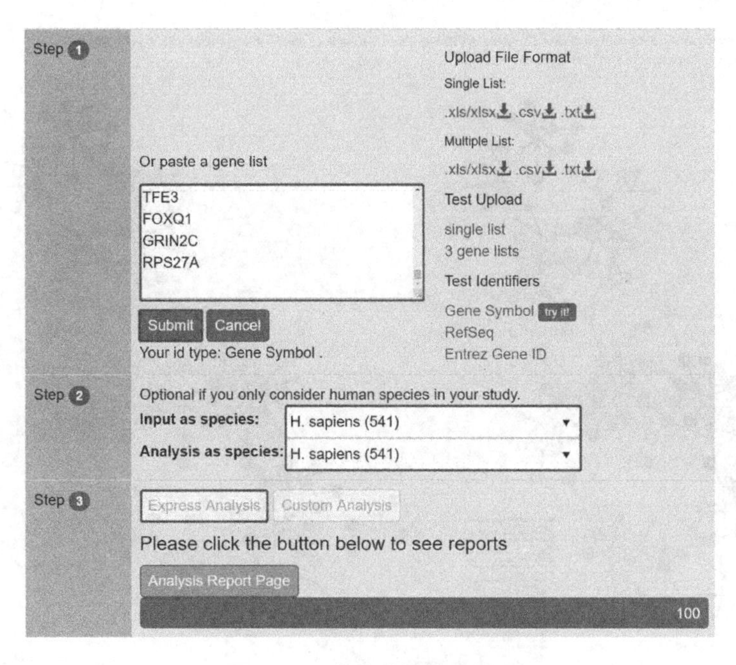

图 7-10　富集分析流程界面

Metascape only visualizes the top 20 clusters. Up to 100 enriched clusters can be viewed here.

The top-level Gene Ontology biological processes can be viewed here.

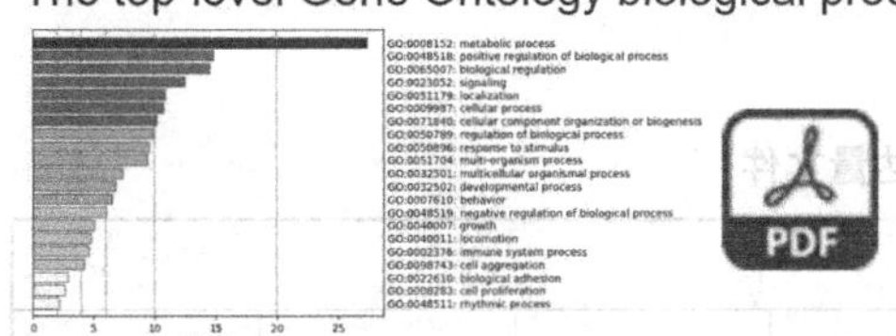

图 7-11　富集分析结果

（二）GSEA 软件

前面介绍了如何使用 clusterProfiler 等 R 包进行了 GO、KEGG 富集分析和 GSEA。那么两者有何不同呢？常规富集分析必须先做差异筛选，用筛选的基因进行功能富集，这种方式可能由于筛选参数的不合理导致漏掉一些关键信息。而 GSEA（https://www.gsea-msigdb.org/gsea/index.jsp）既可以用做了差异分析的表达量做富集分析，也可以直接拿没有做差异分析的所有基因的表达量即可找到实验组和对照组有一致性差异的的通路，对于后者来说就可以避免由于筛选参数的不合理导致漏掉一些关键信息。本节主要介绍如何使用 GSEA 软件进行富集分析。在分析之前先安装 GSEA 和 Java（GSEA 官网账号免费注册）。

Figure 2. Network of enriched terms: (a) colored by cluster ID, where nodes that share the same cluster ID are typically close to each other; (b) colored by p-value, where terms containing more genes tend to have a more significant p-value.

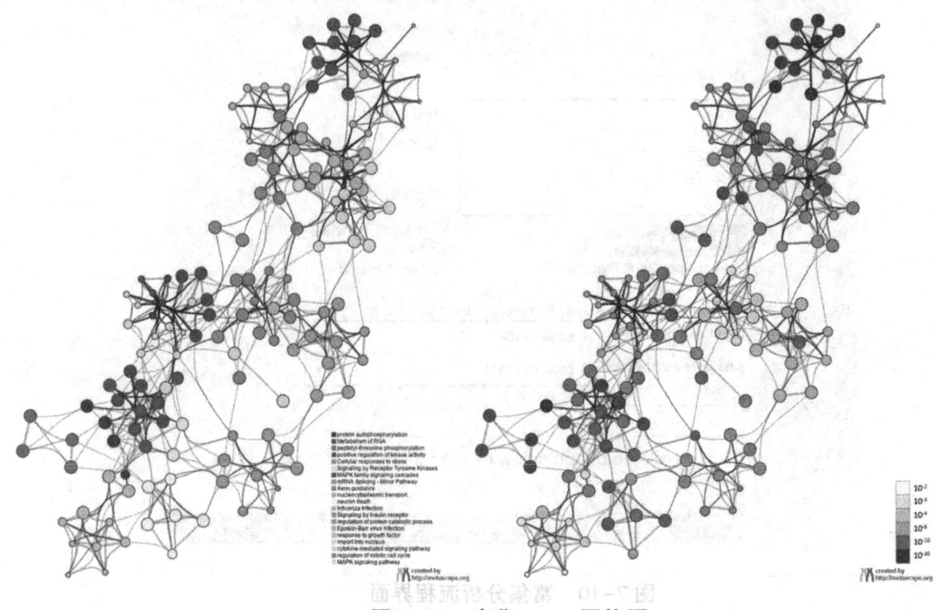

图 7-12　富集 terms 网络图

1.样品表达量文件准备　文件格式可以为 res、gct、pcl、txt,一般通常为 gct。文件第一行以"#1.2"开头;文件第二行的第一个单元格为基因数,第二个单元格为样本数;文件的第三行为表达的矩阵的 title 信息,第一列为基因 symbol/探针号,第二列为基因/探针的描述信息,如果是基因则描述列全部以 na 代替,第三列以后为样品 id 名字。接下来的行对应每个基因/探针在每个样品中的表达信息即相当于行为基因名,列为样本名的表达矩阵(表 7-2)。

表 7-2　样品表达量文件

#1.2							
8	7						
Name	Description	Normal1	Normal2	Normal3	Tumor1	Tumor2	Tumor3
Gene1	na	0.206228	0.236482	0.556626	0.511443	0.316784	0.32937
Gene2	na	0.004117	0.003977	0.011438	0.004671	0.057943	0.028388
Gene3	na	0.366811	0.410715	0.363684	1.039056	0.060509	0.105749
Gene4	na	0.891128	1.773056	1.373456	1.124295	1.201906	0.890907
Gene5	na	1.460078	1.157182	0.288913	0.042797	0.038688	0.198635
Gene6	na	4.283874	4.262926	4.617812	5.374125	4.776789	4.901235
Gene7	na	1.201834	2.223234	1.895843	1.280241	1.996544	1.798489
Gene8	na	0	9.153364	1.870992	7.154755	1.254934	6.3221

2.样品表型分类文件准备　样品表型分类文件格式为 cls(表 7-3)。

(1)第一行:三个数字。第一个是样品的总数,第二个是样品的类如癌症癌旁,第三个数字通常为 1。

(2)第二行:通常三个字符串,第一个为#,第二个为类型 1 如 Normal 的名称,第三个位类型 2 如 Tumor 的名称。

(3)第三行:每个样品的分类信息,0 代表分类 1,1 则代表分类 2。

表 7-3　样品表型分类文件

6	2	1			
#	Normal	Tumor			
0	0	0	1	1	1

3.上传文件　打开 GSEA 软件,依次选择 Load data→Browse for files…加载样品表达量文件和样品表型分类文件(图 7-13)。

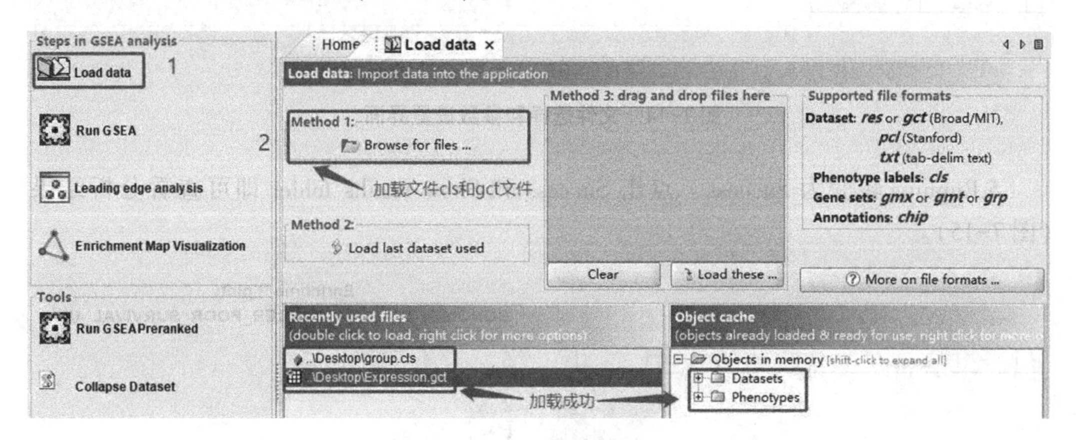

图 7-13　加载数据界面

4.点击 Run GSEA　设置各项参数→Run,显示 Running 即可,如果显示 Error,点击 Error 可查看出错的地方(图 7-14)。

(1)Expression dataset(表达文件):选择样品表达量 gct 文件。

(2)Gene sets database(功能基因集数据库):GSEA 包含了 MSigDB 数据库中的功能基因集,可以从中选择感兴趣的通路、癌症标记、转录因子数据库等。

(3)Number of permutations(扰动/随机次数):通常设置 1 000,此参数不可过小。

(4)Phenotypes labels(样品表型分类文件):表型 cls 文件。

(5)Collapse/Remap to gene symbols:通常默认。

(6)Permutation type(扰动类型):通常选择 phenotype,如果样品数目较少选择 gene_set。

(7)Chip platform(芯片类型):如果表达 gct 文件的第一列为芯片探针 id 则此处需要选择对应的芯片平台,如果是基因 symbol 则无须选择。

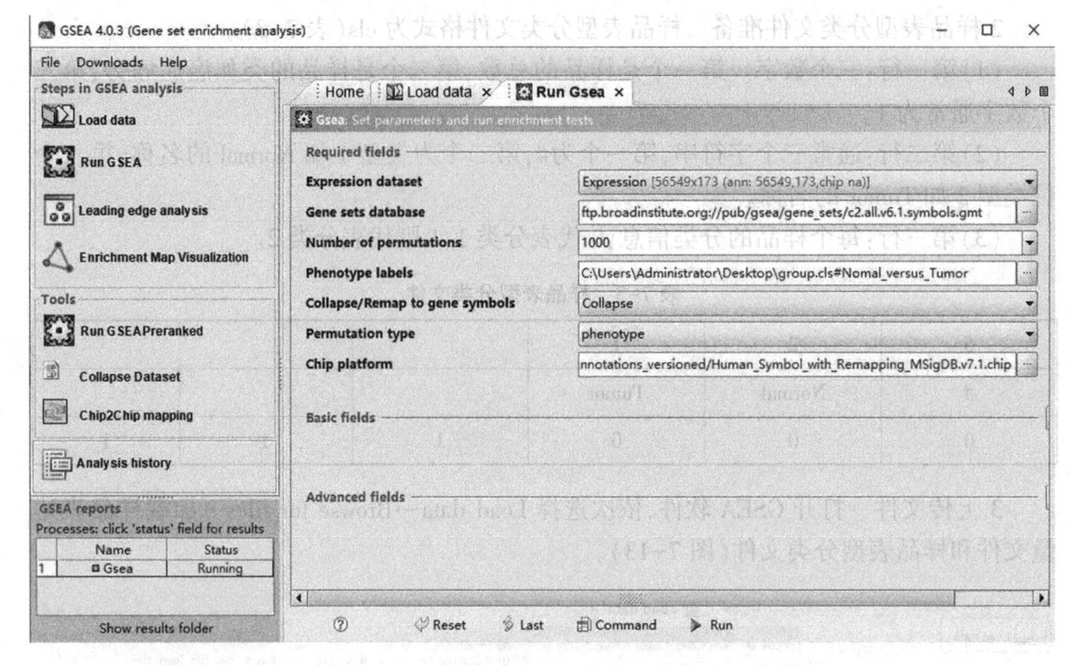

图 7-14　文件选择和参数设置界面

5.Running 转变为 Success　点击 Success 和 Show results folder 即可查看分析结果(图 7-15)。

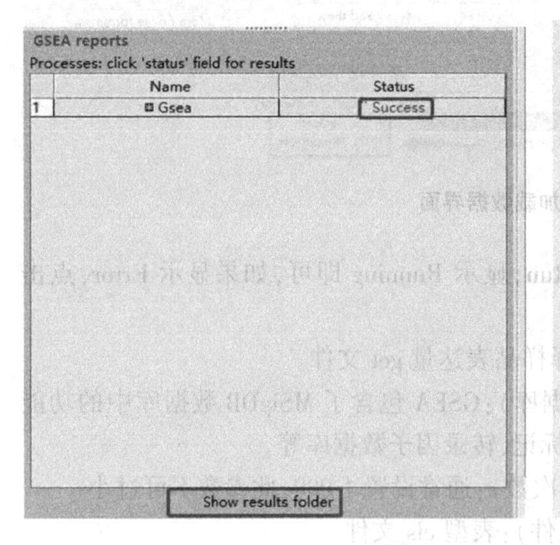

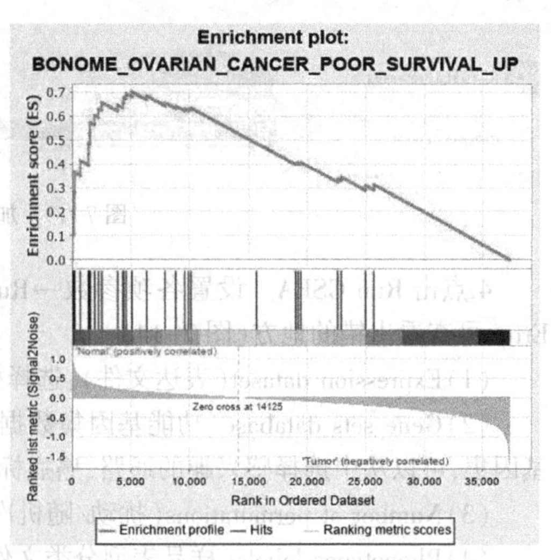

图 7-15　GSEA 运行结果界面

(三) DAVID

DAVID 是一个生物信息数据库,也是一款在线免费分析软件,可以为大规模的基因或蛋白列表提供系统综合的生物功能注释信息。该数据主要包括基因功能注释(functional annotation)、基因功能分类(gene functional classification)、基因 ID 转换(gene ID conversion)和基因 ID 对应基因名称(gene name batch viewer)四大功能。该数据库最主要的功能是基因功能注释，所以本节主要介绍如何对人类的差异基因进行富集分析。

1.进入 DAVID 网站首页（https://david.ncifcrf.gov/），点击 Functional Annotation（图 7-16）。

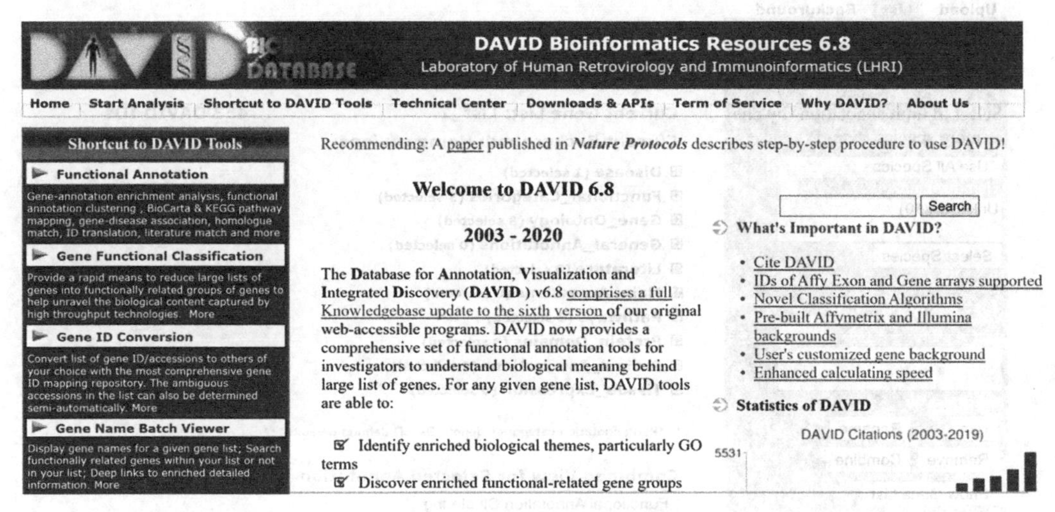

图 7-16　DAVID 网站首页

2.点击 Upload，在 Step1 处粘贴差异基因名（注意：gene list 限制不超过 3 000 个基因，每行一个基因 ID 或者基因名），Step2 处选择官方基因名 OFFICIAL_GENE_SYMBOL（如果 Step1 处是 ENTREZ GENE ID，此处选择 ENTREZ_GENE_ID），Step2a 输入物种类型如 Homosapiens，选中 Gene List，点击 Submit List 提交（图 7-17）。

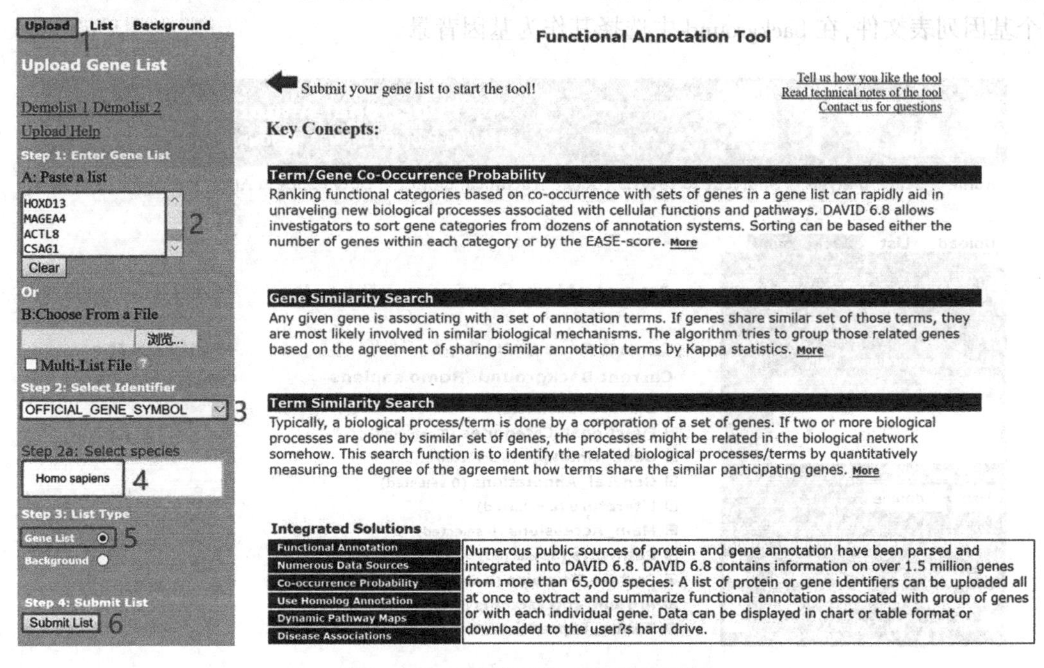

图 7-17　基因提交和参数设置界面

3.进入 List 选项,再次选择 homo sapiens,点击 List_1(图 7-18)。

Home Start Analysis Shortcut to DAVID Tools Technical Center Downloads & APIs Term of Service

Upload List Background

Gene List Manager

Select to limit annotations by one or more species Help

- Use All Species -
Homo sapiens(453)
Unknown(10)

Select Species

List Manager Help

List_1

Select List to:

Use Rename Remove Combine Show Gene List

View Unmapped Ids

Annotation Summary Results

Current Gene List: List_1 453 DAVID IDs

Current Background: Homo sapiens Check Defaults

Disease (1 selected)
Functional_Categories (3 selected)
Gene_Ontology (3 selected)
General_Annotations (0 selected)
Literature (0 selected)
Main_Accessions (0 selected)
Pathways (3 selected)
Protein_Domains (3 selected)
Protein_Interactions (0 selected)
Tissue_Expression (0 selected)

Red annotation categories denote DAVID defined defaults

Combined View for Selected Annotation

Functional Annotation Clustering
Functional Annotation Chart
Functional Annotation Table

图 7-18 物种选择页面

4.选择 Background。选择原则是为了构建一个足够大的可能涉及所有基因的集合,选取默认的人的全基因作为背景,其他默认(图 7-19)。当然,也可以在 upload 中上传一个基因列表文件,在 background 中选择其作为基因背景。

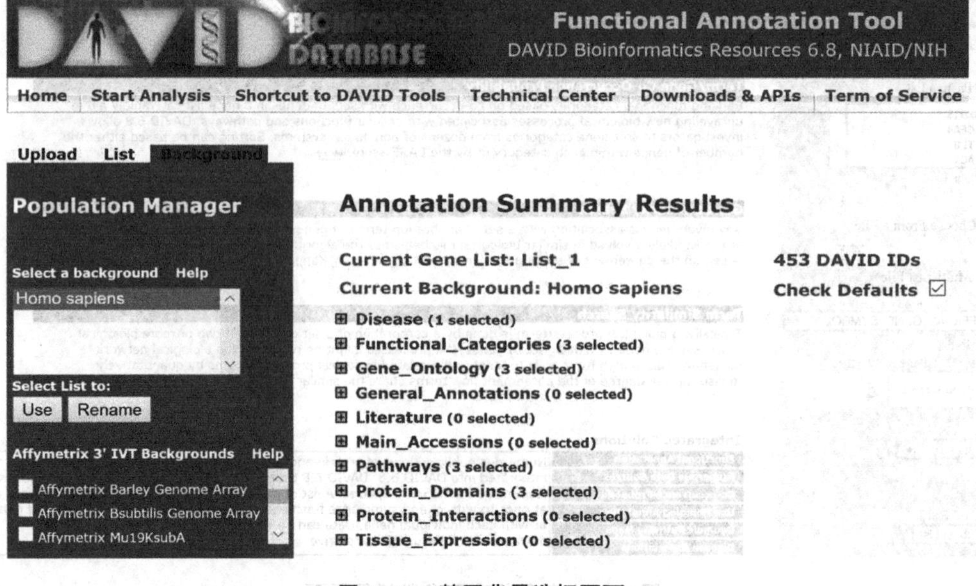

图 7-19 基因背景选择页面

5.回到 List 页面,点击 use,得到功能分析选择页面(图 7-20)。

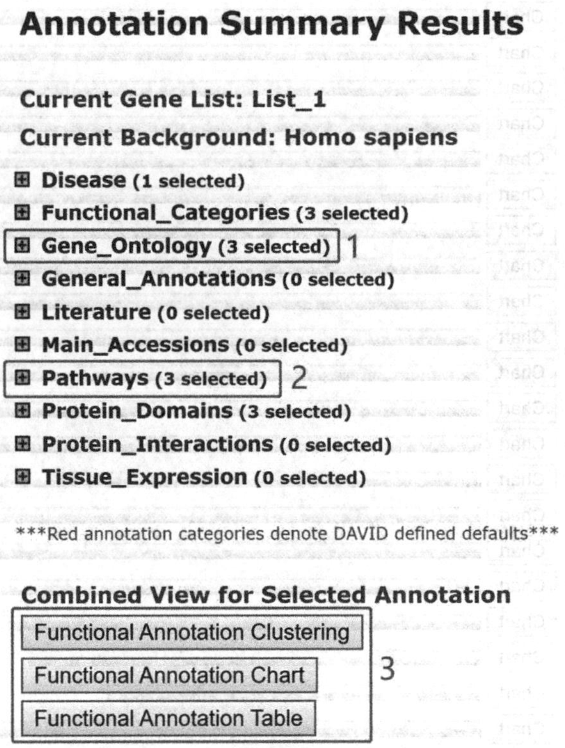

Annotation Summary Results

Current Gene List: List_1　　453 DAVID IDs

Current Background: Homo sapiens　　Check Defaults ☑

⊞ Disease (1 selected)
⊞ Functional_Categories (3 selected)
⊞ Gene_Ontology (3 selected) 1
⊞ General_Annotations (0 selected)
⊞ Literature (0 selected)
⊞ Main_Accessions (0 selected)
⊞ Pathways (3 selected) 2
⊞ Protein_Domains (3 selected)
⊞ Protein_Interactions (0 selected)
⊞ Tissue_Expression (0 selected)

Red annotation categories denote DAVID defined defaults

Combined View for Selected Annotation

Functional Annotation Clustering
Functional Annotation Chart　3
Functional Annotation Table

图 7-20　功能分析选择页面

图中 1:GO 分析,可以粗略了解差异基因富集在哪些生物学功能、途径或者细胞定位。

图中 2:pathway 分析,可以了解实验条件下显著改变的通路,在机制研究中显得尤为重要。

图中 3:功能注释工具。①Functional Annotation Clustering:使用模糊聚类方法,对被注释上的 Terms 做聚类,即 Terms 被分成多组,并给出聚类的分值。②Functional Annotation Chart:提供 gene-term 的富集分析。③Functional Annotation Table:该工具实现了基因的功能注释,将输入列表中每个基因在选定数据库中的注释以表格形式呈现。

6.点击 clear all 或者取消 Check Defaults 的勾选,点击 GO 分析,选择自己感兴趣的内容进行分析如 GO 和 KEGG 通路富集分析。

(1)GO 富集分析

点击 Gene_Ontology,勾选 GOTERM_BP_DIRECT、GOTERM_CC_DIRECT 和 GOTERM_MF_DIRECT(图 7-21)。

勾选好待分析的选项后,点击功能注释工具中的 Functional Annotation Chart,得到一个 GO 富集分析结果表格,点击 Download File 即可下载结果(图 7-22)。当然也可以直接点击图 7-21 中勾选项对应的 Chart,进入下载页面即可下载。

Gene_Ontology (3 selected)

	Term	%	Count	
☐	GOTERM_BP_1	92.7%	420	Chart
☐	GOTERM_BP_2	92.7%	420	Chart
☐	GOTERM_BP_3	92.3%	418	Chart
☐	GOTERM_BP_4	90.9%	412	Chart
☐	GOTERM_BP_5	90.3%	409	Chart
☐	GOTERM_BP_ALL	92.7%	420	Chart
☑	GOTERM_BP_DIRECT	92.7%	420	Chart
☐	GOTERM_BP_FAT	92.5%	419	Chart
☐	GOTERM_CC_1	97.6%	442	Chart
☐	GOTERM_CC_2	95.8%	434	Chart
☐	GOTERM_CC_3	95.8%	434	Chart
☐	GOTERM_CC_4	90.3%	409	Chart
☐	GOTERM_CC_5	85.4%	387	Chart
☐	GOTERM_CC_ALL	97.6%	442	Chart
☑	GOTERM_CC_DIRECT	97.6%	442	Chart
☐	GOTERM_CC_FAT	85.7%	388	Chart
☐	GOTERM_MF_1	91.6%	415	Chart
☐	GOTERM_MF_2	90.7%	411	Chart
☐	GOTERM_MF_3	82.3%	373	Chart
☐	GOTERM_MF_4	78.6%	356	Chart
☐	GOTERM_MF_5	64.7%	293	Chart
☐	GOTERM_MF_ALL	91.6%	415	Chart
☑	GOTERM_MF_DIRECT	91.6%	415	Chart
☐	GOTERM_MF_FAT	83.9%	380	Chart

图 7-21　GO 功能富集分析选择页面

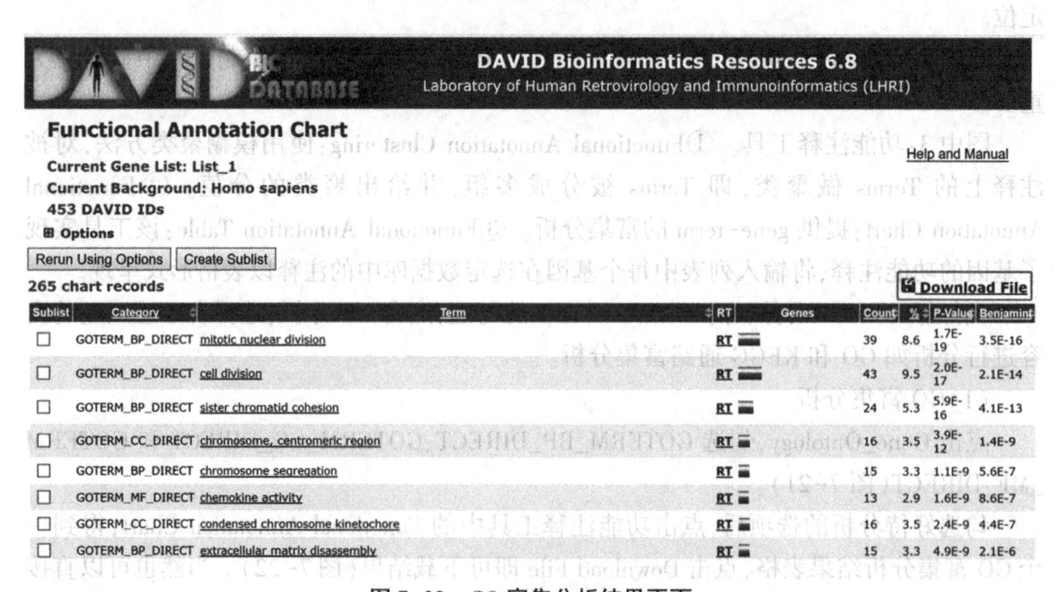

Sublist	Category	Term	RT	Genes	Count	%	P-Value	Benjamini
☐	GOTERM_BP_DIRECT	mitotic nuclear division	RT		39	8.6	1.7E-19	3.5E-16
☐	GOTERM_BP_DIRECT	cell division	RT		43	9.5	2.0E-17	2.1E-14
☐	GOTERM_BP_DIRECT	sister chromatid cohesion	RT		24	5.3	5.9E-16	4.1E-13
☐	GOTERM_CC_DIRECT	chromosome, centromeric region	RT		16	3.5	3.9E-12	1.4E-9
☐	GOTERM_BP_DIRECT	chromosome segregation	RT		15	3.3	1.1E-9	5.6E-7
☐	GOTERM_MF_DIRECT	chemokine activity	RT		13	2.9	1.6E-9	8.6E-7
☐	GOTERM_CC_DIRECT	condensed chromosome kinetochore	RT		16	3.5	2.4E-9	4.4E-7
☐	GOTERM_BP_DIRECT	extracellular matrix disassembly	RT		15	3.3	4.9E-9	2.1E-6

图 7-22　GO 富集分析结果页面

(2)KEGG 富集分析。KEGG 富集分析和 GO 富集分析操作步骤一样。

(四)Reactome

Reactome 是一个免费的、开源的、手动整理的及经同行评审的 pathway 数据库。其目标是提供直观的生物信息学工具,包括对途经信息的可视化、解读及分析,以支持基础研究、基因组分析、建模、系统生物学和教育。不但可以全局看到与感兴趣基因相关的所有通路,也可以细节化展示某一具体通路。

1.进入 Reactome(https://reactome.org)网站首页,点击 Tools→AnalysisData(图 7-23)。

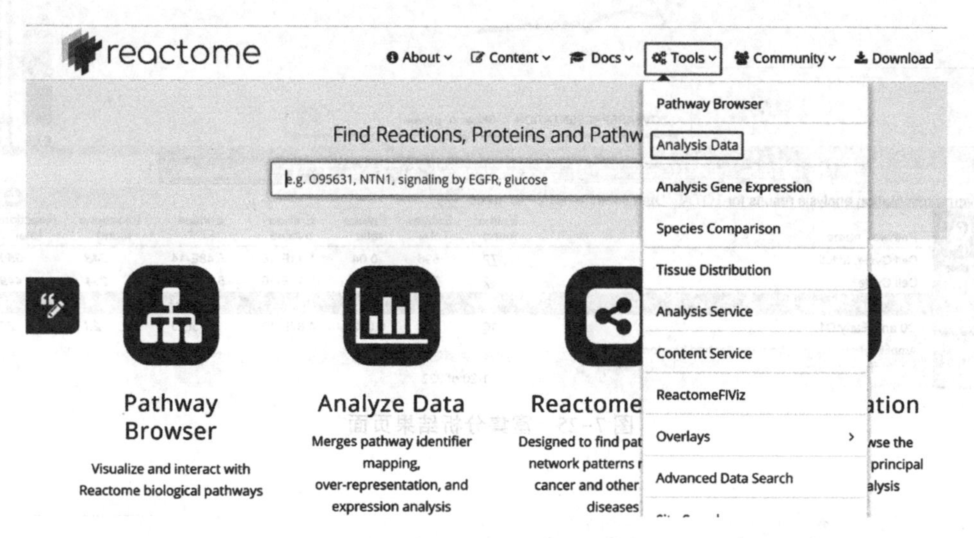

图 7-23　Reactome 网站主页

2.进入 Analysis Data 后,点击 Genenamelist,会出现示例数据,删除示例数据,在对应的示例处粘贴差异基因,点击 Continue→Analysis(图 7-24)。

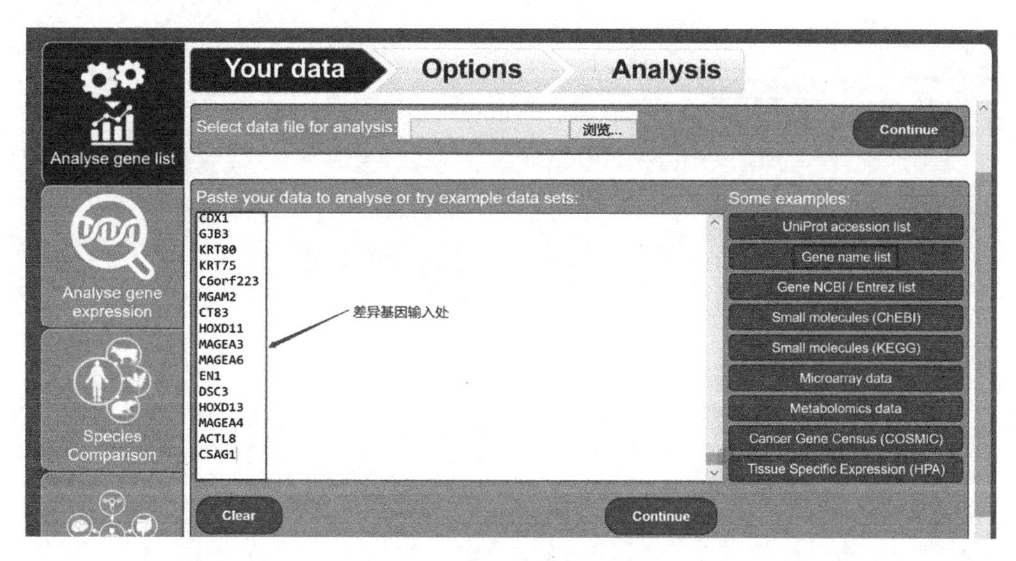

图 7-24　差异基因输入页面

3.点击 Analysis 后，得到通路富集结果（图 7-25），根据 pValue 或者 FDR 值选择感兴趣的某一条通路，如 Cell Cycle Checkpoints，点击 1 处 Download 即可下载 Cell Cycle Checkpoints 通路图。点击 2 处 Download 可下载分析结果。

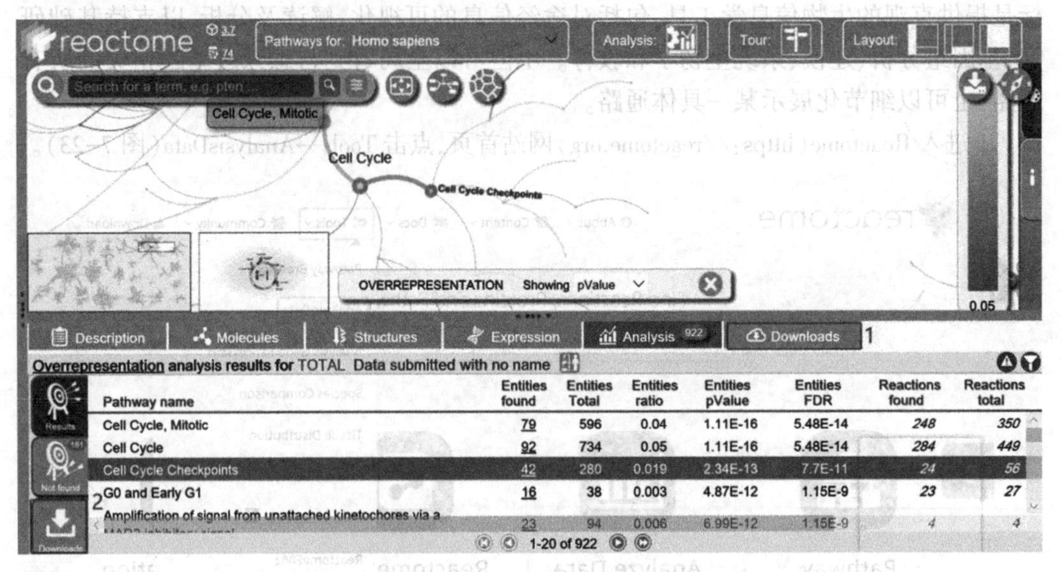

图 7-25　富集分析结果页面

第八章　寻找 *hub* 基因和 Module 分析

关键基因 *hub* 在相关通路中会影响着其他基因的调控，它通常是重要的作用靶点，可以说 *hub* 基因在生物学过程中发挥着致关重要的作用。

一、构建蛋白互作网络

1.打开 STRING 在线网站 https://string-db.org/cgi/input.pl，转到 STRING 首页(图 8-1)，点击搜索，选择 Multiple proteins，输入差异基因，选择物种如 Homo sapiens，点击 SEARCH(图 8-2)。

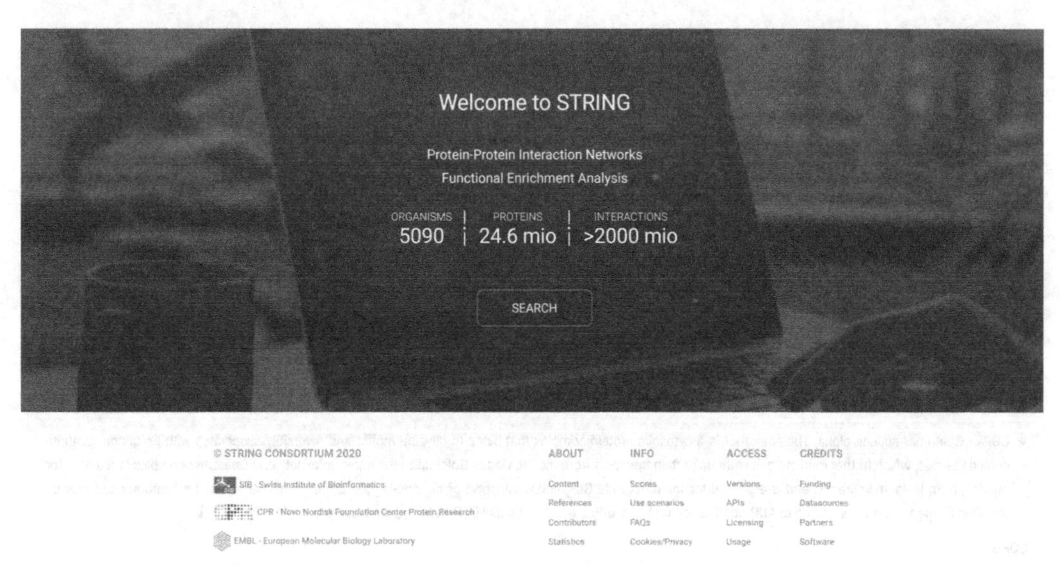

图 8-1　STRING 网站首页

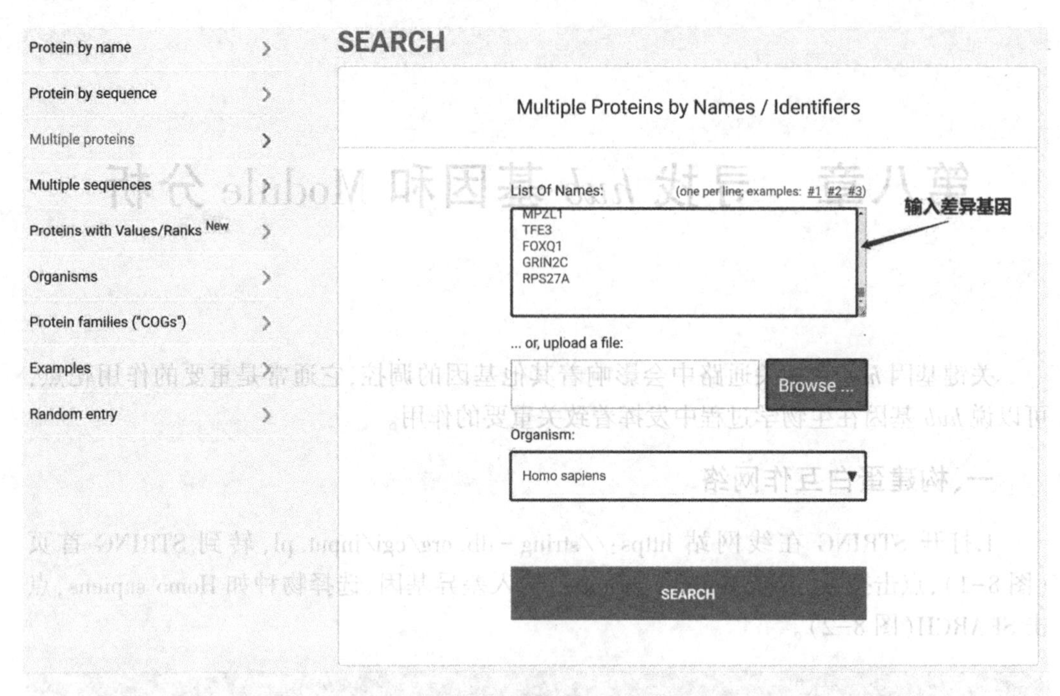

图 8-2 基因提交页面

2.其他默认,点击 CONTINUE(图 8-3)。

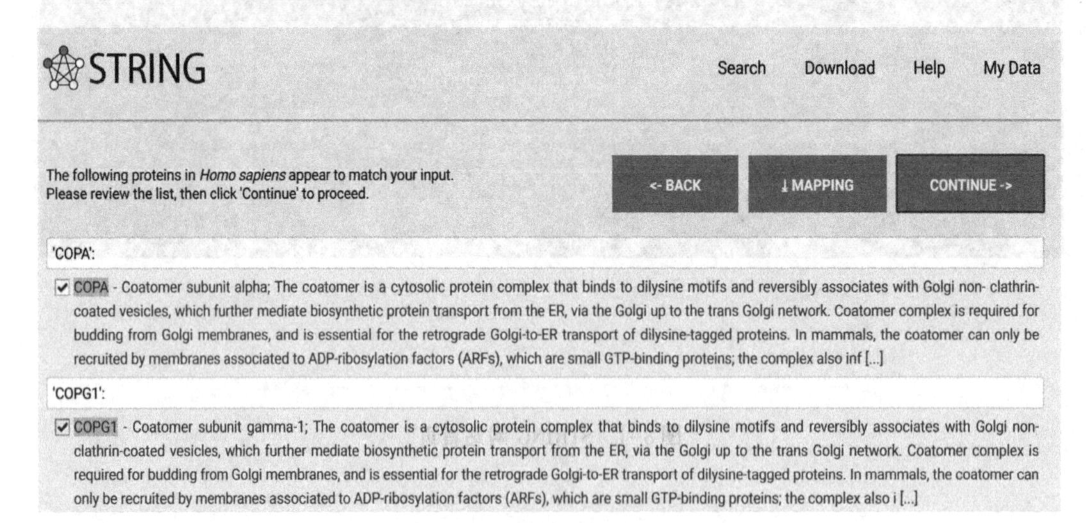

图 8-3 互作蛋白 match 页面

3.得到蛋白互作网络(图 8-4)。

4.点击 Setting,选择 hide disconnected nodes in the network,其他默认,点击 UPDATE(图 8-5)。

5.点击 Export,下载高清蛋白互作图以及 TSV 格式的蛋白互作数据(图 8-6)。

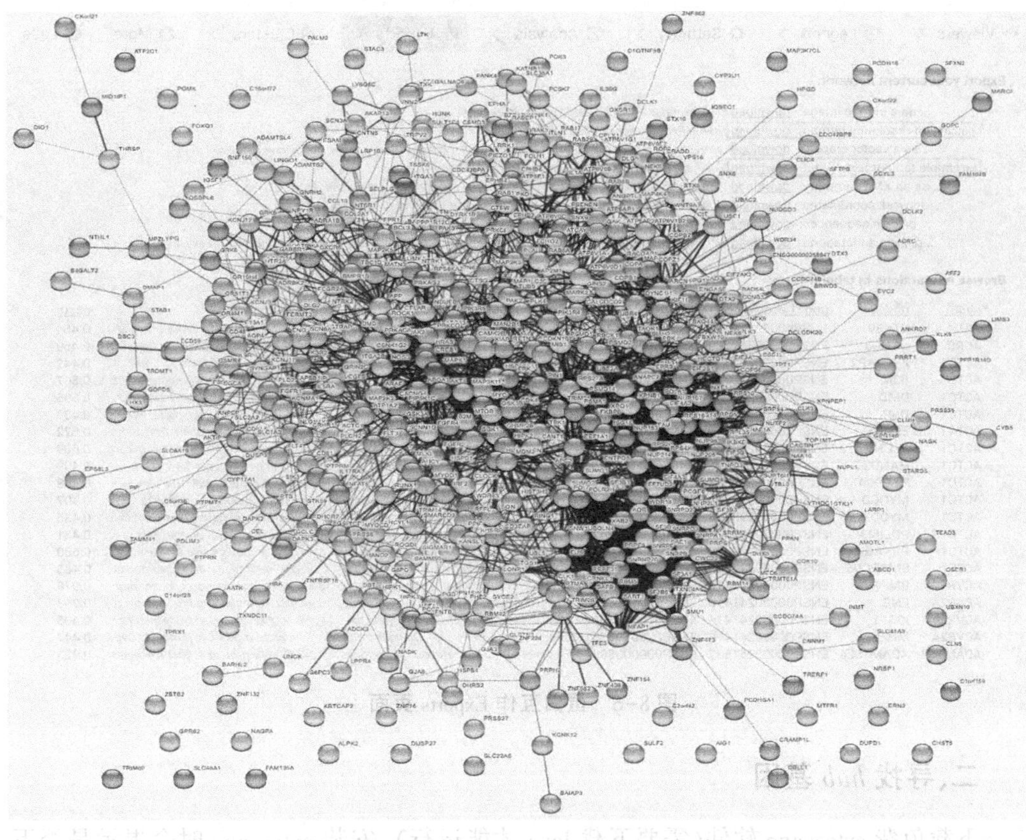

图 8-4　蛋白互作网络图

Viewers　Legend　Settings　Analysis　Exports　Clusters　More　Less

Basic Settings

meaning of network edges:

evidence　(line color indicates the type of interaction evidence)

confidence　(line thickness indicates the strength of data support)

molecular action　(line shape indicates the predicted mode of action)

UPDATE

active interaction sources:

Textmining　Experiments　Databases　Co-expression

Neighborhood　Gene Fusion　Co-occurrence

minimum required interaction score:

medium confidence (0.400)

max number of interactors to show:

1st shell: - none / query proteins only -

2nd shell: - none -

Advanced Settings

network display mode:

static png　(network is a simple bitmap image; not interactive)

interactive svg　(network is a scalable vector graphic [SVG]; interactive)

display simplifications:

disable structure previews inside network bubbles

hide disconnected nodes in the network

hide node labels

图 8-5　参数设置页面

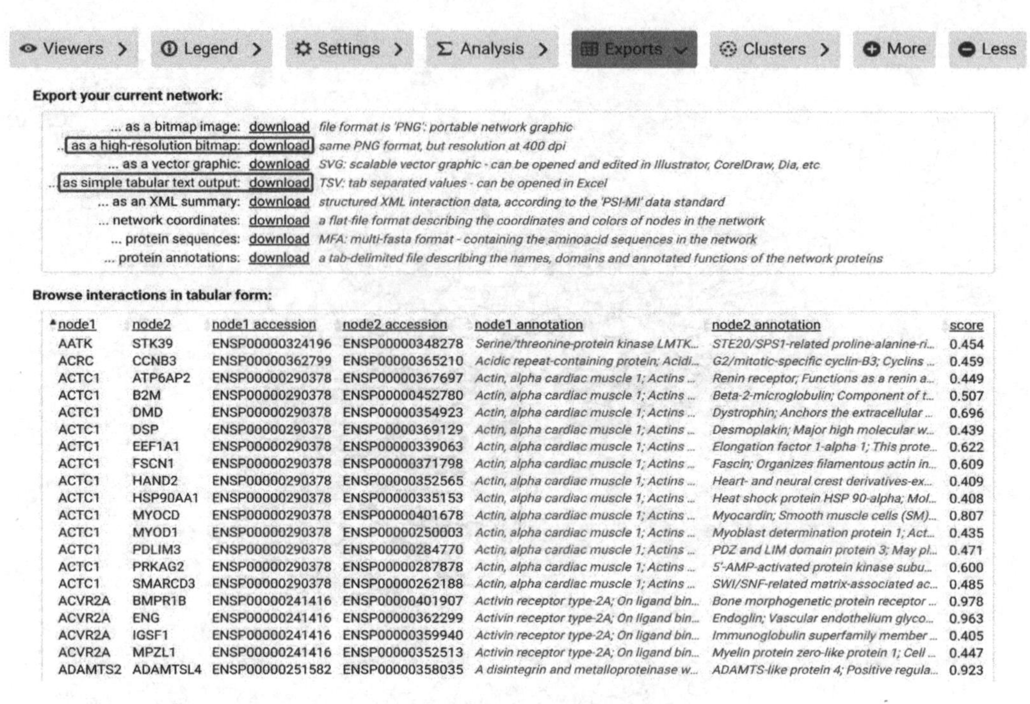

node1	node2	node1 accession	node2 accession	node1 annotation	node2 annotation	score
AATK	STK39	ENSP00000324196	ENSP00000348278	Serine/threonine-protein kinase LMTK...	STE20/SPS1-related proline-alanine-ri...	0.454
ACRC	CCNB3	ENSP00000362799	ENSP00000365210	Acidic repeat-containing protein; Acidi...	G2/mitotic-specific cyclin-B3; Cyclins ...	0.459
ACTC1	ATP6AP2	ENSP00000290378	ENSP00000367697	Actin, alpha cardiac muscle 1; Actins ...	Renin receptor; Functions as a renin a...	0.449
ACTC1	B2M	ENSP00000290378	ENSP00000452780	Actin, alpha cardiac muscle 1; Actins ...	Beta-2-microglobulin; Component of t...	0.507
ACTC1	DMD	ENSP00000290378	ENSP00000354923	Actin, alpha cardiac muscle 1; Actins ...	Dystrophin; Anchors the extracellular ...	0.696
ACTC1	DSP	ENSP00000290378	ENSP00000369129	Actin, alpha cardiac muscle 1; Actins ...	Desmoplakin; Major high molecular w...	0.439
ACTC1	EEF1A1	ENSP00000290378	ENSP00000339063	Actin, alpha cardiac muscle 1; Actins ...	Elongation factor 1-alpha 1; This prote...	0.622
ACTC1	FSCN1	ENSP00000290378	ENSP00000371798	Actin, alpha cardiac muscle 1; Actins ...	Fascin; Organizes filamentous actin in...	0.609
ACTC1	HAND2	ENSP00000290378	ENSP00000352565	Actin, alpha cardiac muscle 1; Actins ...	Heart- and neural crest derivatives-ex...	0.409
ACTC1	HSP90AA1	ENSP00000290378	ENSP00000335153	Actin, alpha cardiac muscle 1; Actins ...	Heat shock protein HSP 90-alpha; Mol...	0.408
ACTC1	MYOCD	ENSP00000290378	ENSP00000401678	Actin, alpha cardiac muscle 1; Actins ...	Myocardin; Smooth muscle cells (SM)...	0.807
ACTC1	MYOD1	ENSP00000290378	ENSP00000250003	Actin, alpha cardiac muscle 1; Actins ...	Myoblast determination protein 1; Act...	0.435
ACTC1	PDLIM3	ENSP00000290378	ENSP00000284770	Actin, alpha cardiac muscle 1; Actins ...	PDZ and LIM domain protein 3; May pl...	0.471
ACTC1	PRKAG2	ENSP00000290378	ENSP00000287878	Actin, alpha cardiac muscle 1; Actins ...	5'-AMP-activated protein kinase subu...	0.600
ACTC1	SMARCD3	ENSP00000290378	ENSP00000262188	Actin, alpha cardiac muscle 1; Actins ...	SWI/SNF-related matrix-associated ac...	0.485
ACVR2A	BMPR1B	ENSP00000241416	ENSP00000401907	Activin receptor type-2A; On ligand bin...	Bone morphogenetic protein receptor ...	0.978
ACVR2A	ENG	ENSP00000241416	ENSP00000362299	Activin receptor type-2A; On ligand bin...	Endoglin; Vascular endothelium glyco...	0.963
ACVR2A	IGSF1	ENSP00000241416	ENSP00000359940	Activin receptor type-2A; On ligand bin...	Immunoglobulin superfamily member ...	0.405
ACVR2A	MPZL1	ENSP00000241416	ENSP00000352513	Activin receptor type-2A; On ligand bin...	Myelin protein zero-like protein 1; Cell ...	0.447
ADAMTS2	ADAMTSL4	ENSP00000251582	ENSP00000358035	A disintegrin and metalloproteinase w...	ADAMTS-like protein 4; Positive regula...	0.923

图 8-6　蛋白互作 Exports 页面

二、寻找 *hub* 基因

下载免费 cytoscape 软件(需要下载 Java 才能运行),安装 cytoscape 时会提示是否下载 Java。

选择 File→Import→Networ from File,打开下载的蛋白互作数据(图 8-7)。

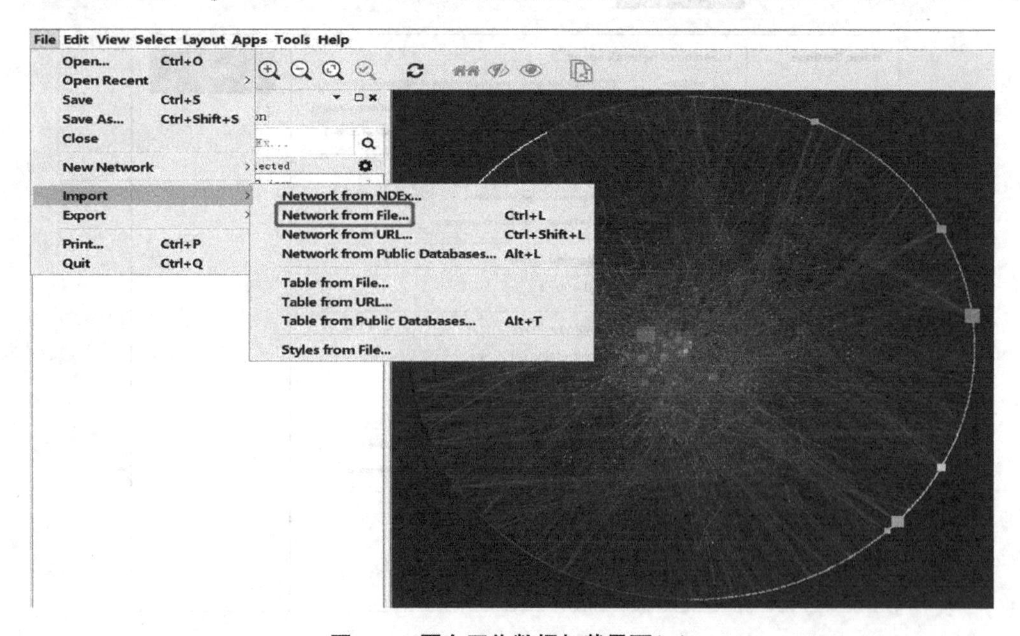

图 8-7　蛋白互作数据加载界面(1)

其他默认，点击 OK(图 8-8)，得到蛋白互作网络图(图 8-9)。

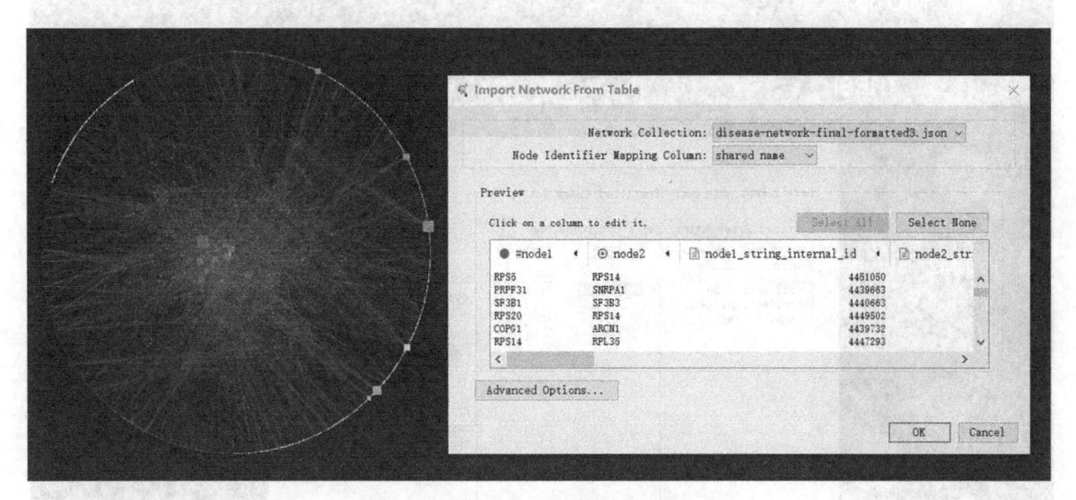

图 8-8　蛋白互作数据加载界面(2)

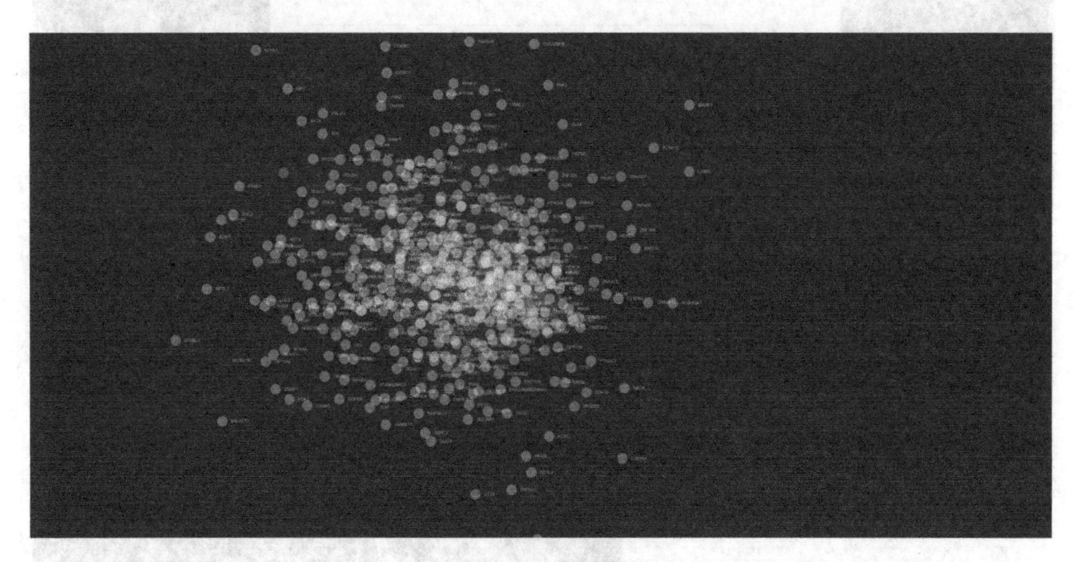

图 8-9　蛋白互作网络图

选择 Apps→App Manager，搜索框内输入 cytoHubba，选择插件 cytoHubba，点击 Install (图 8-10)。

选择 cytoHubba，点击 Calculate，选择 Top10 和 MCC 算法或者其他算法，勾选 Display the shortest path，点击 Submit，点击 Export 可保存数据(图 8-11)。

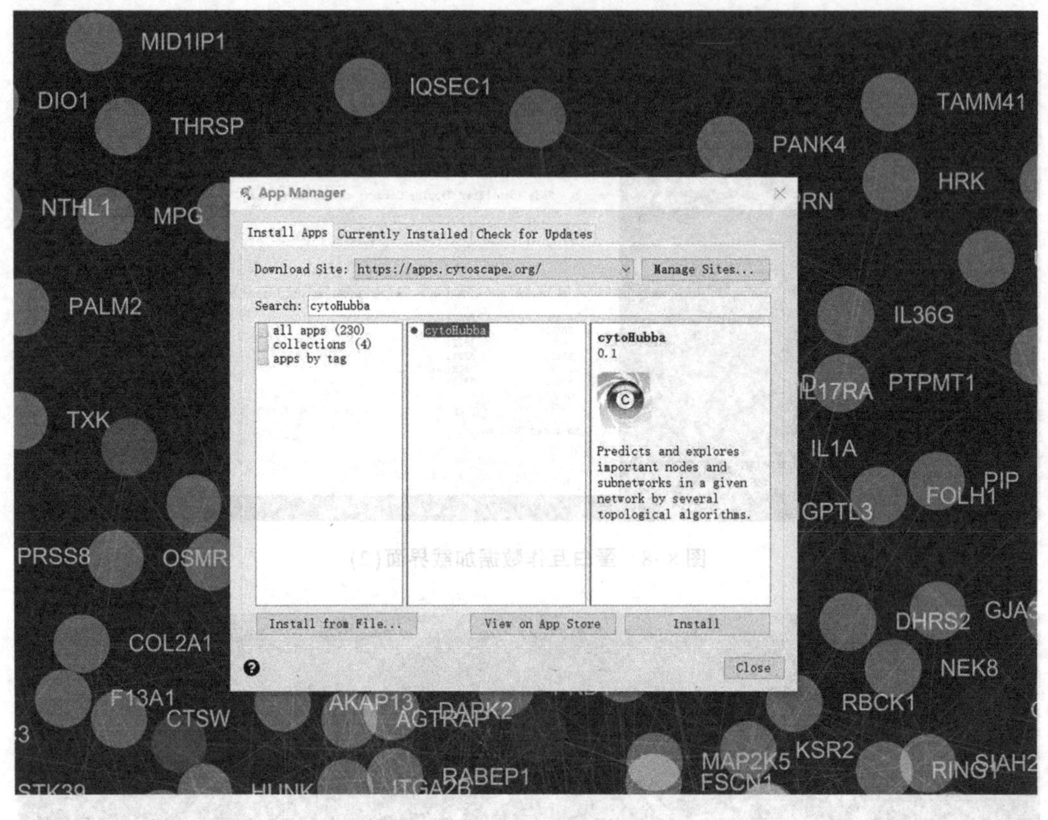

图 8-10　cytoHubba 安装界面

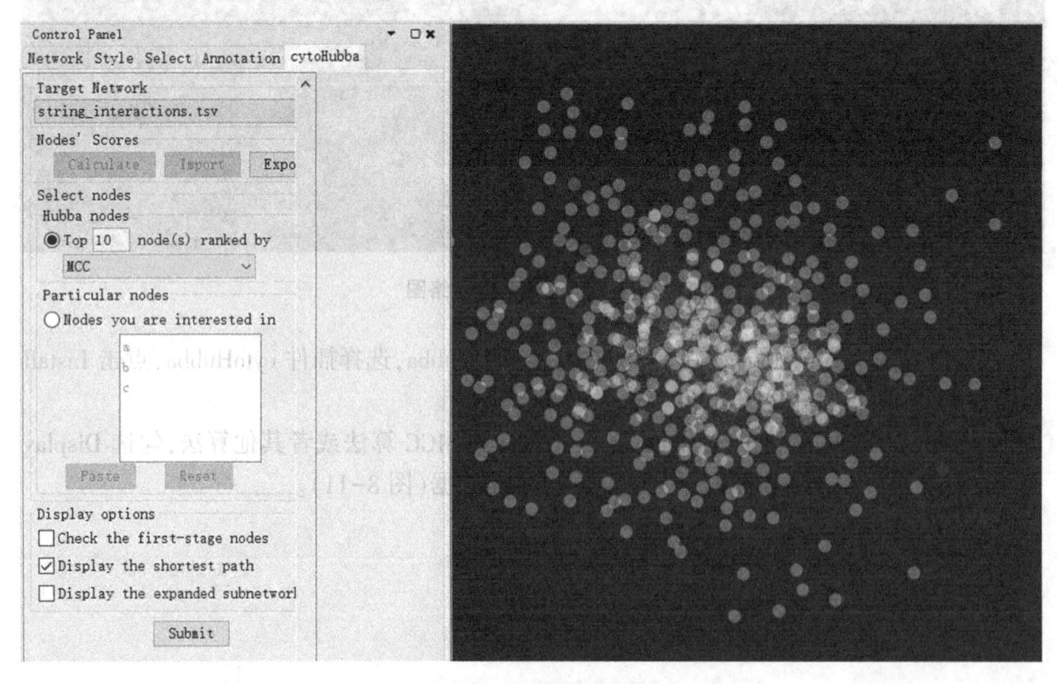

图 8-11　分析流程界面

得到前 10 个 *hub* 基因网络图点击导出图标可以保存图片(图 8-12)。

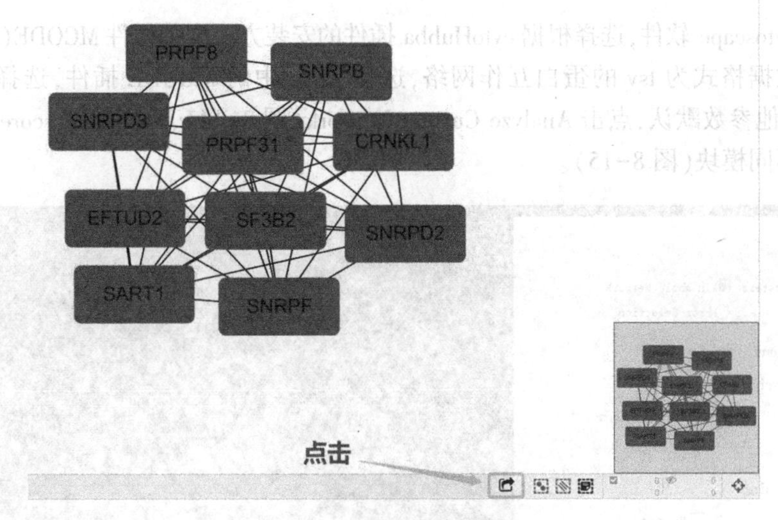

图 8-12　图片可视化和导出界面

对于图 8-12,看着给人的感觉是不美观的,不忍直视,那么如何让图看起来美观呢?点击 Style 将 default 改为其他样式如 Curved 即可更改图片样式(图 8-13)。在下面的分析中,我们将会在分析过程中介绍如何让图变得更加美观。

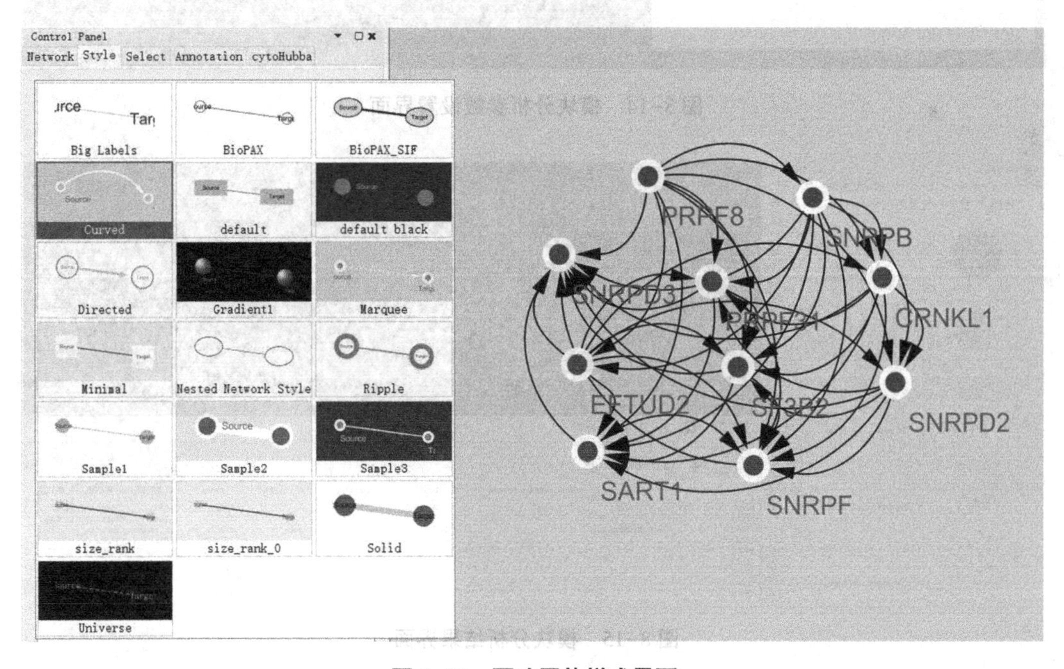

图 8-13　更改图片样式界面

三、Module 分析

打开 cytoscape 软件，选择根据 cytoHubba 插件的安装方法安装插件 MCODE(图 8-14)。

选中数据格式为 tsv 的蛋白互作网络，选择 Apps 中的 MCODE 插件，选择 In Whole Network，其他参数默认，点击 Analyze Current Network(图 8-14)，可得到按 score 值从大到小排序的不同模块(图 8-15)。

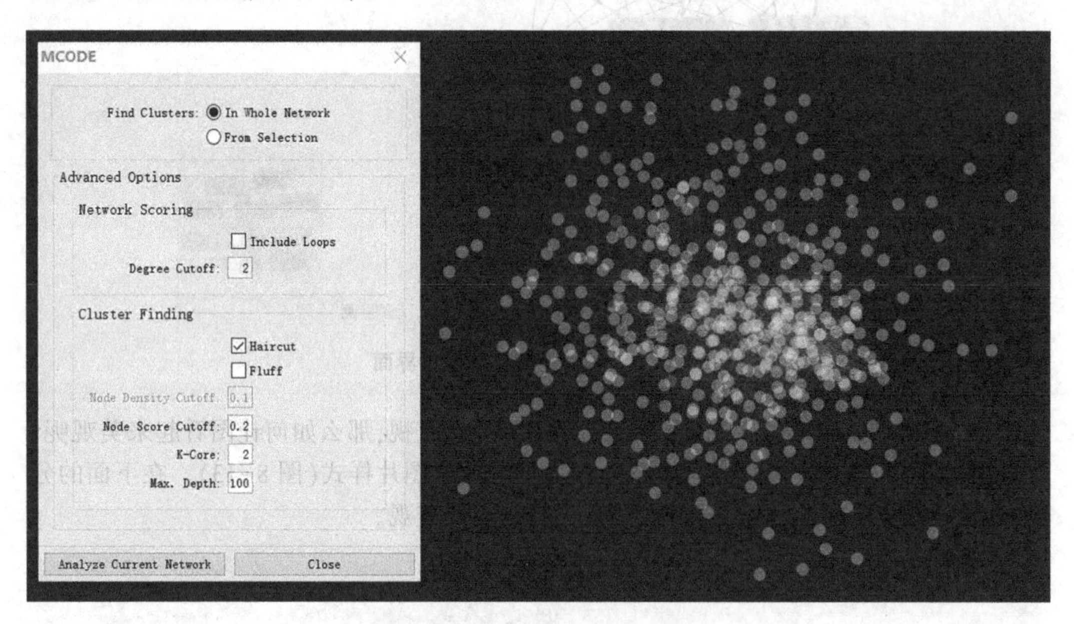

图 8-14　模块分析参数设置界面

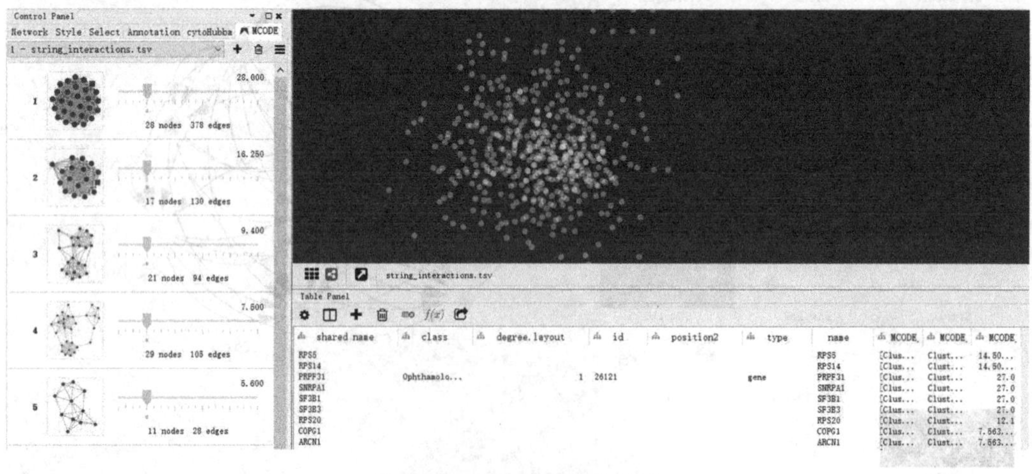

图 8-15　模块分析结果界面

选择不同的模块，就可将各模块显示出来，如选择模块 1，点击 Create Cluster Network(图 8-16)，后得到模块 1 的结果网络图(图 8-17)。

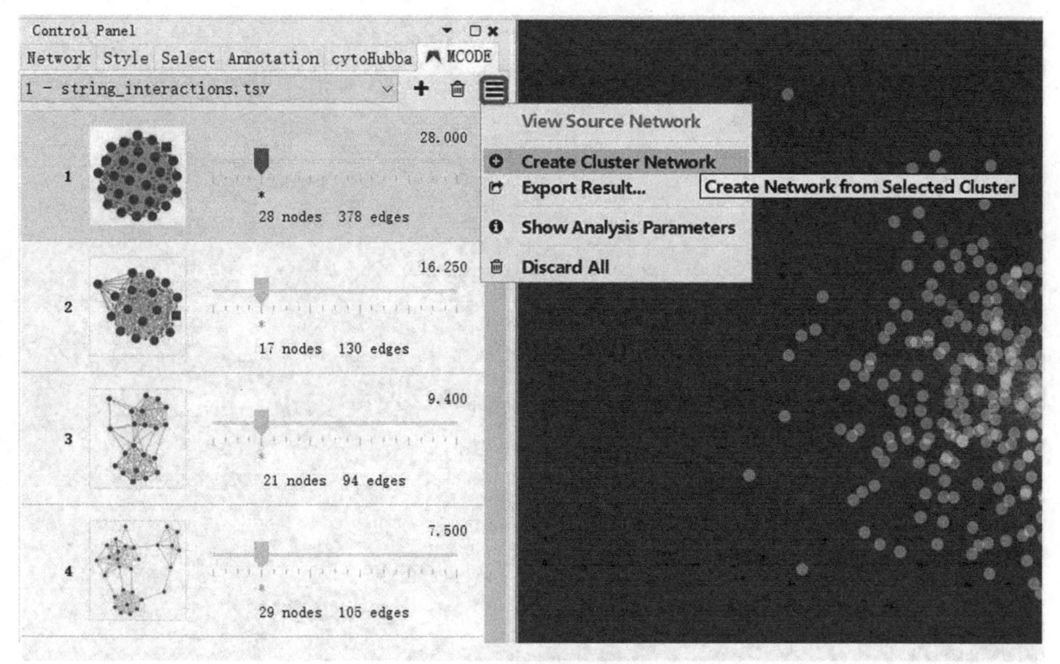

图 8-16　模块 1 分析界面

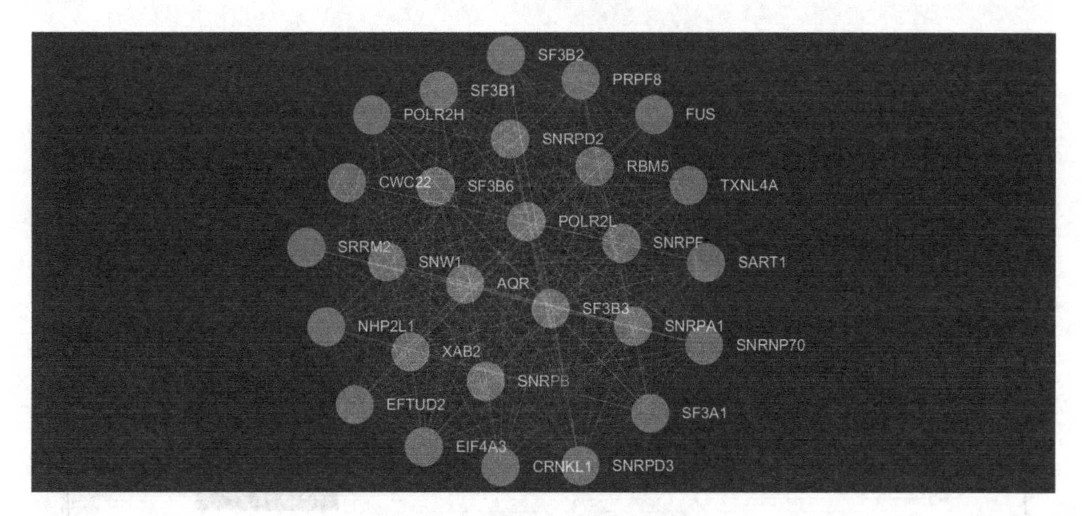

图 8-17　模块 1 结果网络图

选择 Layout、circular Layout 和 All notes，可得到模块 1 的圆形排列的可视化网络图（图 8-18）。

到这儿模块分析就结束了，对于模块内的基因你可以挑选自己感兴趣的进行富集分析（详见第七章）。

当实际操作后，会发现做出来的图跟上面的样式不一样，不要着急，只需要在打开 cytoscape 软件时选择 Styles Demo 作为样式即可（图 8-19）。

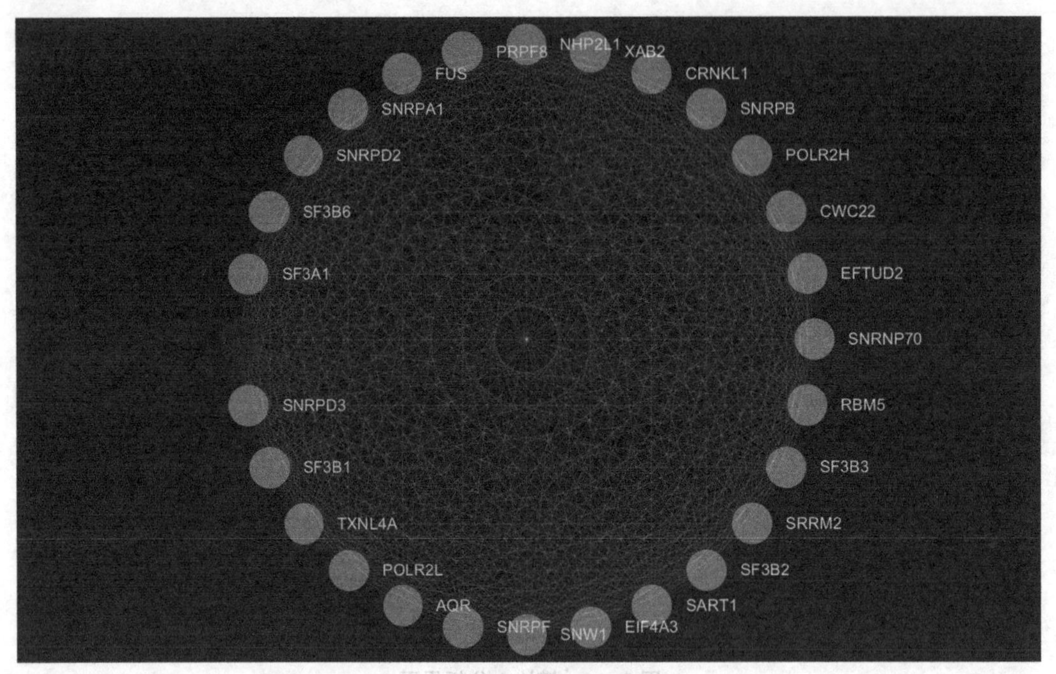

图 8-18　模块 1 可视化网络图

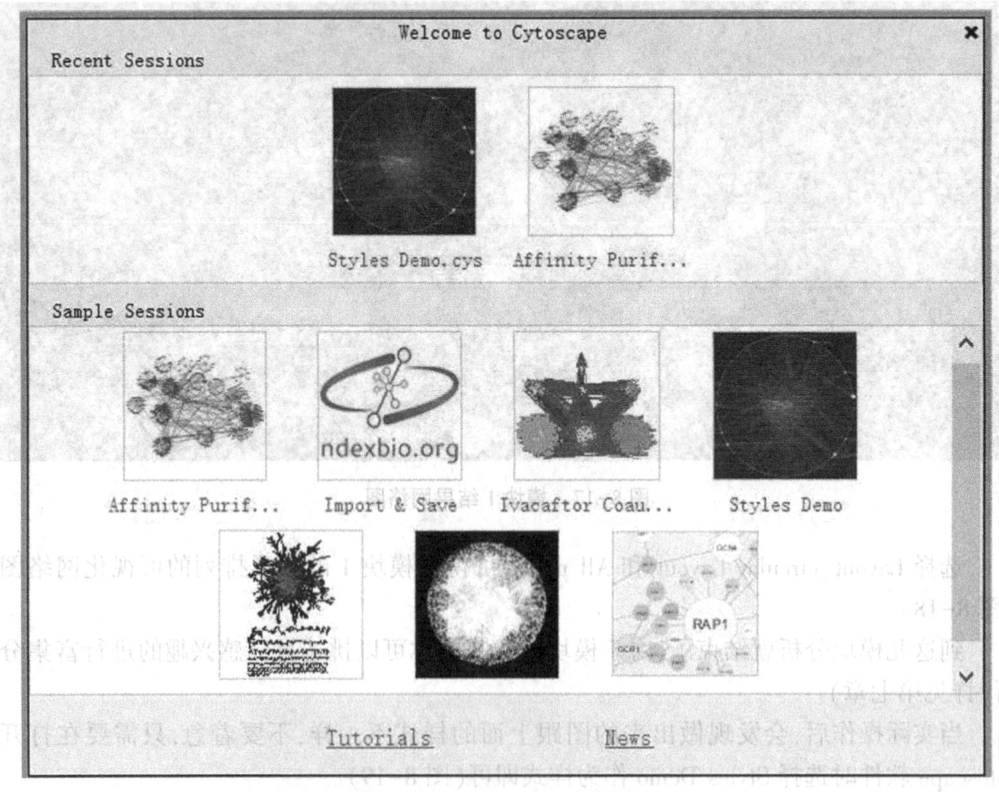

图 8-19　Styles Demo 选择界面

第九章　ID 转化

一、lncRNA 注释文件下载

GENCODE 数据库储存了 lncRNA 的注释文件，我们可以从 GENCODE 数据库下载 lncRNA 的 GTF 格式的注释文件，导入 R 语言进行 lncRNA 注释。

GENCODE 数据库网站链接为 https://www.gencodegenes.org/human/，网站页面见图 9-1。

Content	Regions	Description	Download
Comprehensive gene annotation	CHR	• It contains the comprehensive gene annotation on the reference chromosomes only • This is the **main annotation file** for most users	GTF GFF3
Comprehensive gene annotation	ALL	• It contains the comprehensive gene annotation on the reference chromosomes, scaffolds, assembly patches and alternate loci (haplotypes) • This is a **superset** of the main annotation file	GTF GFF3
Comprehensive gene annotation	PRI	• It contains the comprehensive gene annotation on the primary assembly (chromosomes and scaffolds) sequence regions • This is a **superset** of the main annotation file	GTF GFF3
Basic gene annotation	CHR	• It contains the basic gene annotation on the reference chromosomes only • This is a **subset** of the corresponding comprehensive annotation, including only those transcripts tagged as 'basic' in every gene	GTF GFF3
Basic gene annotation	ALL	• It contains the basic gene annotation on the reference chromosomes, scaffolds, assembly patches and alternate loci (haplotypes) • This is a **subset** of the corresponding comprehensive annotation, including only those transcripts tagged as 'basic' in every gene	GTF GFF3
Long non-coding RNA gene annotation	CHR	• It contains the comprehensive gene annotation of lncRNA genes on the reference chromosomes • This is a **subset** of the main annotation file	GTF GFF3
PolyA feature annotation	CHR	• It contains the polyA features (polyA_signal, polyA_site, pseudo_polyA) manually annotated by HAVANA on the reference chromosomes • This dataset does **not** form part of the main annotation file	GTF GFF3
Consensus pseudogenes predicted by the Yale and UCSC pipelines	CHR	• 2-way consensus (retrotransposed) pseudogenes predicted by the Yale and UCSC pipelines, but not by HAVANA, on the reference chromosomes • This dataset does **not** form part of the main annotation file	GTF GFF3
Predicted tRNA genes	CHR	• tRNA genes predicted by ENSEMBL on the reference chromosomes using tRNAscan-SE • This dataset does **not** form part of the main annotation file	GTF GFF3

图 9-1　GENCODE 主页

下拉找到 Long non-coding RNA gene annotation，点击 GTF，下载格式为 GTF 格式的 lncRNA 注释文件（图 9-2）。

二、lncRNA ENSEMBL ID 转化为基因名

本节主要讲解如何利用 R 语言将 lncRNA ENSEMBL ID 转化为基因名。

rtracklayer 包的安装和调用：在安装 rtracklayer 包之前需要先安装 BiocManager 包，一般安装包的函数为 install.packages( ) 和 BiocManager 包中的 BiocManager::install( ) 函数，代码清单如下：

Basic gene annotation	ALL	• It contains the basic gene annotation on the reference chromosomes, scaffolds, assembly patches and alternate loci (haplotypes) • This is a **subset** of the corresponding comprehensive annotation, including only those transcripts tagged as 'basic' in every gene	GTF GFF3
Long non-coding RNA gene annotation	CHR	• It contains the comprehensive gene annotation of lncRNA genes on the reference chromosomes • This is a **subset** of the main annotation file	GTF GFF3
PolyA feature annotation	CHR	• It contains the polyA features (polyA_signal, polyA_site, pseudo_polyA) manually annotated by HAVANA on the reference chromosomes • This dataset does **not** form part of the main annotation file	GTF GFF3

图 9-2　lncRNA 注释文件下载页面

```
install.packages("BiocManager")    | 安装包
library(BiocManager)    | 调用 R 包
BiocManager::install("rtracklayer")    | 安装包
```

安装完包以后,调用 rtracklayer 包,设置工作目录,设置工作目录用函数 setwd( ),将从 GENCODE 数据库下载的 lncRNA 注释文件放入当前设置的工作目录。代码清单如下:

```
library(rtracklayer)
setwd
yourAD=import('gencode.v34.long_noncoding_RNAs.gtf')    | 读取 lncRNA 注释文件
yourIX=which(yourAD $ type=='gene')    | 取 type 中等于 gene 的下标
TEA=data.frame(Ensembl_ID=yourAD $ gene_id[yourIX],
               symbol=yourAD $ gene_name[yourIX],     | 将基因名字,Ensembl ID 和
               Biotype=yourAD $ gene_type[yourIX]     | 以数据库形式储存在 TEA 中
write.table(TEA,file = "lncRNA.csv",quote=FALSE)    | 保存 lncRNA 数据
```

将 lncRNA 提取出来以后,以 ENSEMBL ID 和保存的 lncRNA 数据取交集,就可以完成 lncRNA ENSEMBL ID 的转换(ENSEMBL ID 转化为 symbol)。

三、ENSEMBL ID 转化为基因名和基因 ID

下面主要介绍如何利用 R 将 ENSEMBL ID 转化为基因名和基因 ID,这里用到主要 R 包为 org.Hs.eg.db。以物种人来进行讲解,代码清单如下:

```
library(org.Hs.eg.db)
H=keys(org.Hs.eg.db,keytype = "ENSEMBL")注释包中的所有 ENSEMBL ID
E=select(org.Hs.eg.db,                          |
keys=k,将 ENSEMBL ID,                            | 基因名和基因 ID 保存在 E 中
columns = c("ENTREZID","SYMBOL"),               |
keytype="ENSEMBL")                              |
head(E)   显示 E 中的前 6 行
```

```
write.csv(E,file = "ENSEMBLtosymbol.csv", quote = FALSE)
L<- read.table('your_Expression_Tumor-vs-Normal.txt',sep = '\t',header = T)读取数据
names(L)[1] <- "ENSEMBL"将 L 中的第一列列名重命名为 ENSEMBL
O<- merge(E,P,by="ENSEMBL") 通过 ENSEMBL 合并数据
write.csv(O,file = "Transfer.csv", quote=FALSE)保存数据,格式为 csv。
```

四、基因名或基因 ID 转化

下面同样用到 clusterProfiler 包和 org.Hs.eg.db 包。

```
library(clusterProfiler) #加载 R 包
library(org.Hs.eg.db)
gene <- read.csv("your.csv", header = T)
```

1.使用函数 bitr 将基因名转化为 ENSEMBL ID 和 ENTREZID。

```
Gene1 <- bitr(gene $ SYMBOL, fromType = " SYMBOL ",
        toType = c("ENSEMBL", " ENTREZID "),
        OrgDb = org.Hs.eg.db)
```

2.使用函数 bitr 将 ENSEMBL ID 转化为基因名或 ENTREZID。

```
Gene2 <- bitr(gene $ ENSEMBL, fromType = " ENSEMBL ",
        toType = c("SYMBOL ","ENTREZID"),
        OrgDb = org.Hs.eg.db)
```

3. 使用函数 bitr 将 ENTREZID 转化为基因名或 SYMBOL。

```
Gene3 <- bitr(gene $ ENTREZID, fromType = " ENTREZID ",
        toType = c("SYMBOL ", " ENSEMBL "),
        OrgDb = org.Hs.eg.db)
```

参数 fromType 为即将需要转化的基因名或基因 ID,toType 即将转化为的基因名或基因 ID。

ID 转换常用的 R 包还有 biomaRt。biomaRt 包是 ensembl 下属的一个网络数据库的 R 语言接口,里面包含非常多的信息,可以帮助用户在 R 语言中实现 biomart 的功能(需要网络状态好)。

ensembl 官网(http://asia.ensembl.org/index.html)下载最新的人类注释文件进行 ID 转换,注释文件里包含了 mRNA、lncRNA 和 miRNA 的注释信息。

bioDBnet(https://biodbnet-abcc.ncifcrf.gov/)提供了常见的 ID 转换的功能选项。

DAVID(https://david.ncifcrf.gov/conversion.jsp)数据库中的 Gene ID Conversion Tool 可以把 Gene ID 转换为多种常用类型 ID。

Sangerbox(http://sangerbox.com/IdConversion)需要注册。

Uniprot ID mapping(https://www.uniprot.org/uploadlists/)对 ID 的转换十分方便。

五、ID 转换其他网络平台

(一)Metascape

Metascape 支持 Gene ID、Gene Symbol 的输入,在数据分析过程中,可以自动转换识别。

1.进入网站首页(https://metascape.org),在 paste a gene list 输入 Gene Symbol,点击 Submit,物种选择 H.sapiens,点击 Custom Analysis(图 9-3)。

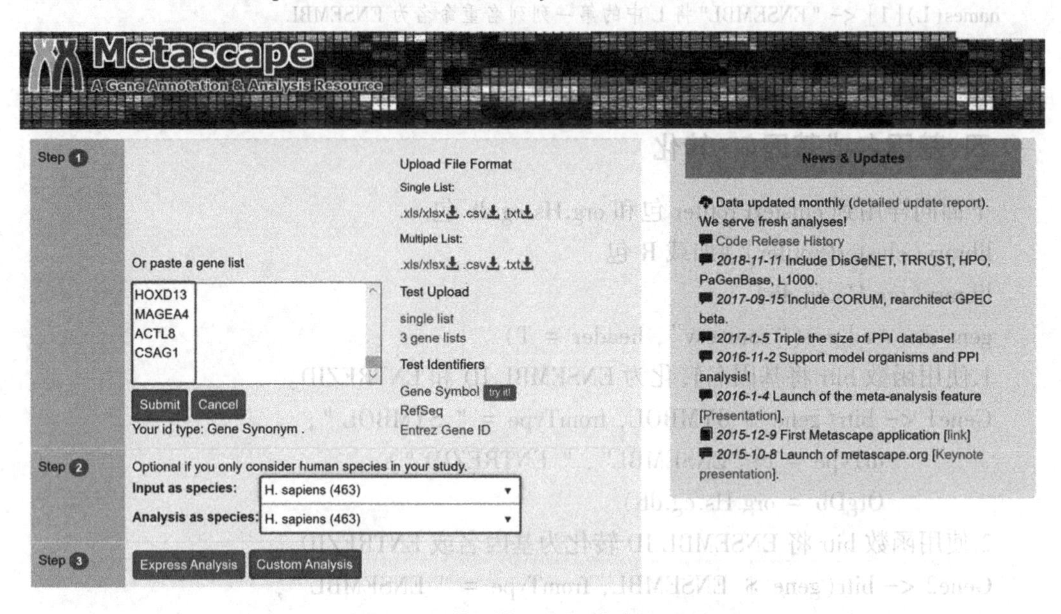

图 9-3　基因输入和物种选择页面

2.点击 Custom Analysis 后,得到基因名转换为基因 ID 的结果页面(图 9-4)。

Metascape

Apply | Analysis Report Page | Reset Default Setting | Analysis Species: H. sapiens | Session ID: tupm1sclv

ID Conversion | Annotation | Membership | Enrichment

MyList	Gene ID	Type	Tax ID	Homologene	Homologene
ADH1B	125	symbol	H. sapiens	125	H. sapiens
C7	730	symbol	H. sapiens	730	H. sapiens
PLP1	5354	symbol	H. sapiens	5354	H. sapiens
GSTM5	2949	symbol	H. sapiens	2949	H. sapiens
ADAM33	80332	symbol	H. sapiens	80332	H. sapiens
PGM5	5239	symbol	H. sapiens	5239	H. sapiens
DES	1674	symbol	H. sapiens	1674	H. sapiens
TMEM100	55273	symbol	H. sapiens	55273	H. sapiens
ADGRD1	283383	symbol	H. sapiens	283383	H. sapiens
MYH11	4629	symbol	H. sapiens	4629	H. sapiens
FHL1	2273	symbol	H. sapiens	2273	H. sapiens
ATOH8	84913	symbol	H. sapiens	84913	H. sapiens

图 9-4　基因名转换页面

（二）g:Profiler

1.进入 g:Profiler 网站首页（https://biit.cs.ut.ee/gprofiler/），点击 g:Convert 模块（该模块支持多个类型的基因数据，需要做的就是设定好想要转换的 ID 类型即可），在 Query 处输入需要转换的基因 ID 如 Gene Symbol，选择物种 Homo sapiens（Human），设置数据类型如 UCSC，点击 RUN query（图 9-5）。

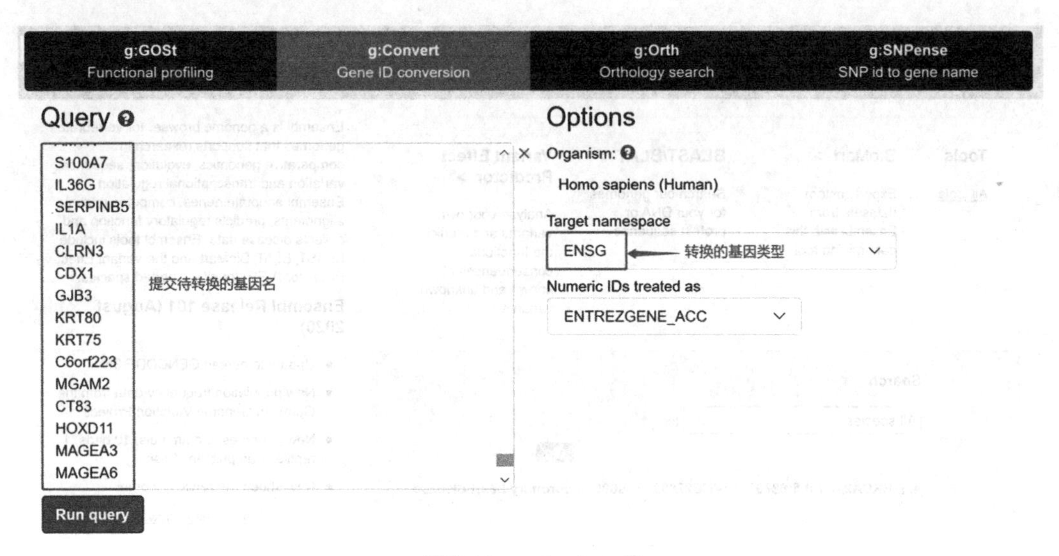

图 9-5　基因 ID 输入页面

2.点击 Exportto CSV 即可保存结果。导出的结果包括输入的类型，转换的结果，官方 SYMBOL，以及基因简单的描述（图 9-6）。

Export to CSV　Show query URL　Show short link

initial alias	converted alias	name	description
ADH1B	ENSG00000196616	ADH1B	alcohol dehydrogenase 1B (class I), beta polypeptide [Source:HGNC Symbol;Acc:HGNC:2...
C7	ENSG00000112936	C7	complement C7 [Source:HGNC Symbol;Acc:HGNC:1346]
PLP1	ENSG00000123560	PLP1	proteolipid protein 1 [Source:HGNC Symbol;Acc:HGNC:9086]
GSTM5	ENSG00000134201	GSTM5	glutathione S-transferase mu 5 [Source:HGNC Symbol;Acc:HGNC:4637]
ADAM33	ENSG00000149451	ADAM33	ADAM metallopeptidase domain 33 [Source:HGNC Symbol;Acc:HGNC:15478]
PGM5	ENSG00000154330	PGM5	phosphoglucomutase 5 [Source:HGNC Symbol;Acc:HGNC:8908]
DES	ENSG00000175084	DES	desmin [Source:HGNC Symbol;Acc:HGNC:2770]
TMEM100	ENSG00000166292	TMEM100	transmembrane protein 100 [Source:HGNC Symbol;Acc:HGNC:25607]
ADGRD1	ENSG00000111452	ADGRD1	adhesion G protein-coupled receptor D1 [Source:HGNC Symbol;Acc:HGNC:19893]
MYH11	ENSG00000133392	MYH11	myosin heavy chain 11 [Source:HGNC Symbol;Acc:HGNC:7569]
FHL1	ENSG00000022267	FHL1	four and a half LIM domains 1 [Source:HGNC Symbol;Acc:HGNC:3702]
ATOH8	ENSG00000168874	ATOH8	atonal bHLH transcription factor 8 [Source:HGNC Symbol;Acc:HGNC:24126]
ZSCAN18	ENSG00000121413	ZSCAN18	zinc finger and SCAN domain containing 18 [Source:HGNC Symbol;Acc:HGNC:21037]
TNXB	ENSG00000168477	TNXB	tenascin XB [Source:HGNC Symbol;Acc:HGNC:11976]
ACTG2	ENSG00000163017	ACTG2	actin gamma 2, smooth muscle [Source:HGNC Symbol;Acc:HGNC:145]
CNN1	ENSG00000130176	CNN1	calponin 1 [Source:HGNC Symbol;Acc:HGNC:2155]
PLIN5	ENSG00000214456	PLIN5	perilipin 5 [Source:HGNC Symbol;Acc:HGNC:33196]
NCAM1	ENSG00000149294	NCAM1	neural cell adhesion molecule 1 [Source:HGNC Symbol;Acc:HGNC:7656]
LDB3	ENSG00000122367	LDB3	LIM domain binding 3 [Source:HGNC Symbol;Acc:HGNC:15710]
SORBS2	ENSG00000154556	SORBS2	sorbin and SH3 domain containing 2 [Source:HGNC Symbol;Acc:HGNC:24098]
ATP1A2	ENSG00000018625	ATP1A2	ATPase Na+/K+ transporting subunit alpha 2 [Source:HGNC Symbol;Acc:HGNC:800]
HIF3A	ENSG00000124440	HIF3A	hypoxia inducible factor 3 subunit alpha [Source:HGNC Symbol;Acc:HGNC:15825]

图 9-6　ID 转换结果页面

（三）Ensembl

Ensembl 是由 EBI 和 Sanger 共同开发的真核生物基因组注释项目，它里面的模块 BioMart 可以实现 ID 的转换。本节以人的 Ensembl ID 为示例进行讲解。

1.进入 Ensembl 网站首页（http://asia.ensembl.org/index.html），点击 BioMart 模块（图 9-7）。

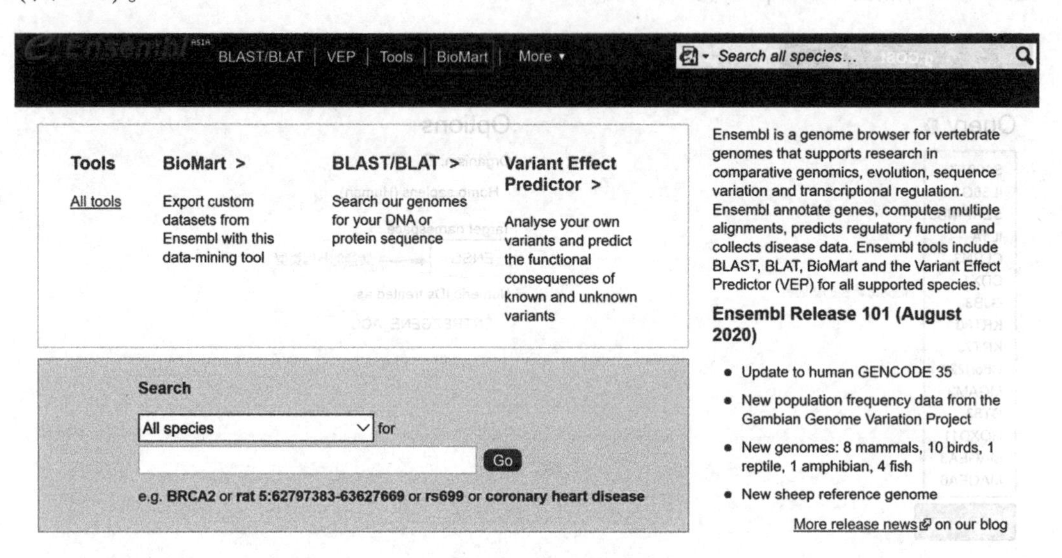

图 9-7 Ensembl 主页

2.从 Ensembl 的四个数据库中选择 Ensembl Genes 和选择人类对应的数据集如 Human genes（图 9-8）。

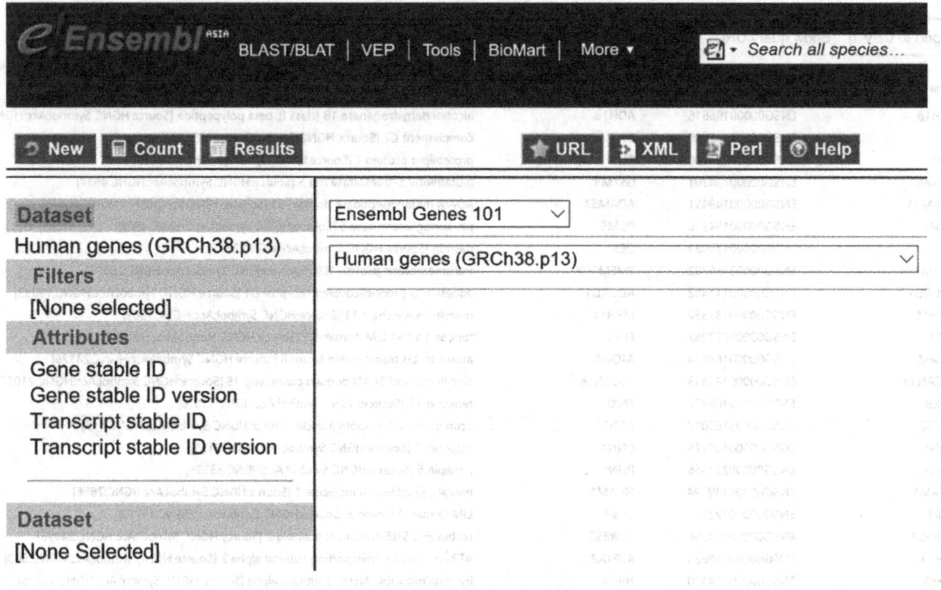

图 9-8 数据集选择页面

3.点 Filters 和 GENE，在 Input external reference ID list 处选择输入 Gene ID 的类型，这里选择 Gene stable ID(s)，然后将准备好的 ID 复制到输入框中（最多可提交 500 个）（图 9-9）。

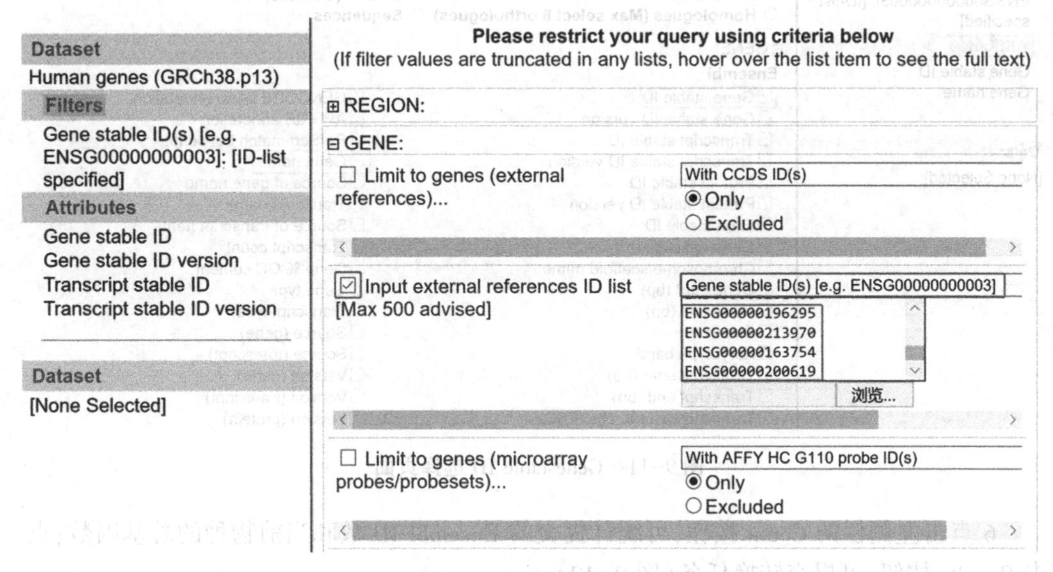

图 9-9　基因输入页面

4.点 Attributes 选择输出 ID 类型选择输出 Ensembl 数据库的 Gene name（图 9-10）。

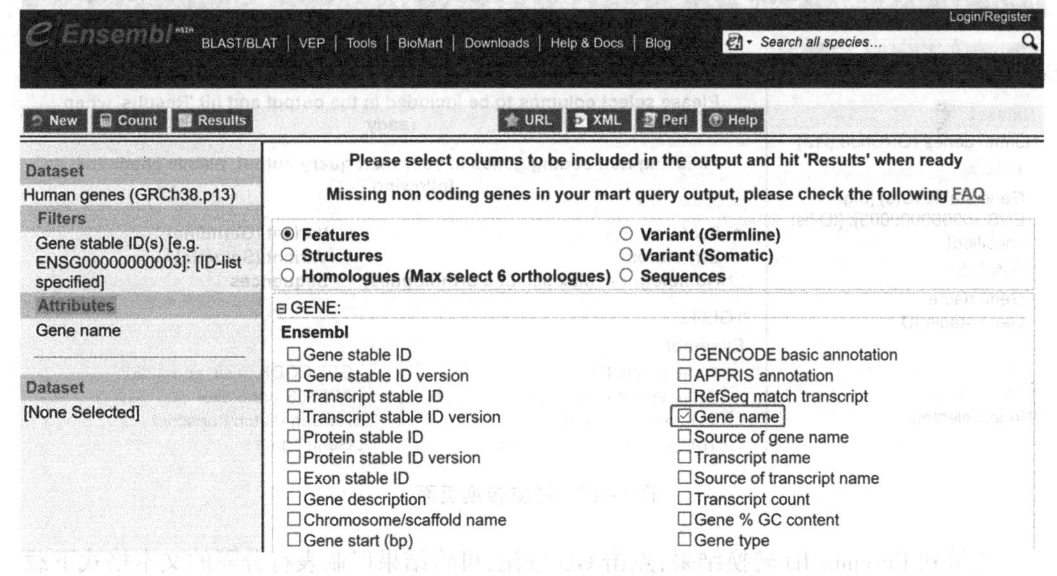

图 9-10　输出 ID 类型选择页面

5.为了将 Gene Name 与原来输入的一一对应起来，我在输出结果中仍加入 Genestable ID。点击 EXTERNAL 的+，找到 Gene stable ID 并勾选上（图 9-11）。

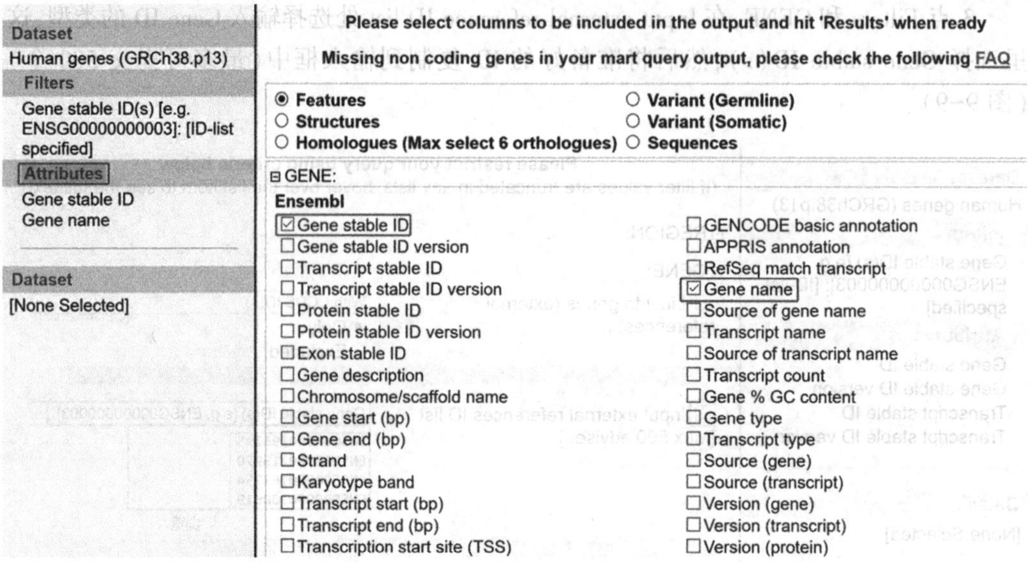

图 9-11　Genestable ID 选择页面

6.点击左侧栏的 Count 按钮,可统计提交的 Ensembl ID 数和当前物种的总基因数;点击 Results 按钮,可提交转换任务(图 9-12)。

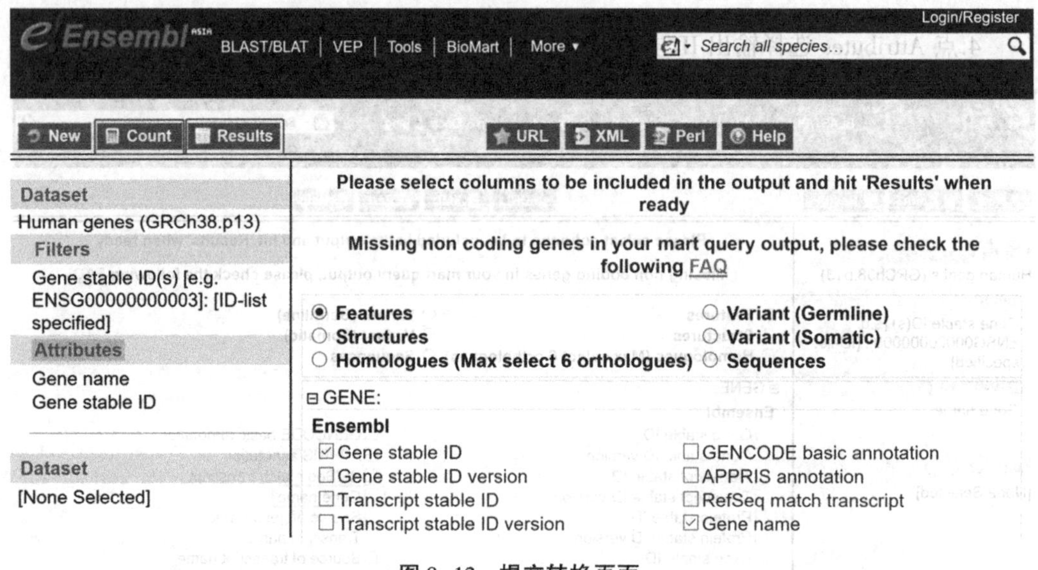

图 9-12　提交转换页面

7.得到 Ensembl ID 转换结果,点击 GO 按钮,可将结果以制表符分隔的文本格式下载下来(图 9-13)。

New　Count　Results　URL　XML　Perl　Help

Dataset
Human genes (GRCh38.p13)
Filters
Gene stable ID(s) [e.g. ENSG00000000003]: [ID-list specified]
Attributes
Gene name
Gene stable ID
Dataset
[None Selected]

Export all results to　File　TSV　Unique results only　Go
Email notification to
View　10　rows as　HTML　Unique results only

Gene name	Gene stable ID
FBXL3	ENSG00000005812
AP2B1	ENSG00000006125
ABCC2	ENSG00000023839
HEXB	ENSG00000049860
PAGE1	ENSG00000068985
CRISP3	ENSG00000096006
SLC8A3	ENSG00000100678
ASPN	ENSG00000106819
ZNF330	ENSG00000109445
SC5D	ENSG00000109929

图 9-13　Ensembl ID 转换结果页面

第十章　肿瘤基因表达量查询

如果不会编程分析，不知道基因在癌症和癌旁或者在细胞系中的表达情况时，可以使用一些数据库去查询基因在癌症和癌旁中的表达情况。

一、UALCAN 数据库

UALCAN（http://ualcan.path.uab.edu）是一个 TCGA 数据库在线分析和挖掘的网站，基于 PERL-CGI、javascript 和 css 所搭建的。主要是基于 TCGA 数据库中的相关癌症数据进行分析，它可以帮助医学科学人员对相关基因如 mRNA 和 miRNA 进行表达量查询，还可以通过相关链接查询其他数据库中的相关信息以及提供基因资料超链接（HPRD、GeneCards、Pubmed、TargetScan、Thehuman protein atlas、OpenTargets、GTEx）。总而言之，是一款操作简单、快速有效的 TCGA 数据挖掘分析的网站数据库。

首先进入 UALCAN 数据库首页，点击 TCGA analysis→TCGAmiRNA analysis 或者 TCGA Geneanalysis。在输入框输入 miRNA：hsa-miR-625，选择一种癌症类型，点击 Explore→Expression（图 10-1）。

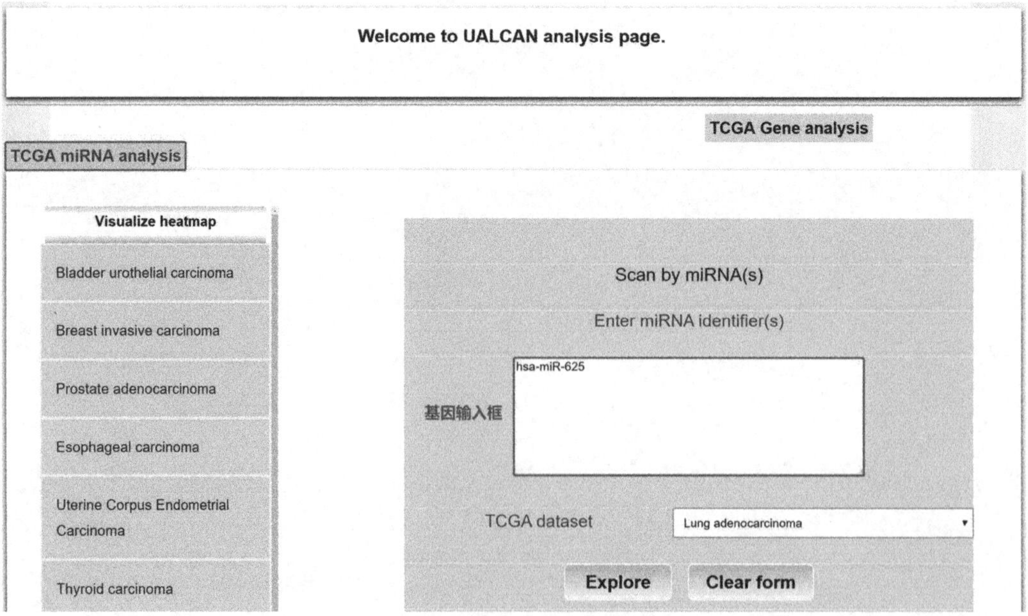

图 10-1　miRNA 输入和癌症种类选择页面

点击 Expession 后,得到 hsa-mir-625 表达情况,点击 Sample types 可以选择需要研究的样本类型,如 cancerstages。输出页面可支持数据浏览,图片保存和数据下载以及 *P* 值(图 10-2)。

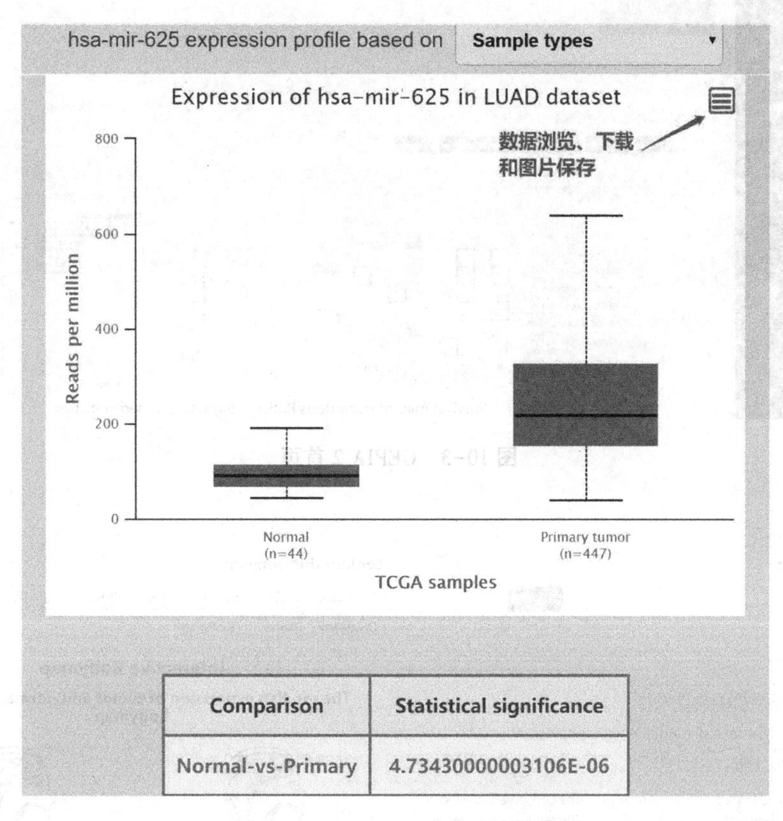

Comparison	Statistical significance
Normal-vs-Primary	4.73430000003106E-06

图 10-2　hsa-mir-625 表达箱线

二、GEPIA 2 数据库

GEPIA 2(http://gepia2.cancer-pku.cn/#index)数据库目前我国在利用 TCGA 数据做可视化分析上,是比较著名的一款在线工具。

1.进入 GEPIA 2 网站首页(图 10-3)。

2.输入框中输入感兴趣的基因名如 *PIEZO1*,得到在不同组织中正常和癌症中的表达热图(图 10-4)、基因表达散点图(图 10-5)和条形图(图 10-6),以及共表达基因列表(图 10-7)。

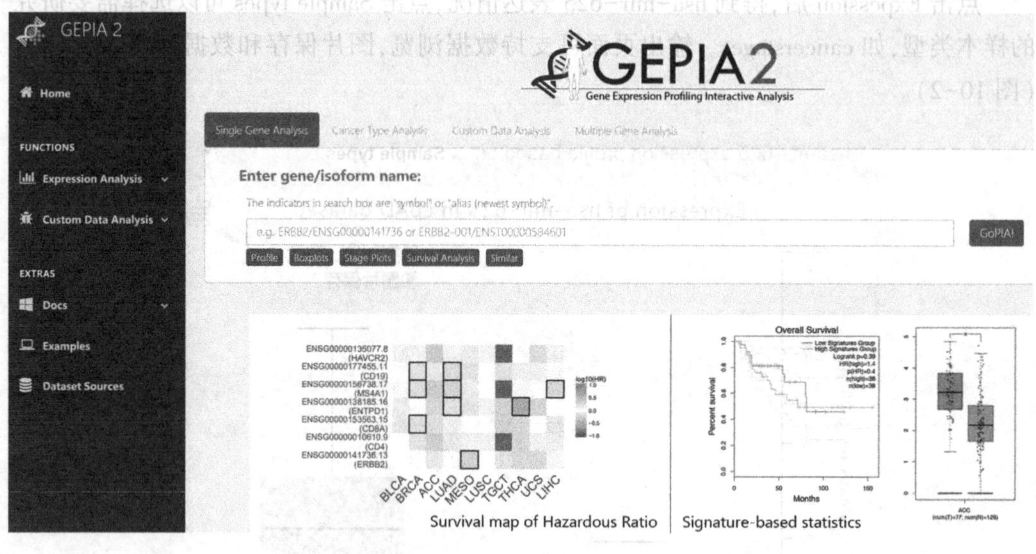

图 10-3　GEPIA 2 首页

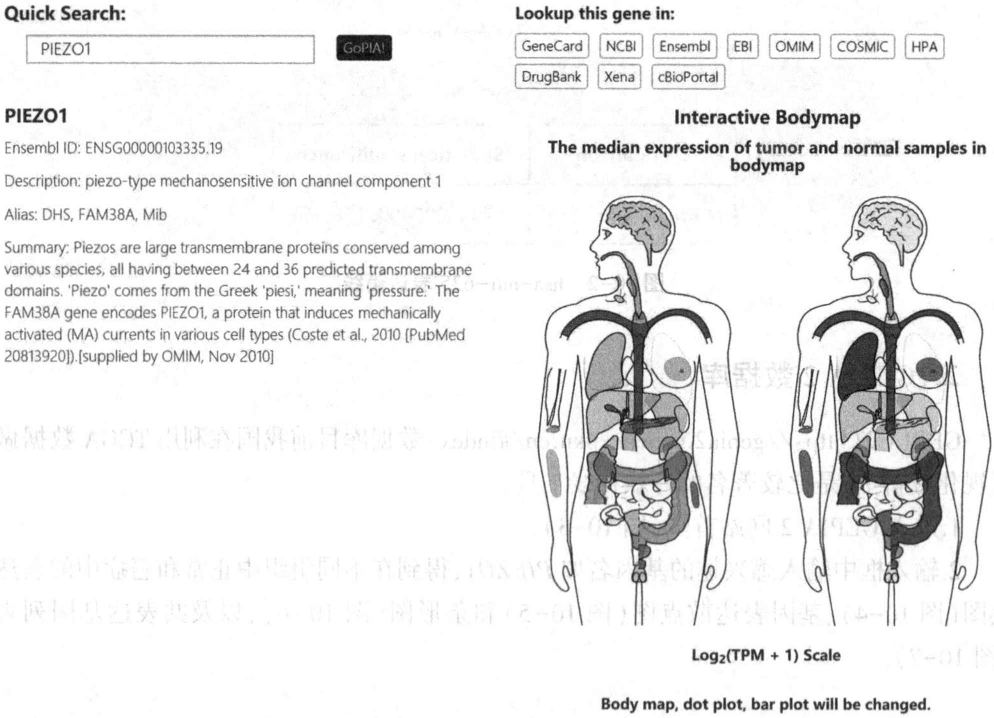

Quick Search:

PIEZO1　GoPIA!

Lookup this gene in:

GeneCard　NCBI　Ensembl　EBI　OMIM　COSMIC　HPA　DrugBank　Xena　cBioPortal

PIEZO1

Ensembl ID: ENSG00000103335.19

Description: piezo-type mechanosensitive ion channel component 1

Alias: DHS, FAM38A, Mib

Summary: Piezos are large transmembrane proteins conserved among various species, all having between 24 and 36 predicted transmembrane domains. 'Piezo' comes from the Greek 'piesi,' meaning 'pressure.' The FAM38A gene encodes PIEZO1, a protein that induces mechanically activated (MA) currents in various cell types (Coste et al., 2010 [PubMed 20813920]).[supplied by OMIM, Nov 2010]

Interactive Bodymap

The median expression of tumor and normal samples in bodymap

Log_2(TPM + 1) Scale

Body map, dot plot, bar plot will be changed.

图 10-4　*PIEZO1* 在正常和癌症的不同组织中的表达热图

The gene expression profile across all tumor samples and paired normal tissues.(Dot plot)

Each dots represent expression of samples.

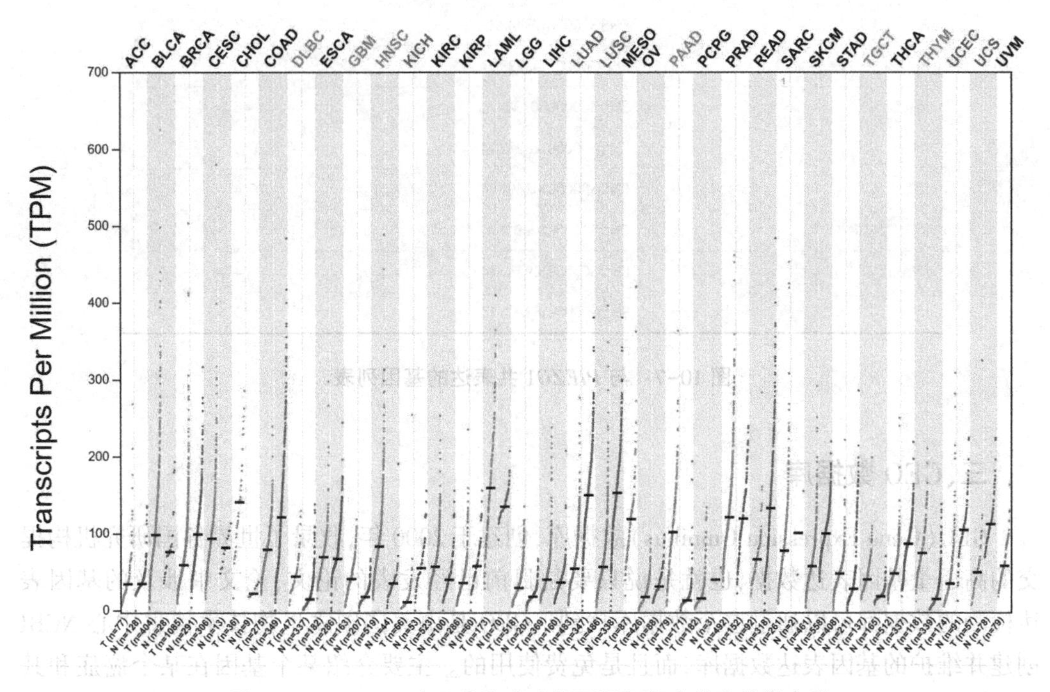

图 10-5　*PIEZO1* 在正常和癌症的不同组织中的表达散点图

The gene expression profile across all tumor samples and paired normal tissues.(Bar plot)

The height of bar represents the median expression of certain tumor type or normal tissue.

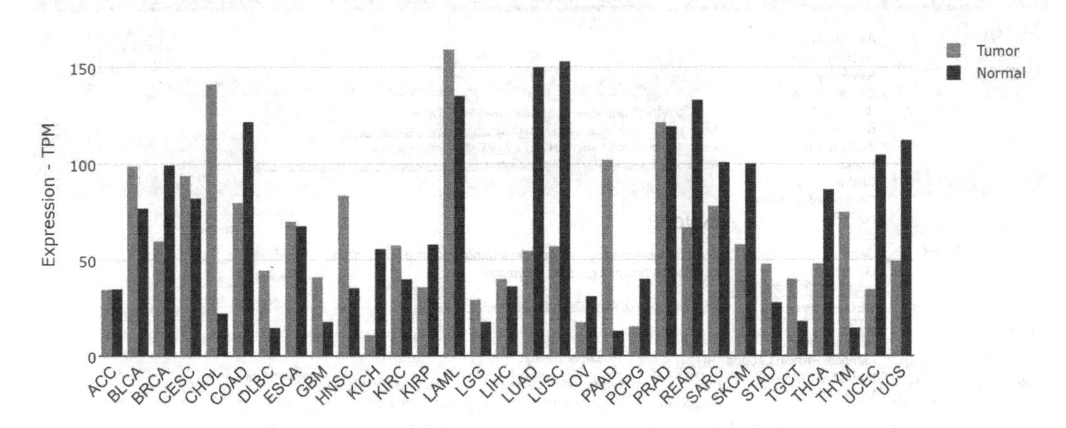

图 10-6　*PIEZO1* 在正常和癌症的不同组织中的表达条形图

Gene Symbol	Gene ID	PCC
RP5-1142A6.9	ENSG00000260121.1	0.53
RP5-1142A6.10	ENSG00000278341.1	0.53
EHBP1L1	ENSG00000173442.11	0.47
MAP3K6	ENSG00000142733.14	0.46
RHBDF1	ENSG00000007384.15	0.46
ATF4	ENSG00000128272.14	0.45
STX4	ENSG00000103496.14	0.44
RP11-73M18.8	ENSG00000269958.1	0.44
MFSD10	ENSG00000109736.14	0.44
MOB2	ENSG00000182208.12	0.43

图 10-7　与 *PIEZO1* 共表达的基因列表

三、GEO 数据库

GEO(Gene Expression Omnibus)数据库,创建于2000年,收录了世界各国研究机构提交的高通量基因表达数据,也就是说只要是目前已经发表的论文,论文中涉及的基因表达检测的数据都可以通过这个数据库找到。GEO 是由美国国立生物技术信息中心 NCBI 创建并维护的基因表达数据库,而且是免费使用的。主要介绍某个基因在某个癌症和其癌旁样本中的表达情况。

1.首先进入 GEO 数据库检索界面,进入 GEO 数据库检索界面,方法有两种。

(1)直接检索 GEO 数据库界面,网址为 https://www.ncbi.nlm.nih.gov/geo。

(2)通过 NCBI 首页(https://www.ncbi.nlm.nih.gov/),All Databases 下拉框中选择 GEO DataSets,输入关键词即可搜索(图 10-8)。

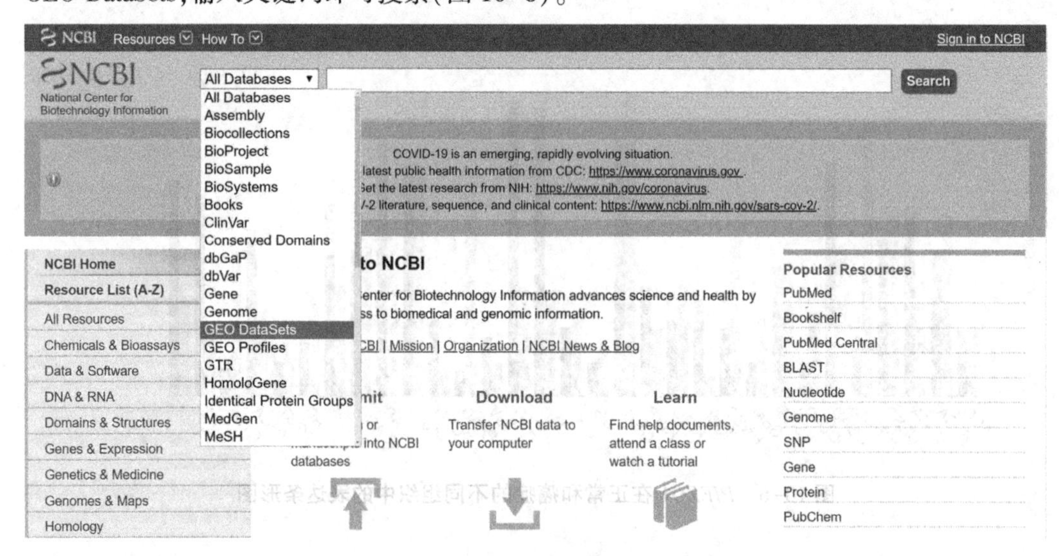

图 10-8　NCBI 首页

2.以 gastric cancer 为关键词检索,选择 DataSets,选择一个数据集,如检索页面第一条,点击 title(图 10-9)。

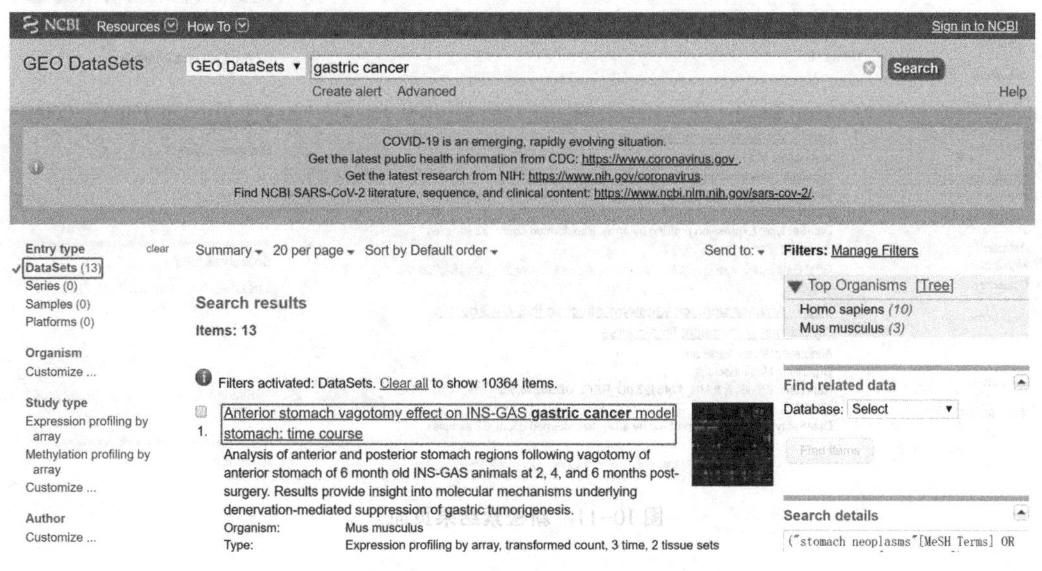

图 10-9 gastric cancer 检索页面

3.进入到 GDS 号检索的结果页面,在这里 GDS 号是自动生成的,如果你知道 GDS 号,你也可以直接在此页面输入 GDS 号进行检索。接下来我们将用到此页面的 Find gene 工具去查询需要研究的基因在癌症和癌旁样本中的表达量。在 Find gene name or symbol 搜索框中输入需要研究的任意一个基因,如 *VCAN*,点击 GO(图 10-10)。

Search for GDS5336[ACCN] Search Clear Show All Advanced Search

DataSet Record GDS5336: Expression Profiles Data Analysis Tools Sample Subsets

Title:	Anterior stomach vagotomy effect on INS-GAS gastric cancer model stomach: time course
Summary:	Analysis of anterior and posterior stomach regions following vagotomy of anterior stomach of 6 month old INS-GAS animals at 2, 4, and 6 months post-surgery. Results provide insight into molecular mechanisms underlying denervation-mediated suppression of gastric tumorigenesis.
Organism:	*Mus musculus*
Platform:	GPL6887: Illumina MouseWG-6 v2.0 expression beadchip
Citation:	Zhao CM, Hayakawa Y, Kodama Y, Muthupalani S et al. Denervation suppresses gastric tumorigenesis. *Sci Transl Med* 2014 Aug 20;6(250):250ra115. PMID: 25143365
Reference Series:	GSE30295 Sample count: 32
Value type:	transformed count Series published: 2014/09/02

Cluster Analysis

Download: DataSet full SOFT file; DataSet SOFT file; Series family SOFT file; Series family MINiML file; Annotation SOFT file

Data Analysis Tools

Find genes — Find gene name or symbol: VCAN Go

Find genes that are up/down for this condition(s): time, tissue Go

Compare 2 sets of samples

Cluster heatmaps

图 10-10 GDS 号检索页面

4.得到一个新的检索结果页面(图 10-11)。

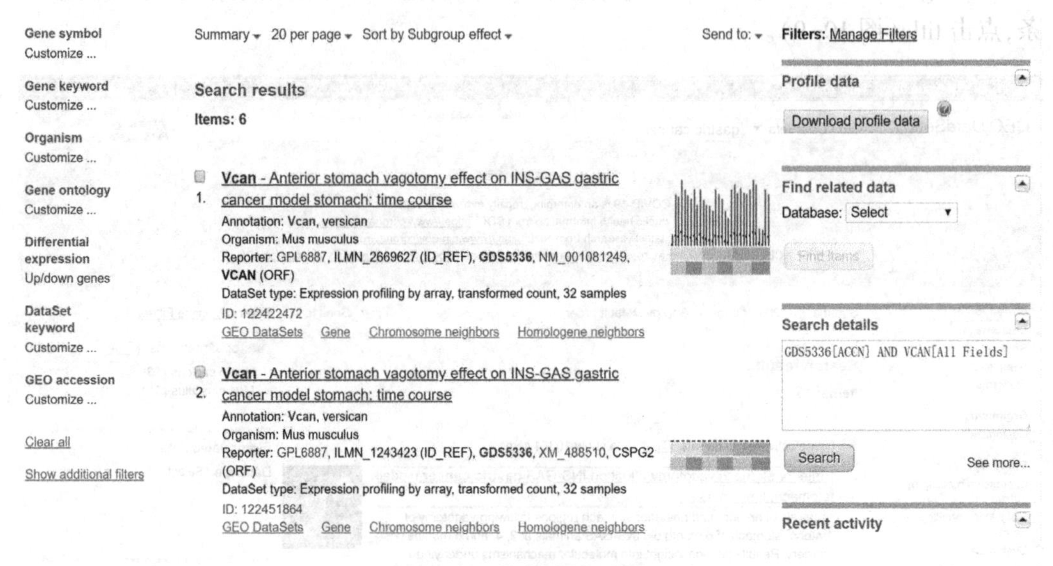

图 10-11 新检索结果页面

5.选择一个表达谱数据集(图 10-12)。

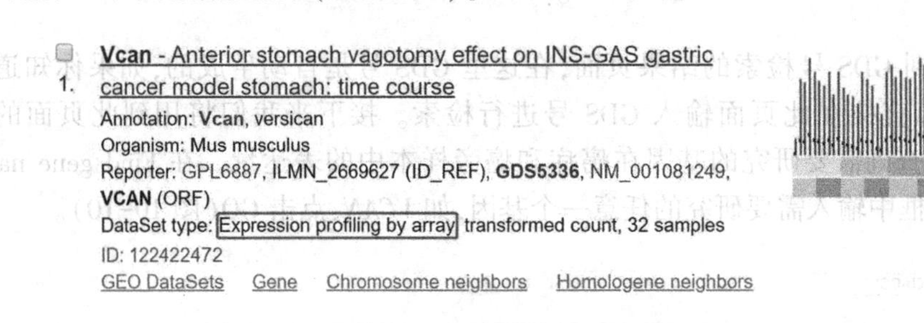

图 10-12 表达谱数据集页面

6.点击图 10-12 右侧图,该页面不仅具有该基因在各个样本中的表达信息,而且还有样本的分组信息。

当然除了上面所介绍的,我们还可以下载数据集的表达矩阵对正常样本和癌症样本进行差异分析,从而得到基因在正常样本和癌症样本中的表达情况。怎么分析呢,可以使用上文中提到的用于差异分析的 limma、Deseq2、edgeR 三大 R 包和软件 SAM。另外一种就是使用 GEO 数据库自带的工具 GEO2R 进行差异分析。但是该工具的使用有时间限制,限制时间为 10 min。时间截止后,如果再想分析,网站会出现打不开的现象,这该怎么办呢？不妨换其他浏览器试试。

四、CCLE 数据库

CCLE(Cancer Cell Line Encyclopedia)数据库是 Broad 研究所与诺华研究基金会联合开发的在线数据库,有 1 457 个细胞系,涉及 84 434 个基因,包括 WES 数据、WGS 数据、RNAseq 数据、扩增子数据、可以检索 specific genes 的表达变化、突变、indels、拷贝数变异

(copy number variation, CNV)、甲基化等。该数据库已经对 1 100 多种细胞系的基因信息,并实现了可视化,而且 CCLE 做了不同组织的多个细胞系的表达谱芯片,这样就可以通过芯片观察这些细胞系的基因表达差异,而且还提供了其他数据库的链接,如 Firebrowse 数据库。

1.首先在搜索基因之前,需要注册一个账号登录 CCLE 官网,网址为 https://portals.broadinstitute.org/ccle/home。注册之后输入需要查询的基因如 *TP*53(图 10-13)。

图 10-13 基因搜索页面

2.点击图 10-13 中的搜索,得到 *TP*53 在各种细胞系中的表达分布图和散点图(图 10-14,图 10-15)。

Copy Number: TP53

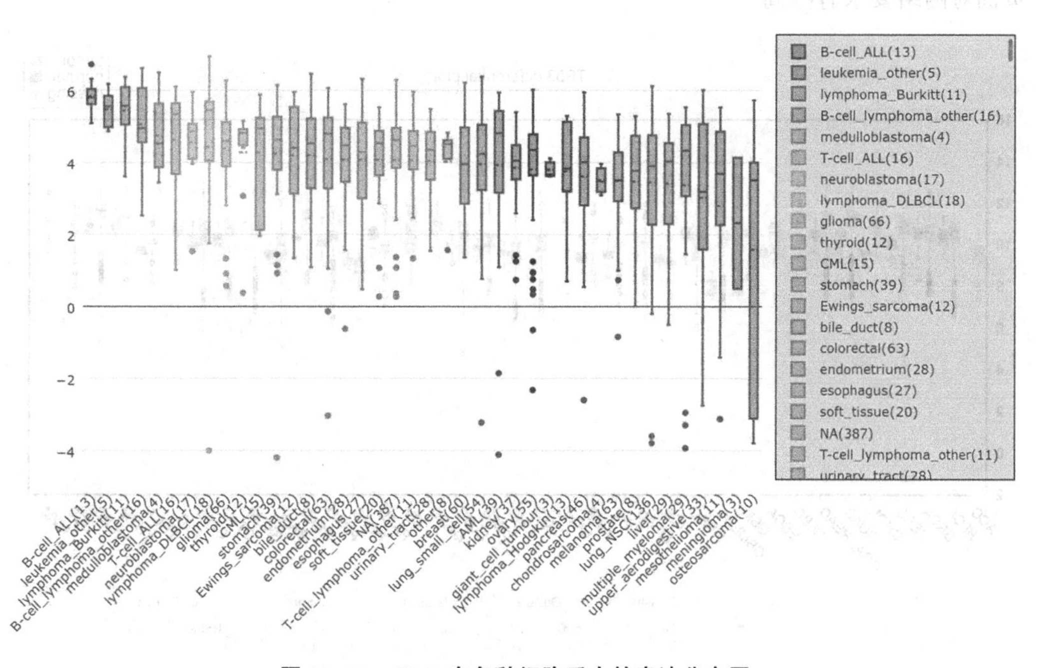

图 10-14 *TP*53 在各种细胞系中的表达分布图

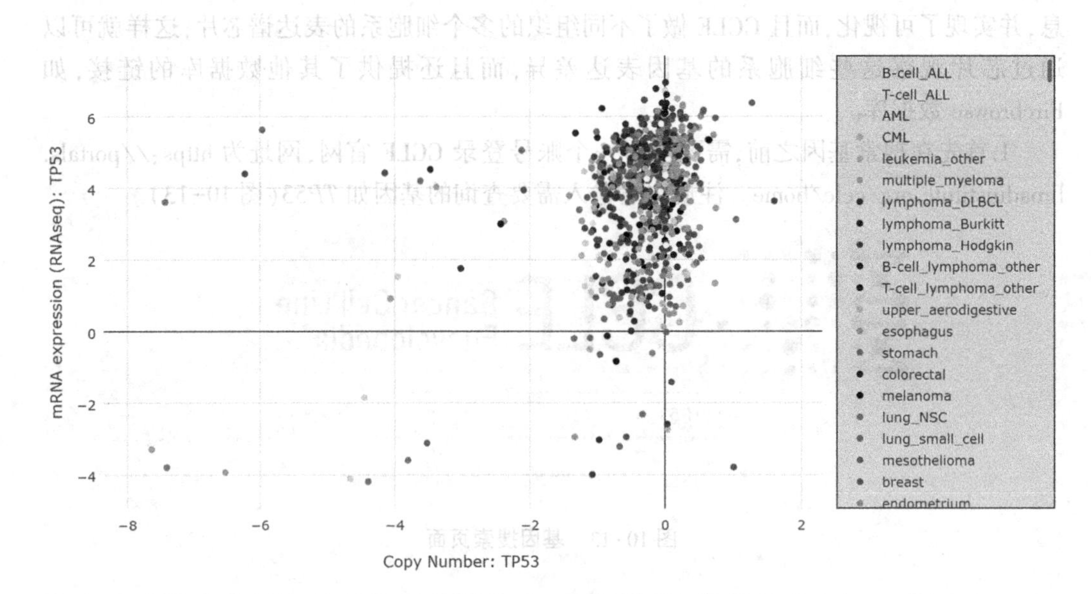

图 10-15　*TP53* 在各种细胞系中的表达散点图

3.点击 FireBrowse,就能得到 *TP53* 在不同癌症中的表达情况(图 10-16),但打开此页面对网络要求有些高。

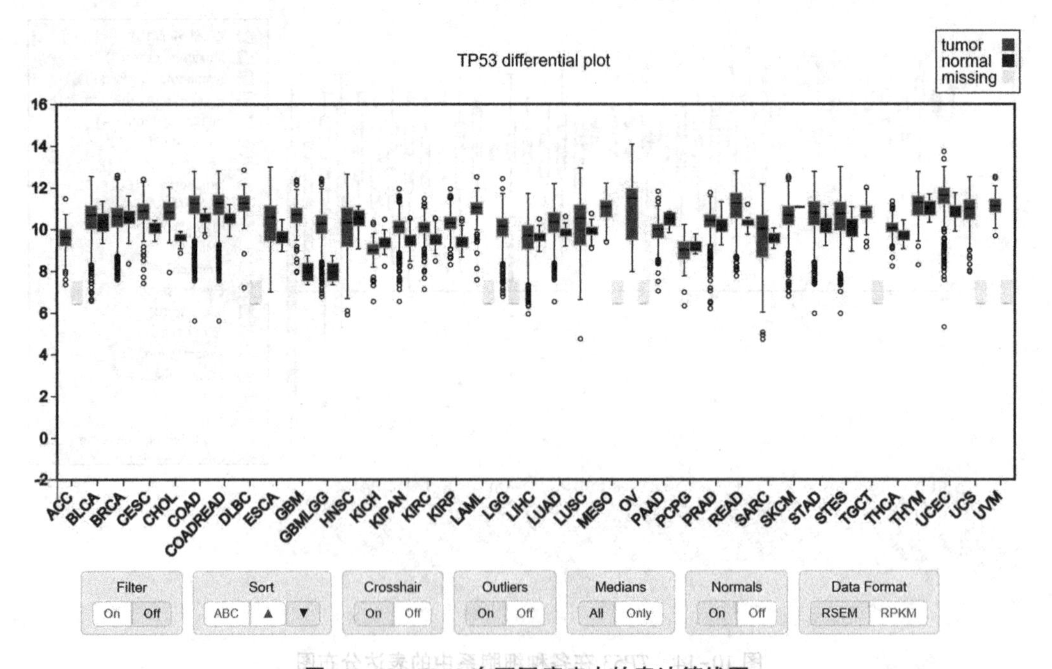

图 10-16　*TP53* 在不同癌症中的表达箱线图

五、lncRNA 数据库

lncRNA 数据库(https://lncar.renlab.org)是由 lnCAR1 通过对芯片数据重新注释,将 10 种癌症(卵巢癌、乳腺癌、肝癌、膀胱癌、前列腺癌、胃癌、子宫颈癌、肺癌、结肠直肠癌和食管肿瘤)总共 54 000 个样本整合而构建的。它可以进行差异表达分析和生存分析,下面主要对如何查询某个基因在癌症中的表达情况进行讲解。

1.首先进入 lncRNA 数据库页面(图 10-17),点击 Get Started 或者 EXPLORER 即可进入差异表达分析和生存分析页面。

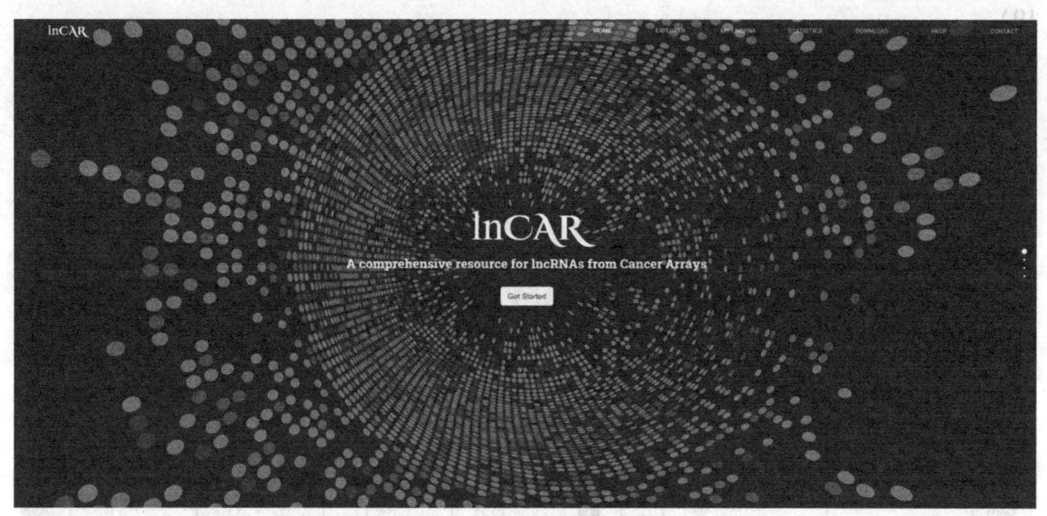

图 10-17　lncRNA 数据库主页

2.依次选择 Differential Expression→Tumor vs Normal→Esophageal tumor→*PIEZO*1 即可查看 *PIEZO*1 在癌症中的表达情况(图 10-18)。

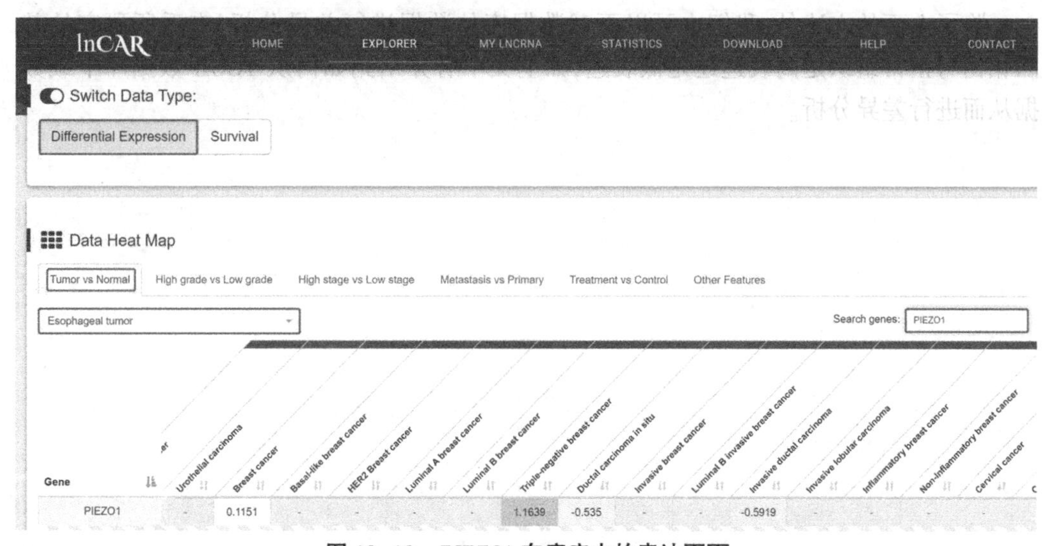

图 10-18　*PIEZO*1 在癌症中的表达页面

六、Oncomine 数据库

Oncomine 数据库可以查询某个基因在不同癌症中的表达情况，进而能查到关于此基因已经发表的文献，不过使用 Oncomine 数据库查询基因在癌症中的表达量需要用高校单位邮箱注册。

注册完后登录 Oncomine 网站（https://www.oncomine.org/）进入首页，在 search 栏输入基因如 *TOP2A*，选择 Gene：TOP2A，得到 *TOP2A* 在泛癌中的表达情况，主要看 Analysis Type by Cancer 和 Cancer vs Normal 两栏。Analysis Type by Cancer 为癌症类型（图 10-19）。

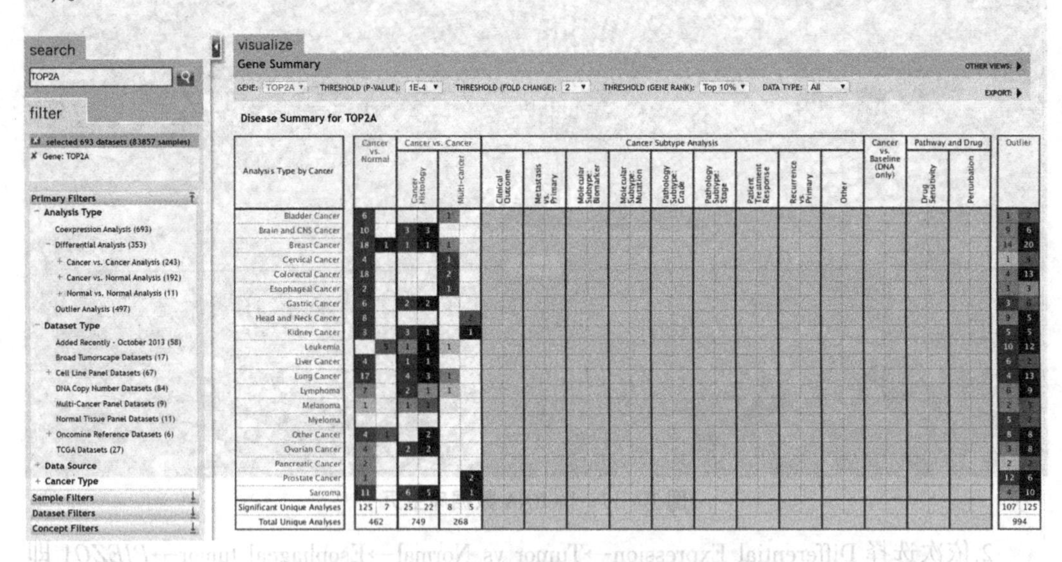

图 10-19　TOP2A 在不同癌症中的表达情况

除了上面的方法外，我们也可以下载数据库的数据进行差异分析，查看所研究的基因相比与正常组织是高表达还是低表达，如上文中有介绍到如何从 TCGA 数据库下载数据从而进行差异分析。

第十一章　肿瘤预后分析

一、R进行生存分析

下面主要利用 survival 包和 surviminer 包进行生存分析。分析函数都在 survival 包里，surviminer 用于画图。

首先介绍一下 survival 包中的两个函数的含义：①Surv( )：创建一个生存对象，创建响应变量，一般用法是使用事件时间，以及事件是否发生(即死亡与截尾)；②survfit( )：使用公式或已构建的 Cox 模型拟合生存曲线，创建一条生存曲线。此外下面用到了 force 函数( )，用于查看数据集信息代码清单如下：

```
library(survival)  #加载 survival 包
data(lung)  #加载 survival 包中的内置数据集 lung
force(lung)  #查看数据集信息
> force(lung)
```

	inst	time	status	age	sex	ph.ecog	ph.karno	pat.karno	meal.cal	wt.loss
1	3	306	2	74	1	1	90	100	1175	NA
2	3	455	2	68	1	0	90	90	1225	15
3	3	1010	1	56	1	0	90	90	NA	15
4	5	210	2	57	1	1	90	60	1150	11
5	1	883	2	60	1	0	100	90	NA	0
6	12	1022	1	74	1	1	50	80	513	0
7	7	310	2	68	2	2	70	60	384	10
8	11	361	2	71	2	2	60	80	538	1
9	1	218	2	53	1	1	70	80	825	16
10	7	166	2	61	1	2	70	70	271	34
11	6	170	2	57	1	1	80	80	1025	27
12	16	654	2	68	2	2	70	70	NA	23
13	11	728	2	68	2	1	90	90	NA	5
14	21	71	2	60	1	NA	60	70	1225	32
15	12	567	2	57	1	1	80	70	2600	60
16	1	144	2	67	1	1	80	90	NA	15
17	22	613	2	70	1	1	90	100	1150	-5
18	16	707	2	63	1	2	50	70	1025	22
19	1	61	2	56	2	2	60	60	238	10
20	21	88	2	57	1	1	90	80	1175	NA

生存对象的创建，time 指患者生存的时间，status 指患者生存的状态（1 为或者，2 为死亡），代码清单如下：

```
SurvTarget <- Surv(time = lung $ time, event = lung $ status)
> SurvTarget
[1]   306  455 1010+  210  883 1022+  310  361  218  166  170  654  728   71
[15]  567  144  613  707   61   88  301   81  624  371  394  520  574  118
[29]  390   12  473   26  533  107   53  122  814  965+   93  731  460  153
[43]  433  145  583   95  303  519  643  765  735  189   53  246  689   65
[57]    5  132  687  345  444  223  175   60  163   65  208  821+  428  230
[71]  840+  305   11  132  226  426  705  363   11  176  791   95  196+  167
[85]  806+  284  641  147  740+  163  655  239   88  245  588+   30  179  310
[99]  477  166  559+  450  364  107  177  156  529+   11  429  351   15  181
[113] 283  201  524   13  212  524  288  363  442  199  550   54  558  207
[127]  92   60  551+  543+  293  202  353  511+  267  511+  371  387  457  337
[141] 201  404+  222   62  458+  356+  353  163   31  340  229  444+  315+  182
[155] 156  329  364+  291  179  376+  384+  268  292+  142  413+  266+  194  320
[169] 181  285  301+  348  197  382+  303+  296+  180  186  145  269+  300+  284+
[183] 350  272+  292+  332+  285  259+  110  286  270   81  131  225+  269  225+
[197] 243+  279+  276+  135   79   59  240+  202+  235+  105  224+  239  237+  173+
[211] 252+  221+  185+   92+   13  222+  192+  183  211+  175+  197+  203+  116  188+
[225] 191+  105+  174+  177+
```

使用 survfit( ) 函数拟合生存曲线，summary ( ) 函数查看模型汇总结果，代码清单如下：

```
fit <- survfit(Surv(time, status) ~ sex, data=lung)
summary(fit) #查看模型汇总结果
> summary(fit) #查看模型汇总结果
Call: survfit(formula = Surv(time, status) ~ sex, data = lung)
                sex=1
time n.risk n.event survival std.err lower 95% CI upper 95% CI
  11    138       3   0.9783  0.0124       0.9542        1.000
  12    135       1   0.9710  0.0143       0.9434        0.999
  13    134       2   0.9565  0.0174       0.9231        0.991
  15    132       1   0.9493  0.0187       0.9134        0.987
  26    131       1   0.9420  0.0199       0.9038        0.982
  30    130       1   0.9348  0.0210       0.8945        0.977
  31    129       1   0.9275  0.0221       0.8853        0.972
  53    128       2   0.9130  0.0240       0.8672        0.961
  54    126       1   0.9058  0.0249       0.8583        0.956
  59    125       1   0.8986  0.0257       0.8496        0.950
```

```
60    124    1  0.8913  0.0265       0.8409        0.945
65    123    2  0.8768  0.0280       0.8237        0.933
71    121    1  0.8696  0.0287       0.8152        0.928
81    120    1  0.8623  0.0293       0.8067        0.922
88    119    2  0.8478  0.0306       0.7900        0.910
92    117    1  0.8406  0.0312       0.7817        0.904
93    116    1  0.8333  0.0317       0.7734        0.898
```

使用plot()函数绘制Kaplan-Meier生存曲线(图11-1)。

```
plot(fit) #绘制生存曲线
```

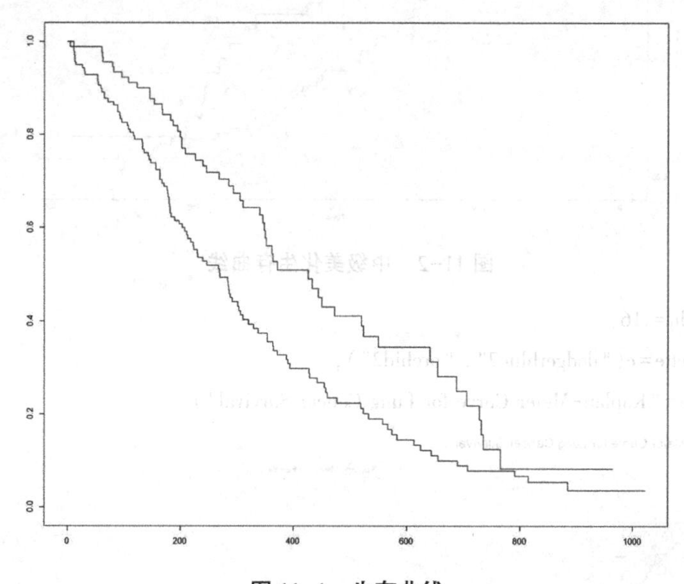

图11-1 生存曲线

使用survminer包绘制Kaplan-Meier生存曲线(图11-2),用到的函数为ggsurvplot(),代码清单如下:

```
library(survminer)  #加载survminer包
ggsurvplot(fit)  #绘制Kaplan-Meier生存曲线
```

对Kaplan-Meier生存曲线进行美化(图11-3),用到的参数主要有以下几种。①conf.int:是否添加置信区间,是为TRUE,否为FALSE;②pval:是否在图中添加P值,是为TRUE,否为FALSE;③legend.labs:添加图注标签;④legend.title:添加图注标题;⑤risk.table:是否显示男性和女性风险人数表,是为TRUE,否为FALSE;⑥risk.table.height男性和女性风险人数表高度:设置;⑦palette:颜色设置;⑧title:设置图的标题。

```
ggsurvplot(fit,
        conf.int=TRUE,
        pval=TRUE,
legend.labs=c("Male","Female"),
legend.title="Sex",
risk.table=TRUE,
```

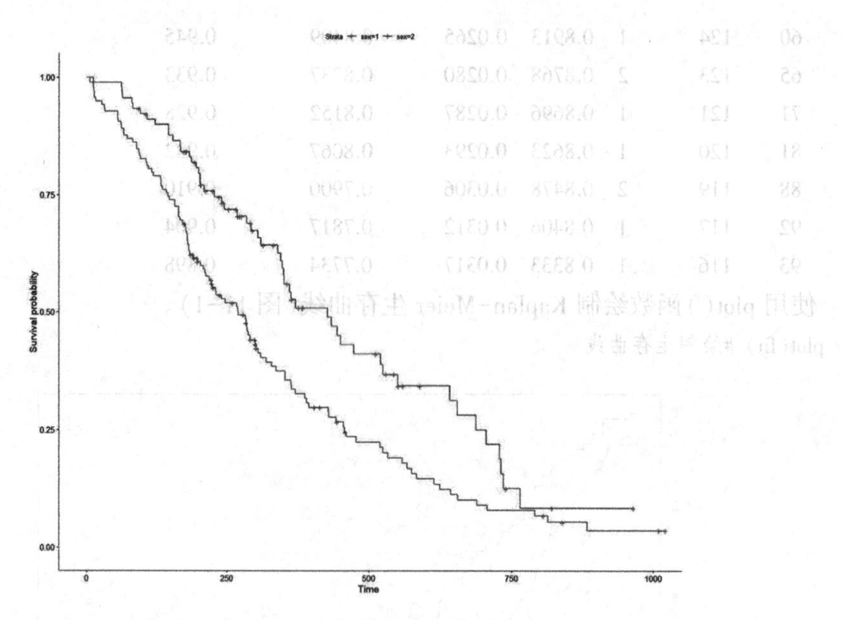

图 11-2　中级美化生存曲线

```
risk.table.height=.16,
          palette=c("dodgerblue2","orchid2"),
          title="Kaplan-Meier Curve for Lung Cancer Survival")
```

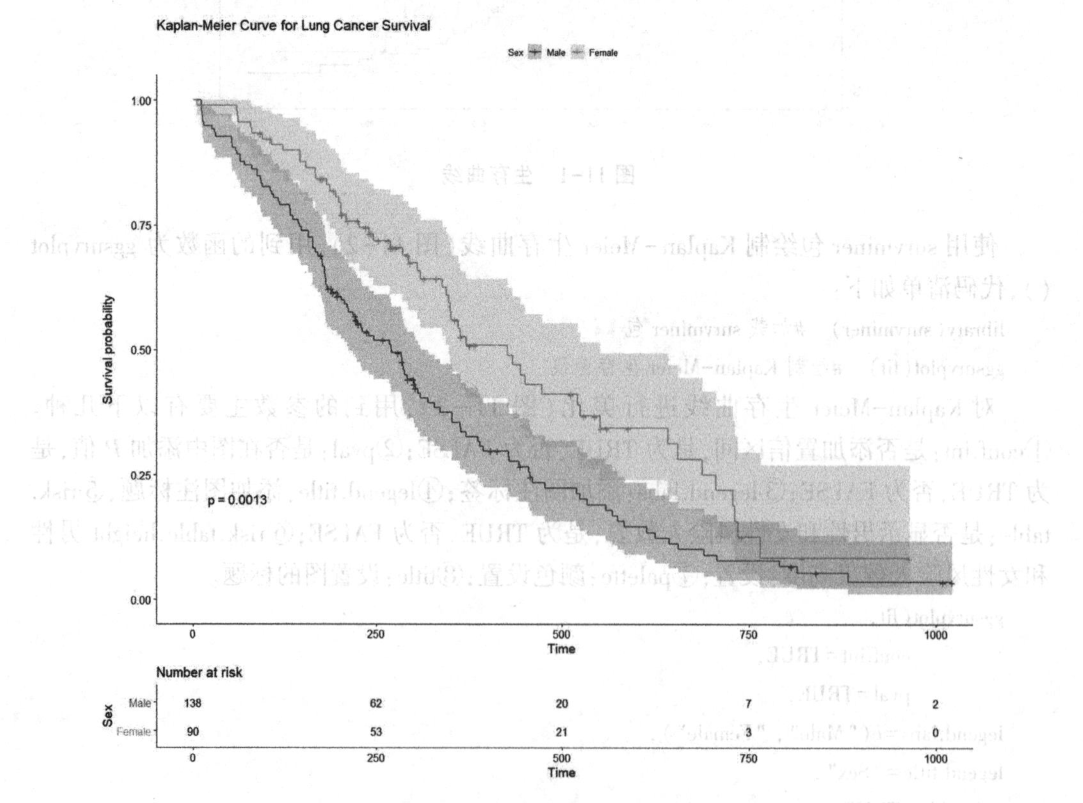

图 11-3　高级美化生存曲线

二、OncoLnc

OncoLnc(http://www.oncolnc.org/)可以方便地进行 TCGA 数据的生存分析,快速地查看多种肿瘤中与生存相关的基因。如输入基因 *MUC*1,点击 Submit(图 11-4)。

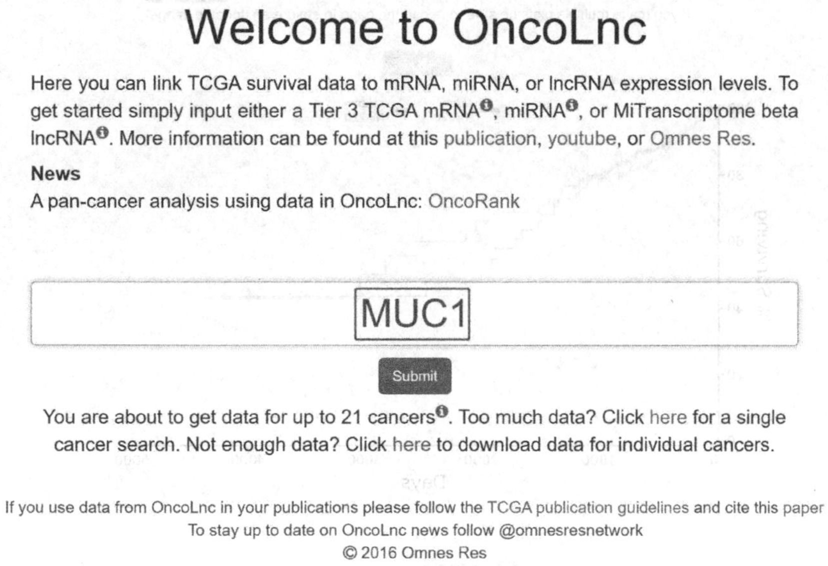

Welcome to OncoLnc

Here you can link TCGA survival data to mRNA, miRNA, or lncRNA expression levels. To get started simply input either a Tier 3 TCGA mRNA, miRNA, or MiTranscriptome beta lncRNA. More information can be found at this publication, youtube, or Omnes Res.

News

A pan-cancer analysis using data in OncoLnc: OncoRank

Submit

You are about to get data for up to 21 cancers. Too much data? Click here for a single cancer search. Not enough data? Click here to download data for individual cancers.

If you use data from OncoLnc in your publications please follow the TCGA publication guidelines and cite this paper

To stay up to date on OncoLnc news follow @omnesresnetwork

© 2016 Omnes Res

图 11-4　OncoLnc 主页

点击 Submit 以后,可以得到用 Cox 回归计算好的不同癌症的生存分析结果,选择其中一种癌症如 COAD(当 *P*-Value>0.05 时,在统计学上是没有意义的,这里只是介绍如何对基因进行预后分析),点击 Yes Please(图 11-5)。

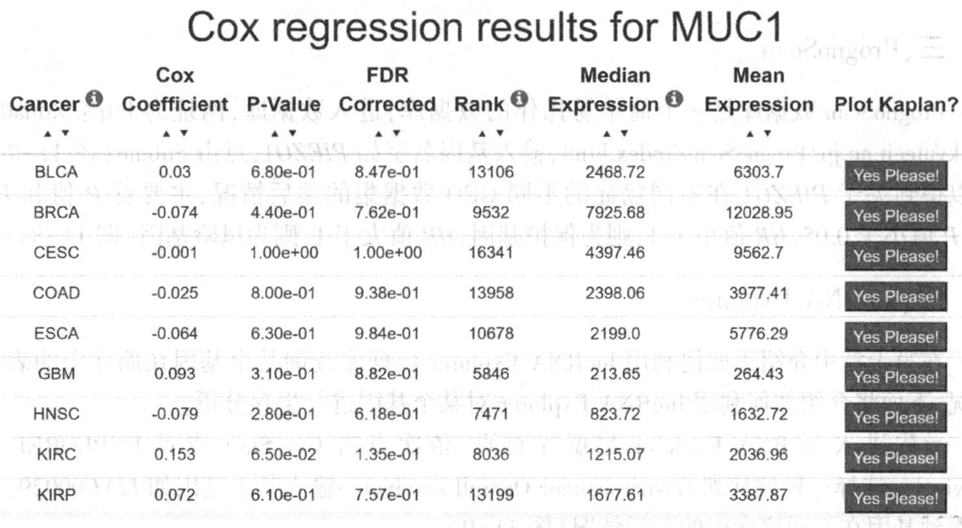

Cox regression results for MUC1

Cancer	Cox Coefficient	P-Value	FDR Corrected	Rank	Median Expression	Mean Expression	Plot Kaplan?
BLCA	0.03	6.80e-01	8.47e-01	13106	2468.72	6303.7	Yes Please!
BRCA	-0.074	4.40e-01	7.62e-01	9532	7925.68	12028.95	Yes Please!
CESC	-0.001	1.00e+00	1.00e+00	16341	4397.46	9562.7	Yes Please!
COAD	-0.025	8.00e-01	9.38e-01	13958	2398.06	3977.41	Yes Please!
ESCA	-0.064	6.30e-01	9.84e-01	10678	2199.0	5776.29	Yes Please!
GBM	0.093	3.10e-01	8.82e-01	5846	213.65	264.43	Yes Please!
HNSC	-0.079	2.80e-01	6.18e-01	7471	823.72	1632.72	Yes Please!
KIRC	0.153	6.50e-02	1.35e-01	8036	1215.07	2036.96	Yes Please!
KIRP	0.072	6.10e-01	7.57e-01	13199	1677.61	3387.87	Yes Please!

图 11-5　生存分析结果列表

点击 Yes Please 之后，设置分组方式，如以中位数将基因的表达量从低到高排序分为低表达组和高表达组，点击 Submit，得到生存曲线以及高低表达组的数据，点击 Go to PDF 和 Click Here 可以分别下载 PDF 格式的生存曲线图和高低表达组的数据（图 11-6）。

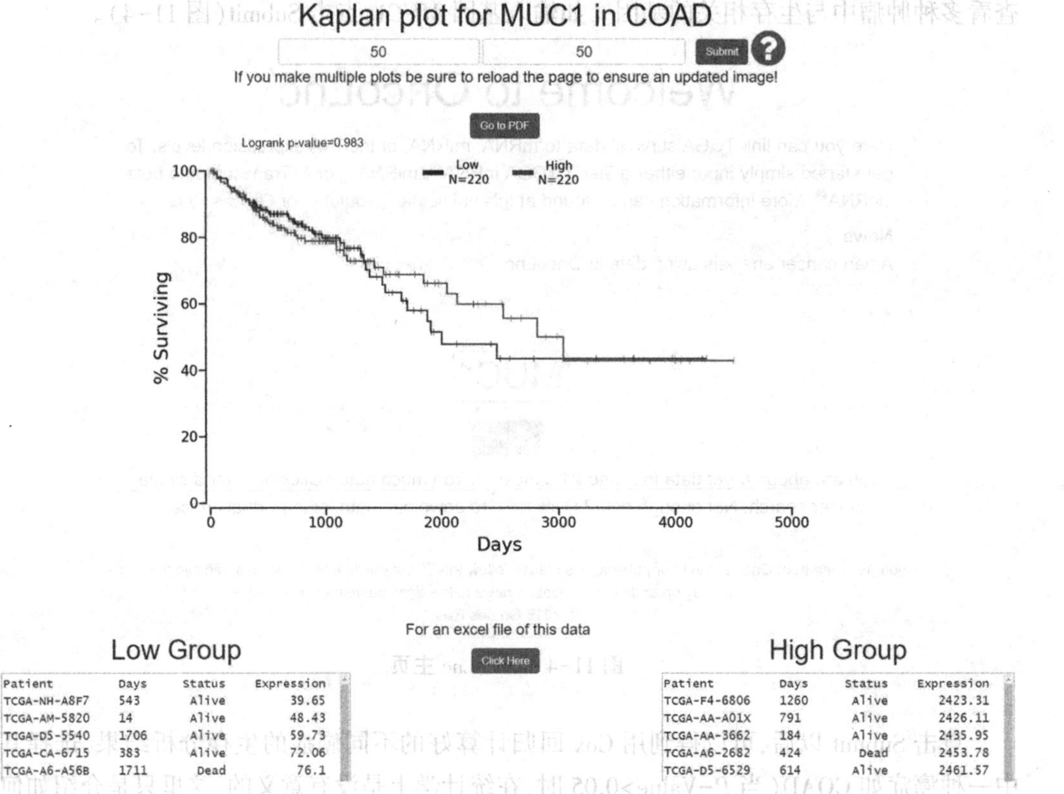

图 11-6　生存曲线

三、PrognoScan

PrognoScan 数据库是一个简单易操作的数据库，进入数据库，网址为 http://dna00.bio.kyutech.ac.jp/PrognoScan/index.html，输入基因名字如 *PIEZO*1，点击 Submit（图 11-7），可以得到关于 *PIEZO*1 在不同癌症的不同 GEO 数据集的预后情况，主要看 *P* 值和 *HR* 值，*P* 值小于 0.05，*HR* 值小于 1，则为保护基因，*HR* 值大于 1，则为风险基因（图 11-8）。

四、lncRNA Explorer

在第十章中介绍了如何利用 lncRNA Explorer 数据库查询某个基因在癌症中的表达情况，下面将介绍如何利用 lncRNA Explorer 对某个基因进行生存分析。

首先进入 lncRNA Explorer 数据库首页，依次点击 Get Start 或者 EXPLORER→Survival→选择一种癌症如 Gastric cancer Overall survival→输入某个基因如 *LINC*00029，可以看到基因在不同癌症中的预后情况（图 11-9）。

PrognoScan: A new database for meta-analysis of the prognostic value of genes.

Enter gene identifier(s) [Find gene at Entrez]

PIEZO1

submit

图 11-7　PrognoScan 数据库主页

Query = PIEZO1

DATA POSTPROCESSING　None
GENE_SYMBOL　PIEZO1
GENE_DESCRIPTION　piezo-type mechanosensitive ion channel component 1

DATASET	CANCER TYPE	SUBTYPE	ENDPOINT	COHORT	CONTRIBUTOR	ARRAY TYPE	PROBE ID	N	CUTPOINT	MINIMUM P-VALUE	CORRECTED P-VALUE	ln(HR$_{high}$ / HR$_{low}$)	COX P-VALUE
GSE13507	Bladder cancer		Overall Survival	CNUH	Kim	Human-6 v2	ILMN_1752249	165	0.53	0.003983	0.079055	0.70	0.060353
GSE13507	Bladder cancer	Transitional cell carcinoma	Disease Specific Survival	CNUH	Kim	Human-6 v2	ILMN_1752249	165	0.70	0.004612	0.088801	0.96	0.144122
MGH-glioma	Brain cancer	Glioma	Overall Survival	CBTTB, MGH, BWH, CH	Nutt	HG-U95A	37281_at	50	0.24	0.049247	0.487091	0.87	0.142267
GSE3143	Breast cancer		Overall Survival	Duke	Bild	HG-U95A	37281_at	158	0.30	0.117995	-	0.51	0.205359
GSE7849	Breast cancer		Disease Free Survival	Duke (1990-2001)	Anders	HG-U95A	37281_at	76	0.89	0.010505	0.167548	1.39	0.060934
GSE1378	Breast cancer		Relapse Free Survival	MGH (1987-2000)	Ma	Arcturus 22k	14647	60	0.80	0.242484	-	-0.62	0.716959
GSE1378	Breast cancer		Relapse Free	MGH (1987-	Ma	Arcturus 22k	12477	60	0.82	0.337532	-	-0.51	0.833774

图 11-8　*PIEZO1* 在不同癌症的不同 GEO 数据集的预后情况

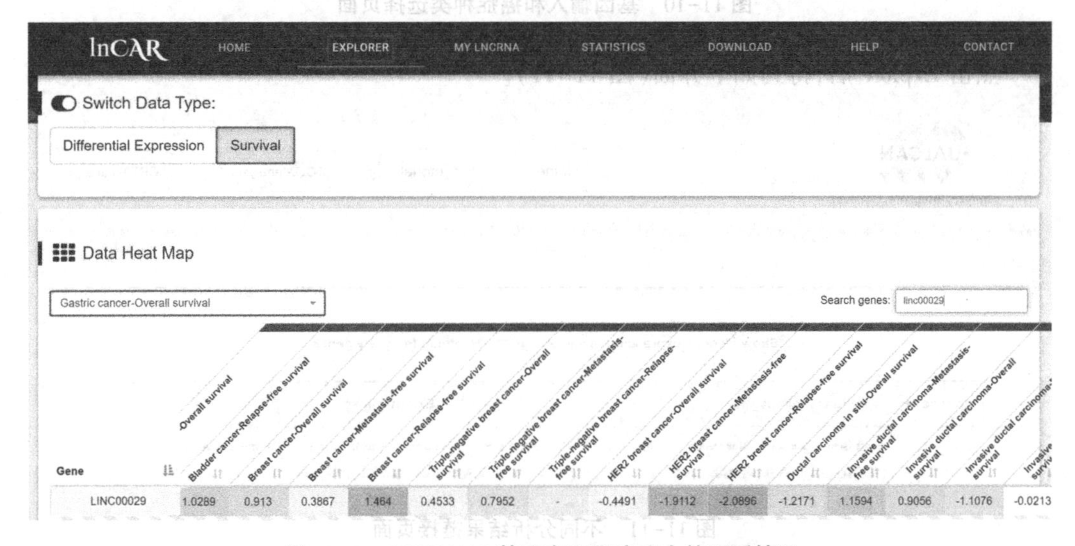

图 11-9　*LINC00029* 基因在不同癌症中的预后情况

五、UALCAN

第十章介绍了如何使用 UALCAN 数据库查询某个 miRNA 在癌症和癌旁中的表达情况，下面将介绍如何使用 UALCAN 数据库对某个 mRNA 如 VCAN 进行生存分析。

首先进入 UALCAN 数据库首页（http://ualcan.path.uab.edu/index.html），按照 TCGA analysis→TCGA Gene analysis→输入基因 *VCAN*→选择癌症如 Stomach adenocarcinomna→Explore 的顺序进行选择（图 11-10）。

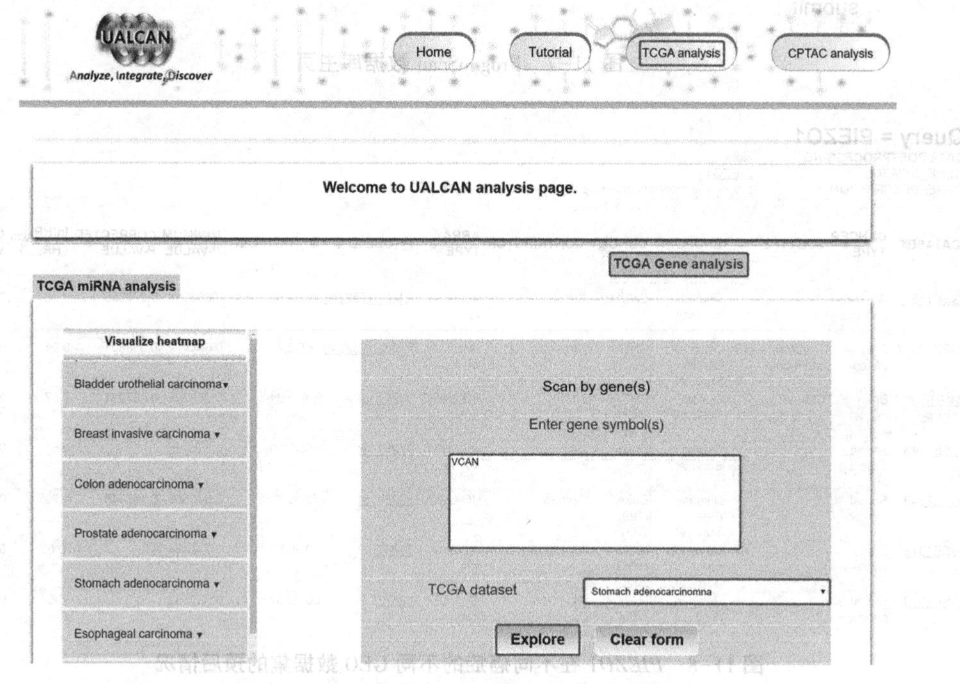

图 11-10　基因输入和癌症种类选择页面

点击 Explore 后，得到如下界面（图 11-11）。

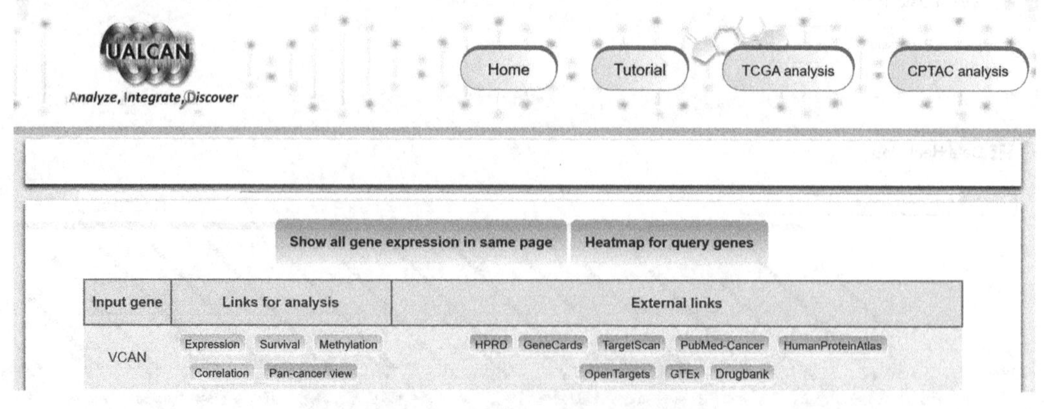

图 11-11　不同分析结果链接页面

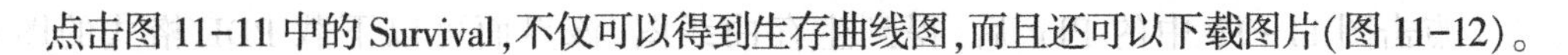

点击图 11-11 中的 Survival，不仅可以得到生存曲线图，而且还可以下载图片（图 11-12）。

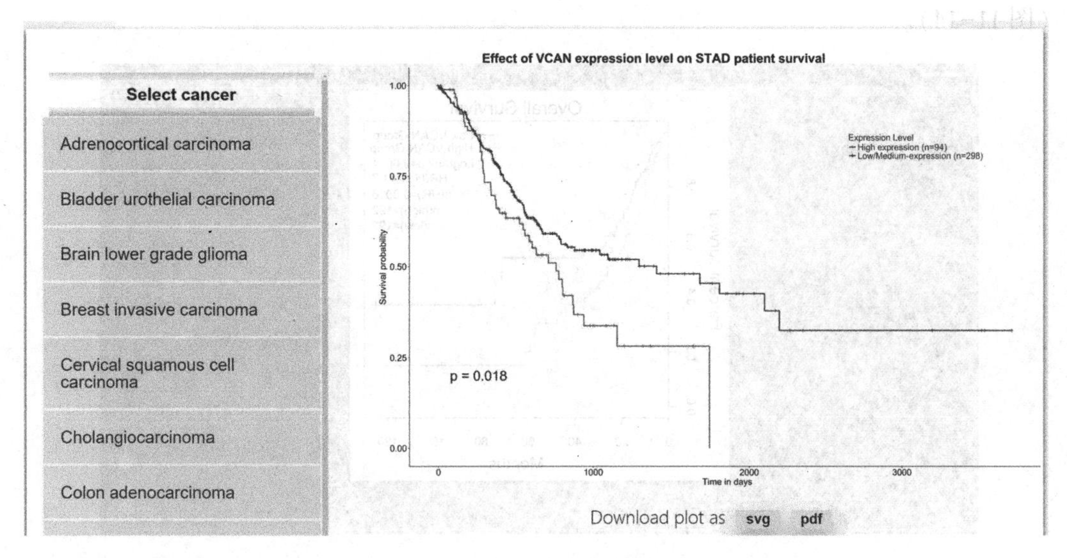

图 11-12 生存曲线图

六、GEPIA2

第十章也介绍了如何使用 GEPIA2 数据库查询某个基因在癌症和癌旁中的表达情况，下面将介绍如何使用 GEPIA2 数据库对某个基因如 VCAN 进行生存分析。

进入 GEPIA 2 网站首页（http://gepia2.cancer-pku.cn/#index），依次选择 Expression Analysis→Survival Analysis→Gene→输入基因如 *VCAN*→选择方法如 Overall Survival→分组方法如 Meadian→HR 是否显示→95%置信区间是否显示→X 轴单位如 Months→颜色设置→Multiple Datasets→选择癌症种类如 STAD（图 11-13）。

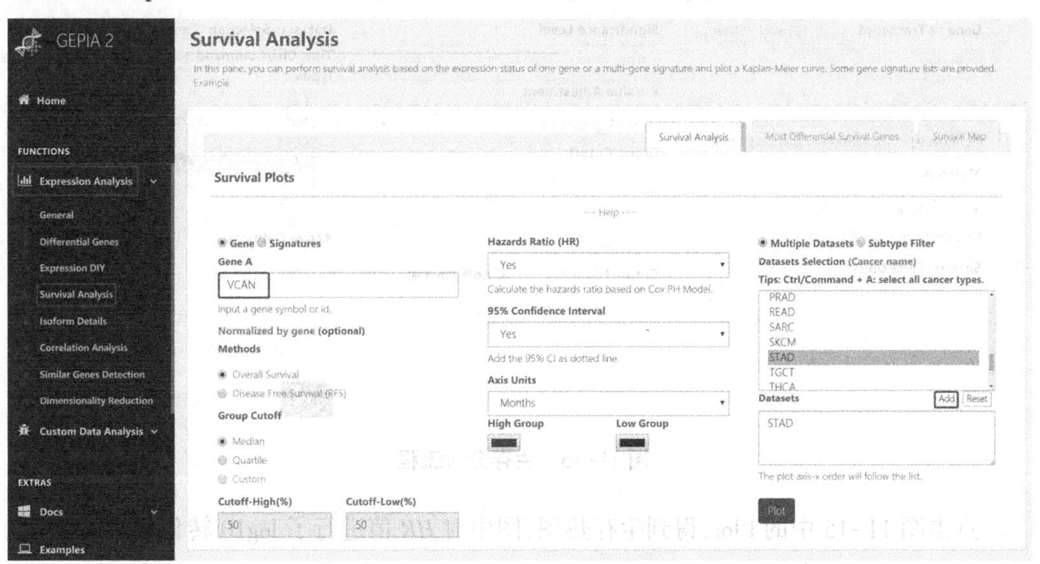

图 11-13 生存分析流程页面

点击图 11-13 中的 Plot 后，得到生存曲线图，该界面可以下载 PDF 格式的图片（图 11-14）。

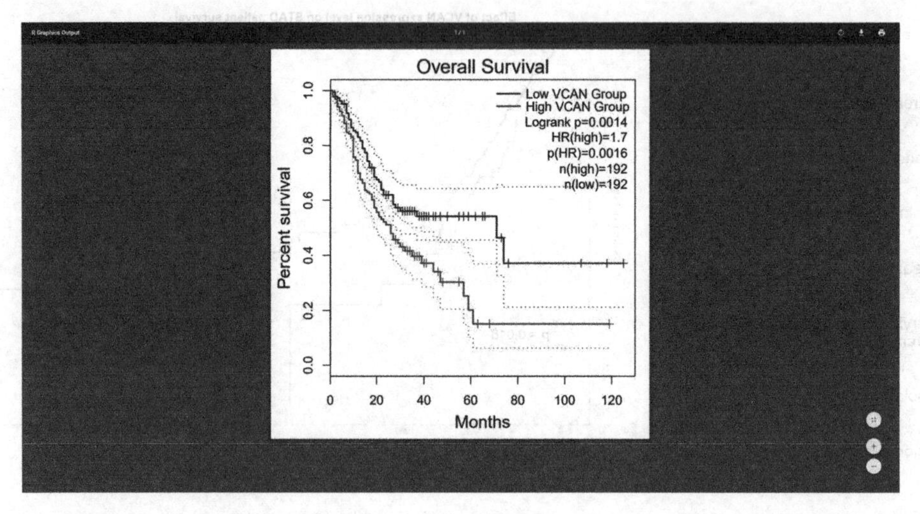

图 11-14 生存曲线

GEPIA2 网站还提供了可视化的另外一种展示方式，操作方法前面介绍类似如图 11-15。

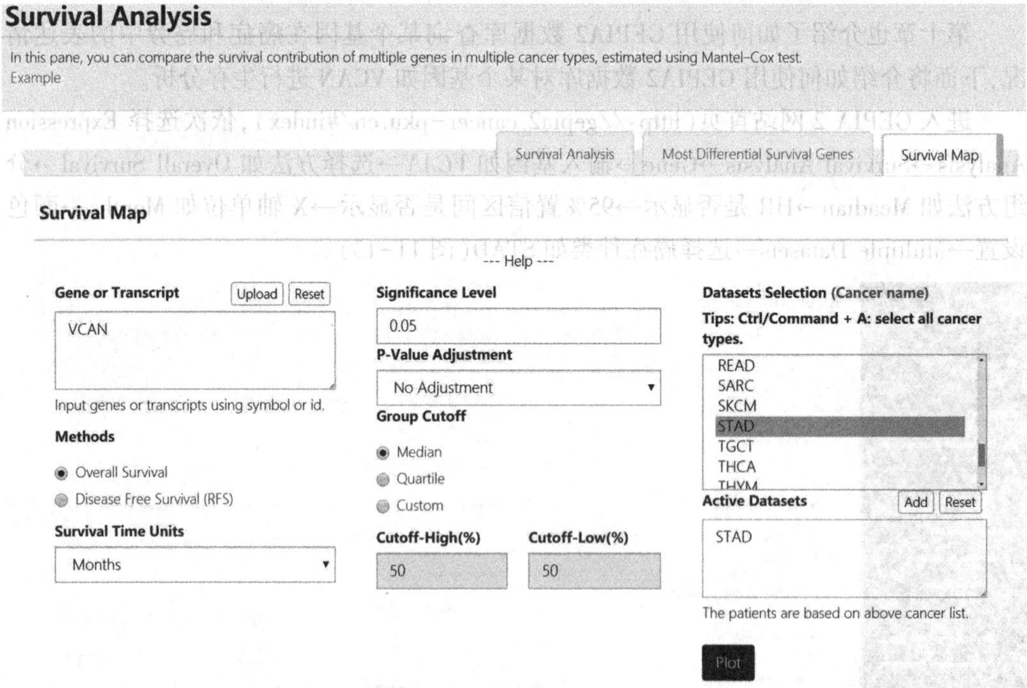

Survival Analysis

In this pane, you can compare the survival contribution of multiple genes in multiple cancer types, estimated using Mantel-Cox test.
Example

Survival Analysis | Most Differential Survival Genes | Survival Map

Survival Map

--- Help ---

Gene or Transcript Upload Reset
VCAN
Input genes or transcripts using symbol or id.
Methods
Overall Survival
Disease Free Survival (RFS)
Survival Time Units
Months

Significance Level
0.05
P-Value Adjustment
No Adjustment
Group Cutoff
Median
Quartile
Custom
Cutoff-High(%) 50
Cutoff-Low(%) 50

Datasets Selection (Cancer name)
Tips: Ctrl/Command + A: select all cancer types.
READ
SARC
SKCM
STAD
TGCT
THCA
THYM
Active Datasets Add Reset
STAD
The patients are based on above cancer list.
Plot

图 11-15 生存分析流程

点击图 11-15 中的 Plot，得到生存热图，图中对 *HR* 值进行了 log10 转化（图 11-16）。

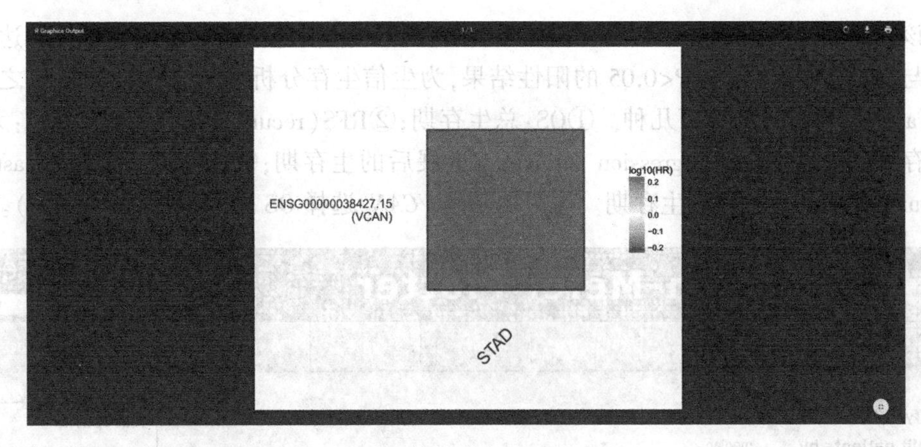

图 11-16 生存热图

七、Kaplan-Meier Plotter

Kaplan-Meier Plotter 集合了 GEO、EGA、TCGA 数据库的生存数据，可分析乳腺癌、肺癌、胃癌、卵巢癌、肝癌的 mRNA 的生存数据以及乳腺癌、肝癌的 miRNA 的生存数据，甚至是泛癌的生存分析。下面主要以 Gastriccancer 进行介绍。

首先进入 Kaplan-Meier Plotter 首页（http://kmplot.com/analysis/index.php? p=background），选择 Start KM Plotter for gastric cancer（图 11-17）。

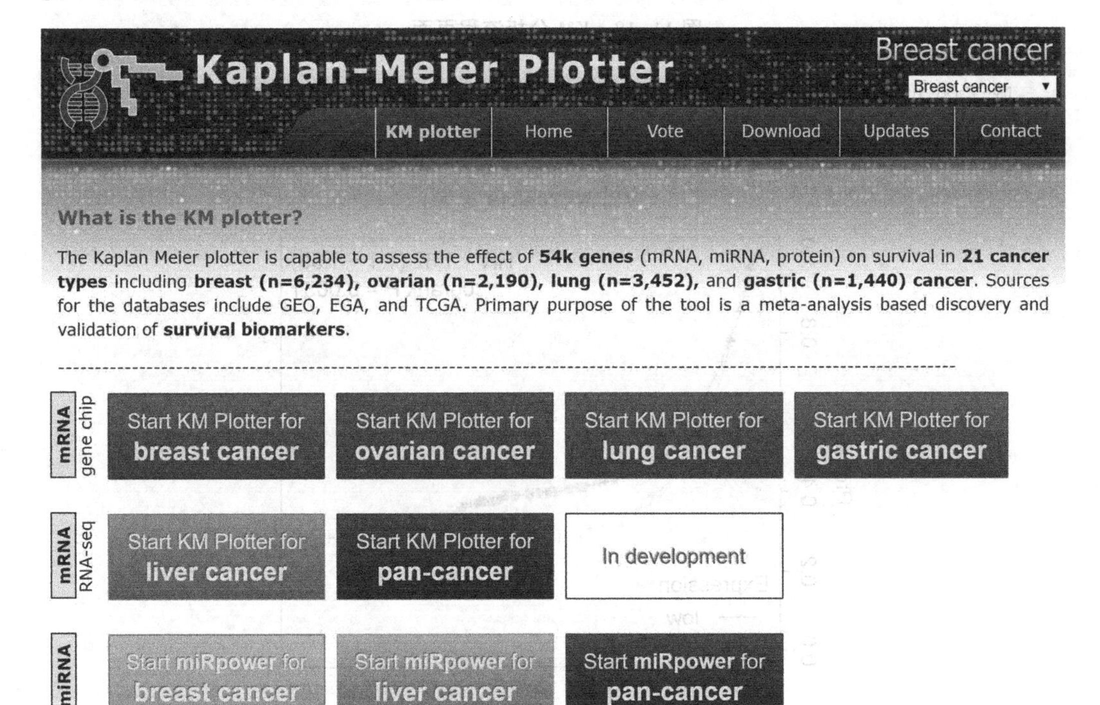

图 11-17 Kaplan-Meier Plotter 首页

该数据库中的 Auto select best cufoff 选项可对 cutoff 值进行最优化以判定高表达、低表达与预后的关系，得到 $P<0.05$ 的阳性结果，为生信生存分析中最常用的数据库之一。survival 选项中可选择以下几种。①OS：总生存期；②RFS（recurrence-free survival）：无复发生存期；③PPS（post progression survival）：进展后的生存期；④DMFS（distant metastasis free survival）：无远处转移生存期。这里用基因 *VCAN*，选择 OS 作为示例（图 11-18）。

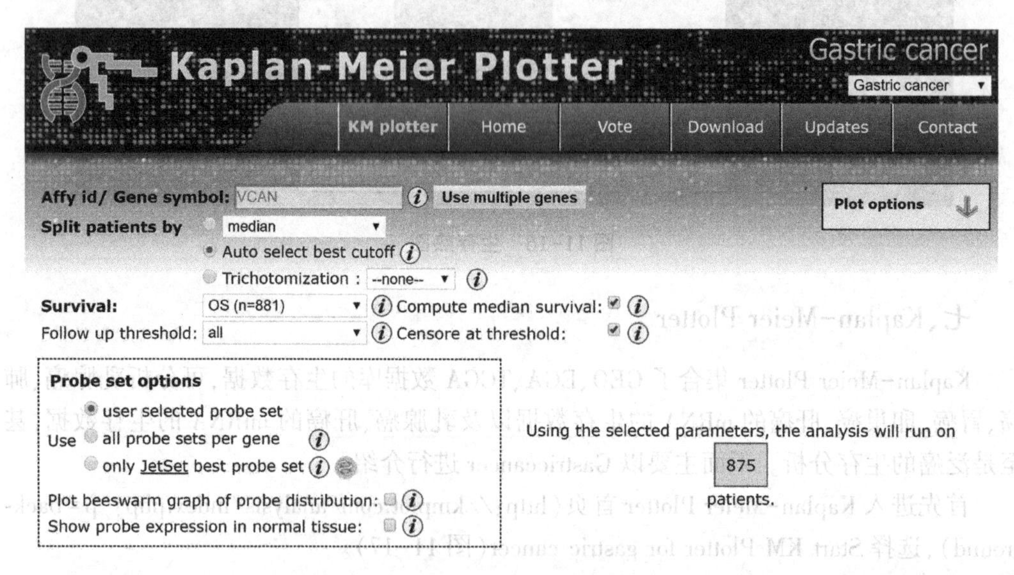

图 11-18　KM 分析流程页面

除了图 11-18 中选择的参数外，其他参数默认（可以根据研究需要选择参数），得到生存结果（图 11-19），当然图和数据结果都可以在此网站下载。

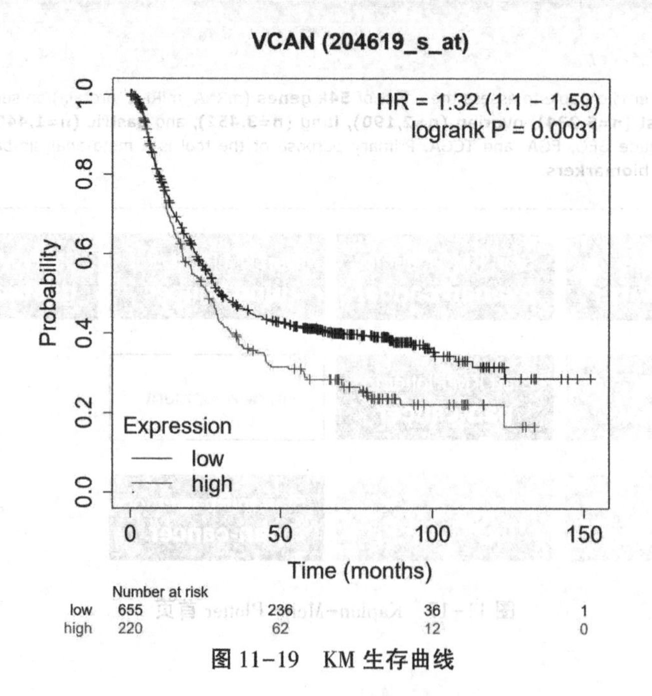

图 11-19　KM 生存曲线

关于做生存分析的数据库还有 CBioportal 数据库、OncomiR 数据库、BloodSpot 数据库、TIMER 等(表 11-1)。

表 11-1　其他生存分析数据库

数据库	网址
CBioportal	http://www.cbioportal.org/
OncomiR	http://www.oncomir.org/
BloodSpot	http://servers.binf.ku.dk/bloodspot/
TIMER 2.0	http://timer.cistrome.org/

第十二章 肿瘤临床信息

一、R 进行临床信息下载和整理

下面介绍如何利用 R 从 TCGA 下载临床数据。

设置工作目录。

```
setwd("D:\\LUAD")
```

加载 TCGAbiolinks 和 dplyr 包。

```
library(TCGAbiolinks)
library(dplyr)
```

设置癌症类型如 TCGA-LUAD,数据类型为 Clinical,文件类型为 xml。

```
query <- GDCquery(project = "TCGA-LUAD",
data.category = "Clinical",
file.type = "xml")
```

下载 LUAD 的临床数据。

```
GDCdownload(query)
```

接收查询参数并根据所需信息解析临床 xml 文件并储存到 clinical 中。

```
clinical <- GDCprepare_clinic(query,
                              clinical.info = "patient")
```

得到如下界面则提取成功。

```
> clinical <- GDCprepare_clinic(query,
+                               clinical.info = "patient")
  |==============================================================================================================================================|
100%
To get the following information please change the clinical.info argument
=> new_tumor_events: new_tumor_event
=> drugs: drug
=> follow_ups: follow_up
=> radiations: radiation
Parsing follow up version: follow_up_v1.0
  |==============================================================================================================================================|
100%
```

```
Adding stage event information
  |=========================================================================================================================|
100%
```

使用 colnames 函数查看 clinical 中的变量名，方便接下来的数据提取。一般生信分析中常需要提取的信息有患者的标签、生存状态（即是活着还是死亡）、生存时间、随访时间、肿瘤的恶性程度（tumor grade）、癌症阶段、性别等。bcr_patient_barcode 为患者标签；vital_status 为患者生存状态；days_to_last_followup 为随访时间；age_at_initial_pathologic_diagnosis 可看作年龄；stage_event_pathologic_stage 为癌症阶段等。代码如下：

```
colnames(clinical)   #下面界面显示了部分临床信息。
> colnames(clinical)
[1] "bcr_patient_barcode"
[2] "additional_studies"
[3] "tumor_tissue_site"
[4] "histological_type"
[5] "other_dx"
[6] "gender"
[7] "vital_status"
[8] "days_to_birth"
[9] "days_to_last_known_alive"
[10] "days_to_death"
[11] "days_to_last_followup"
[12] "race_list"
[13] "tissue_source_site"
[14] "patient_id"
[15] "bcr_patient_uuid"
[16] "history_of_neoadjuvant_treatment"
[17] "informed_consent_verified"
[18] "icd_o_3_site"
[19] "icd_o_3_histology"
[20] "icd_10"
```

dplyr::select()提取临床数据中有用的信息，Distinct()搜索并排除重复项，.keep_all 为 TURE 用于保留输出数据框中的所有其他变量。

```
clinical_trait <- clinical   %>%
dplyr::select(bcr_patient_barcode,
gender,vital_status,
                  days_to_death,
                  days_to_last_followup,
                  person_neoplasm_cancer_status,
                  race_list,
                  age_at_initial_pathologic_diagnosis,
```

```
                stage_event_pathologic_stage,
                stage_event_tnm_categories) %>%
distinct( bcr_patient_barcode, .keep_all = TRUE)
```

整理死亡患者的临床信息。dplyr::filter 挑选 vital_status 列为 Dead 的行(观测值),即提取包含 Dead 的所有信息。dplyr::select(-days_to_last_follow_up)删除 days_to_last_follow_up 列所有信息。reshape::rename 将变量名重新命名,如将 gender 重新命名为 Gender。mutate 在数据框中新添加一个变量。Ifelse 条件函数,将 Survival_status 列中属于 Dead 命名为 1,Alive 命名为 0,即 1 代表死亡,0 代表活着,这里因为提取的是 Dead 的所有信息,所以也可以写成 ifelse(Survival_status= ='Dead',1)。

```
dead_patient <- clinical_trait  %>%
dplyr::filter(vital_status == 'Dead') %>%
dplyr::select(-days_to_last_followup) %>%
reshape::rename(c(bcr_patient_barcode = 'Barcode',
                  gender = 'Gender',
                  vital_status = 'Survival_status',
                  days_to_death = 'Survival_time',
                  race_list = 'Race',
                  person_neoplasm_cancer_status='Cancer_status',
                  age_at_initial_pathologic_diagnosis = 'Age',
                  stage_event_pathologic_stage = 'Stage',
                  stage_event_tnm_categories = 'TNM'))%>%
mutate(OS_status=ifelse(Survival_status= ='Dead',1,0))%>%
mutate(OS_time=Survival_time/365)
```

使用 View 函数查看提取的死亡患者临床信息(图 12-1)。

```
View(dead_patient)
```

	Barcode	Gender	Survival_status	Survival_time	Cancer_status	Race	Age	Stage	TNM	OS_status	OS_time
1	TCGA-05-4250	FEMALE	Dead	121			79	Stage IIIA	T3N1M0	1	0.33150685
2	TCGA-05-4395	MALE	Dead	0	TUMOR FREE		76	Stage IIIB	T4N2M0	1	0.00000000
3	TCGA-05-4396	MALE	Dead	303			76	Stage IIIB	T4N1M0	1	0.83013699
4	TCGA-05-4397	MALE	Dead	731			65	Stage IIB	T2N1M0	1	2.00273973
5	TCGA-05-4402	FEMALE	Dead	244	TUMOR FREE		57	Stage IV	T2NXM1	1	0.66849315
6	TCGA-05-4415	MALE	Dead	91	WITH TUMOR		57	Stage IIIB	T4N2M0	1	0.24931507
7	TCGA-05-4418	MALE	Dead	274			69	Stage IIIA	T3N2M0	1	0.75068493
8	TCGA-05-4434	FEMALE	Dead	457			67	Stage IV	T4N1M1	1	1.25205479
9	TCGA-38-4627	FEMALE	Dead	1147		WHITE	64	Stage IIA	T1bN1M0	1	3.14246575
10	TCGA-38-4628	FEMALE	Dead	1492	WITH TUMOR	WHITE	65	Stage IIB	T2N1M0	1	4.08767123
11	TCGA-38-4629	MALE	Dead	864	WITH TUMOR	WHITE	68	Stage IIB	T3N0M0	1	2.36712329
12	TCGA-38-4630	FEMALE	Dead	1073	WITH TUMOR	WHITE	75	Stage IB	T2N0M0	1	2.93972603
13	TCGA-38-4631	FEMALE	Dead	354	WITH TUMOR	WHITE	72	Stage IB	T2N0M0	1	0.96986301
14	TCGA-38-4632	MALE	Dead	1357	WITH TUMOR	BLACK OR AFRICAN AMERICAN	42	Stage IV	T2N1M1	1	3.71780822
15	TCGA-38-7271	FEMALE	Dead	800	WITH TUMOR	WHITE	72	Stage IA	T1N0M0	1	2.19178082
16	TCGA-44-2666	MALE	Dead	97	WITH TUMOR	WHITE	43	Stage IB	T2N0M0	1	0.26575342
17	TCGA-44-6777	FEMALE	Dead	987	TUMOR FREE	WHITE	85	Stage IB	T2NXMX	1	2.70410959
18	TCGA-44-6779	FEMALE	Dead	500	WITH TUMOR	WHITE	50	Stage IIB	T2N1MX	1	1.36986301
19	TCGA-44-7669	MALE	Dead	574	WITH TUMOR	BLACK OR AFRICAN AMERICAN	59	Stage IIA	T1bN1MX	1	1.57260274
20	TCGA-49-4486	MALE	Dead	2318	WITH TUMOR	WHITE	72	Stage IA	T1N0M0	1	6.35068493

图 12-1　死亡患者临床信息

mutate(OS_time=Survival_time/365)整理生存患者的临床信息。整理死亡患者的临

床信息。dplyr::filter 挑选 vital_status 列为 Alive 的行(观测值),即提取包含 Alive 的所有信息。dplyr::select(-days_to_death)删除 days_to_death 列所有信息。reshape::rename 将变量名重新命名,如将 gender 重新命名为 Gender。mutate 在数据框中新添加一个变量。Ifelse 条件函数,将 Survival_status 列中属于 Alive 命名为 0,Dead 命名为 1,即 1 代表死亡,0 代表活着,这里因为提取的是 Alive 的所有信息,所以也可以写成 ifelse(Survival_status=='Alive',0 或者 ifelse(Survival_status=='Alive',0,1)。

```
alive_patient <- clinical_trait  %>%
dplyr::filter(vital_status == 'Alive') %>%
dplyr::select(-days_to_death) %>%
reshape::rename(c(bcr_patient_barcode = 'Barcode',
                  gender = 'Gender',
                  vital_status = 'Survival_status',
                  days_to_last_followup = 'Survival_time',
                  race_list = 'Race',
                  person_neoplasm_cancer_status='Cancer_status',
                  age_at_initial_pathologic_diagnosis = 'Age',
                  stage_event_pathologic_stage = 'Stage',
                  stage_event_tnm_categories = 'TNM'))%>%
mutate(OS_status=ifelse(Survival_status=='Dead',1,0))%>%
mutate(OS_time=Survival_time/365)
```

合并整理的两类患者临床信息,得到肺癌的临床信息。rbind 按行合并数据。write.csv 保存文件格式为 csv。这儿我们使用 View 函数查看最终的数据信息,查看是否出错(图 12-2)。

```
survival_data <- rbind(dead_patient,alive_patient)
write.csv(survival_data , file = 'LUAD_clinical.csv')
View(survival_data)  #下面界面显示了患者部分临床信息。
```

	Barcode	Gender	Survival_status	Survival_time	Cancer_status	Race	Age	Stage	TNM	OS_status	OS_time
1	TCGA-05-4250	FEMALE	Dead	121			79	Stage IIIA	T3N1M0	1	0.331506849
2	TCGA-05-4395	MALE	Dead	0	TUMOR FREE		76	Stage IIIB	T4N2M0	1	0.000000000
3	TCGA-05-4396	MALE	Dead	303			76	Stage IIIB	T4N1M0	1	0.830136986
4	TCGA-05-4397	MALE	Dead	731			65	Stage IIB	T2N1M0	1	2.002739726
5	TCGA-05-4402	FEMALE	Dead	244	TUMOR FREE		57	Stage IV	T2NXM1	1	0.668493151
6	TCGA-05-4415	MALE	Dead	91	WITH TUMOR		57	Stage IIIB	T4N2M0	1	0.249315068
7	TCGA-05-4418	MALE	Dead	274			69	Stage IIIA	T3N2M0	1	0.750684932
8	TCGA-05-4434	FEMALE	Dead	457			67	Stage IV	T4N1M1	1	1.252054795
9	TCGA-38-4627	FEMALE	Dead	1147		WHITE	64	Stage IIA	T1bN1M0	1	3.142465753
10	TCGA-38-4628	FEMALE	Dead	1492	WITH TUMOR	WHITE	65	Stage IIB	T2N1M0	1	4.087671233
11	TCGA-38-4629	MALE	Dead	864	WITH TUMOR	WHITE	68	Stage IIB	T3N0M0	1	2.367123288
12	TCGA-38-4630	FEMALE	Dead	1073	WITH TUMOR	WHITE	75	Stage IB	T2N0M0	1	2.939726027
13	TCGA-38-4631	FEMALE	Dead	354	WITH TUMOR	WHITE	72	Stage IB	T2N0M0	1	0.969863014
14	TCGA-38-4632	MALE	Dead	1357	WITH TUMOR	BLACK OR AFRICAN AMERICAN	42	Stage IV	T2N1M1	1	3.717808219
15	TCGA-38-7271	FEMALE	Dead	800	WITH TUMOR	WHITE	72	Stage IA	T1N0M0	1	2.191780822
16	TCGA-44-2666	MALE	Dead	97	WITH TUMOR	WHITE	43	Stage IB	T2N0M0	1	0.265753425
17	TCGA-44-6777	FEMALE	Dead	987	TUMOR FREE	WHITE	85	Stage IB	T2NXMX	1	2.704109589
18	TCGA-44-6779	FEMALE	Dead	500	WITH TUMOR	WHITE	50	Stage IIB	T2N1MX	1	1.369863014
19	TCGA-44-7669	MALE	Dead	574	WITH TUMOR	BLACK OR AFRICAN AMERICAN	59	Stage IIA	T1bN1MX	1	1.572602740
20	TCGA-49-4486	MALE	Dead	2318	WITH TUMOR	WHITE	72	Stage IA	T1N0M0	1	6.350684932

图 12-2　患者临床信息

二、cBioportal 数据库下载临床信息

cBioPortal 网站目前存储 DNA 拷贝数据(每个基因的假定,离散值,例如"深度缺失"或"扩增",以及 log2 水平),mRNA 和 microRNA 表达数据,非同义突变,蛋白质水平和磷蛋白水平(RPPA)数据,DNA 甲基化数据和有限的临床数据等,可以快速获取大规模癌症基因组学项目的分子谱和临床预后相关性,并将这些丰富的数据集转化为可视化数据以用于临床。下面主要介绍如何从 cBioportal 下载临床数据。

进入 cBioportal 首页(http://www.cbioportal.org/)(图 12-3)。

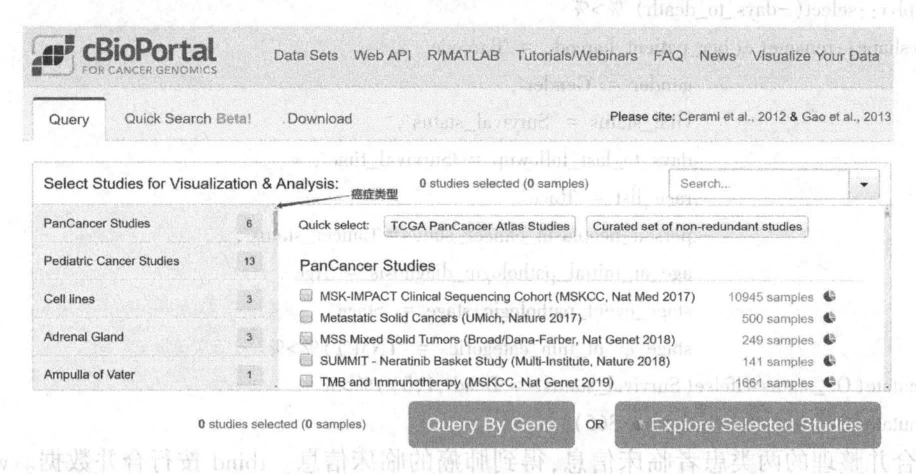

图 12-3　cBioportal 首页

进入页面以后依次选择 Qurey→搜索框中输入一种癌症类型如食管癌 Esophagus(可以看到来自不同数据库的食管癌数据集)→选择数据集食管腺癌 Esophagus carcinoma (TCGA, Firehouse Legacy)→点击 Explore Selected Studies(图 12-4)。

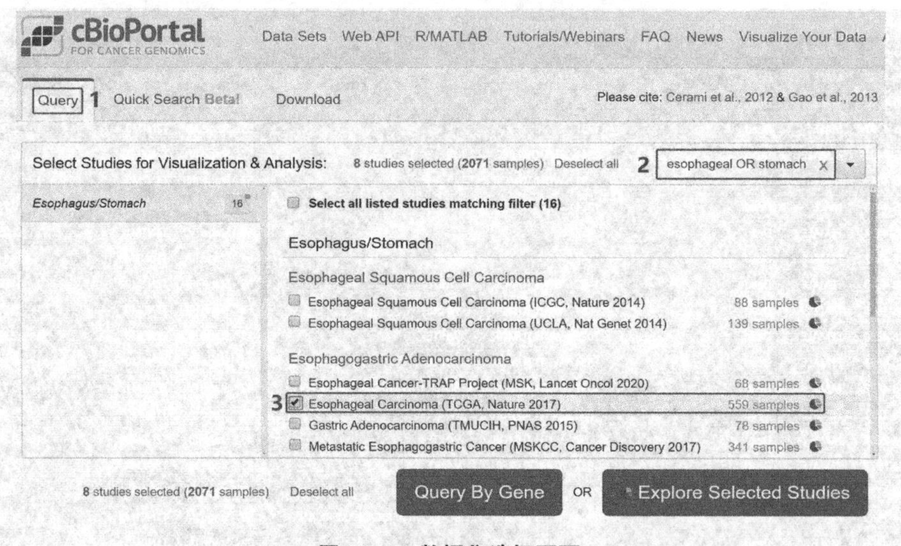

图 12-4　数据集选择页面

下一步选择 Summry，当然默认就在 Summry 项，选择数据类型，点击右上角下载即可（图 12-5），当然也可以点击 Clinical Data 再点击下载。其他下载链接如图 12-6。这个数据库还可以下载无疾病生存率的临床信息数据，下载方法如图 12-6。

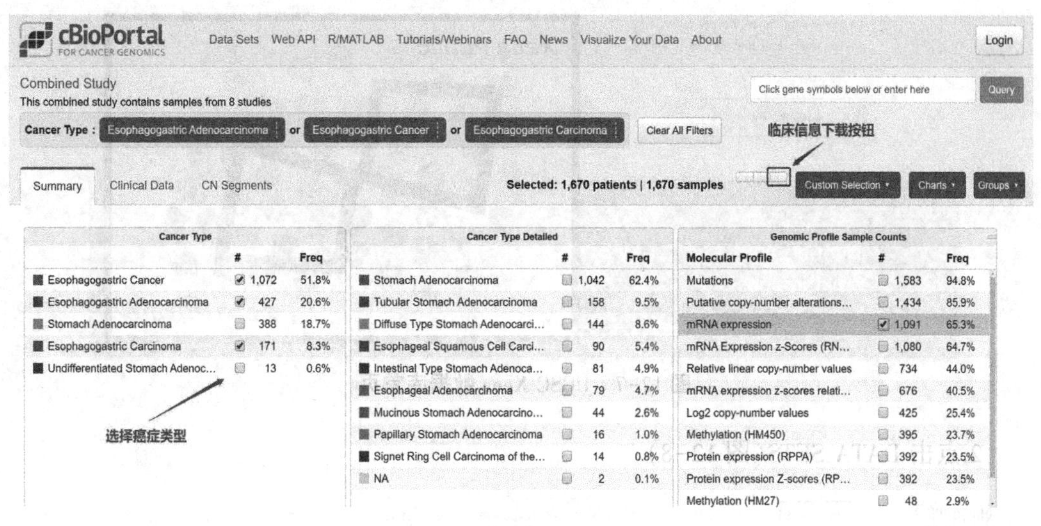

图 12-5　临床信息下载页面

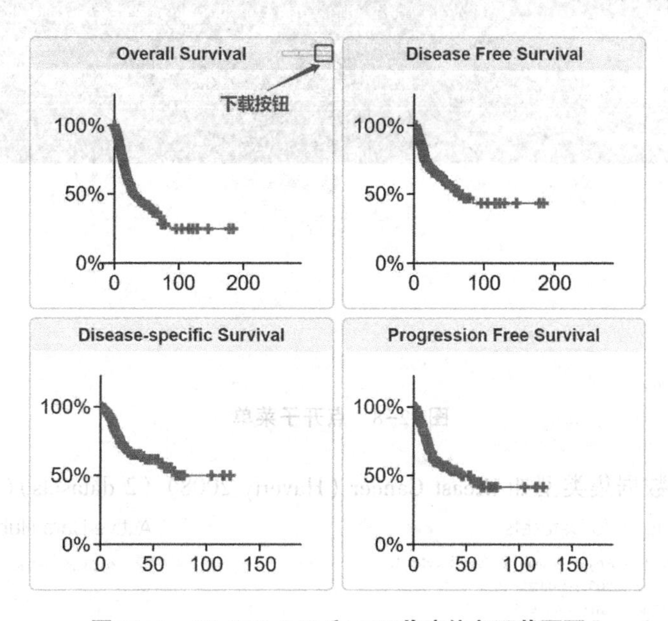

图 12-6　OS、DFS、DFS 和 PFS 临床信息下载页面

三、UCSC Xena 数据库下载临床信息

UCSC Xena 数据库收集了 TCGA 数据库的肿瘤全部的临床信息，这方便了不会编程的研究人员。下面将介绍如何在 UCSC Xena 数据库下载临床信息。

1.进入 UCSC Xena 数据库首页（https://xena.ucsc.edu/），点击 Launch Xena（图 12-7）。

UCSC Xena

See the bigger picture

An online exploration tool for public and private, multi-omic and clinical/phenotype data

Launch Xena

Tutorials and walkthroughs

Don't know where to start? Jump in with one of our tutorials or "How do I ..."

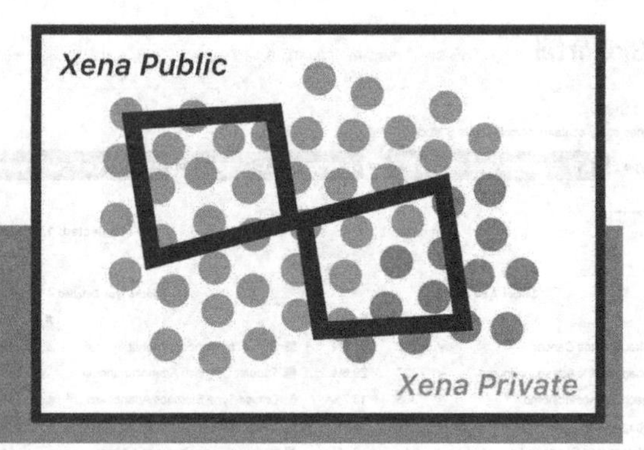

图 12-7　UCSC Xena 数据库首页

2.点击 DATA SETS(图 12-8)。

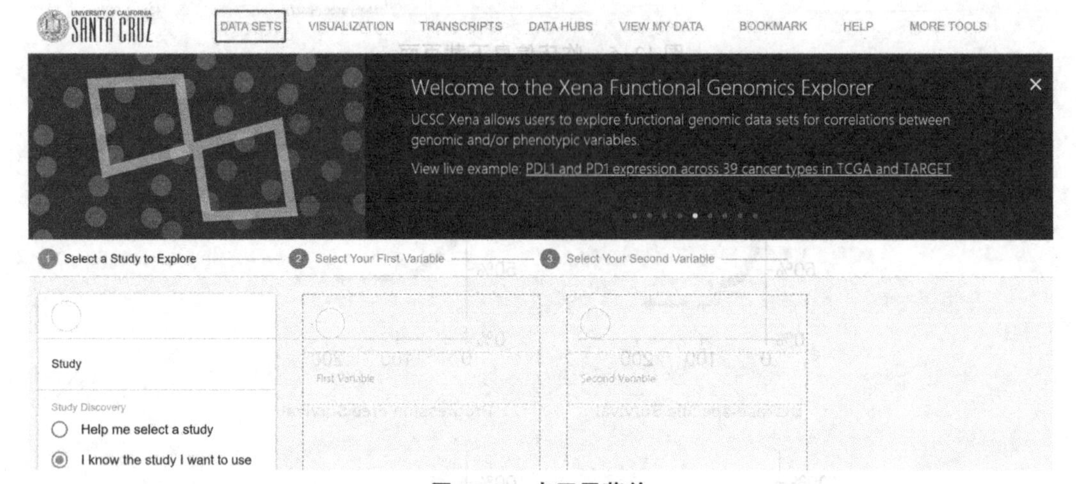

图 12-8　点开子菜单

3.选择癌症数据集类型如 Breast Cancer（Haverty 2008）（2 datasets）(图 12-9)。

129 Cohorts, 1570 Datasets

Acute lymphoblastic leukemia (Mullighan 2008) (3 datasets)
Breast Cancer (Caldas 2007) (3 datasets)
Breast Cancer (Chin 2006) (3 datasets)
Breast Cancer (Haverty 2008) (2 datasets)
Breast Cancer (Hess 2006) (2 datasets)
Breast Cancer (Miller 2005) (2 datasets)
Breast Cancer (vantVeer 2002) (2 datasets)
Breast Cancer (Vijver 2002) (2 datasets)
Breast Cancer (Yau 2010) (2 datasets)
Breast Cancer Cell Lines (Heiser 2012) (4 datasets)
Breast Cancer Cell Lines (Neve 2006) (2 datasets)
Cancer Cell Line Encyclopedia (Breast) (4 datasets)
Cancer Cell Line Encyclopedia (CCLE) (9 datasets)

Active Data Hubs

- [x] My computer hub
- [x] UCSC Public Hub
- [x] TCGA Hub
- [x] Pan-Cancer Atlas Hub
- [x] ICGC Hub
- [x] PCAWG Hub
- [x] UCSC Toil RNA-seq Recompute
- [ ] Treehouse Hub
- [x] GDC Hub
- [x] ATAC-seq Hub

图 12-9　癌症数据集选择页面

4.点击 Phenotypes(图 12-10)。

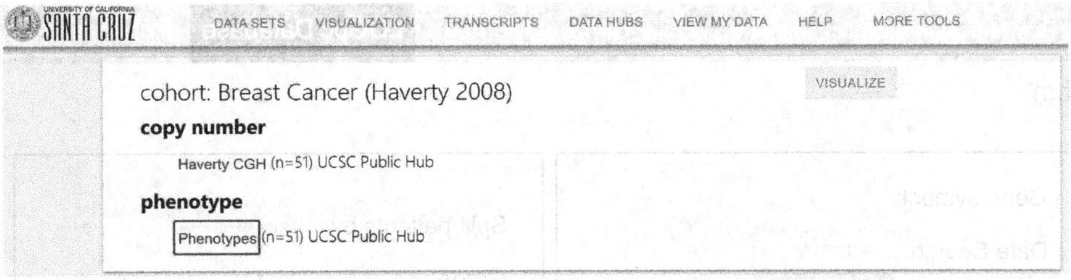

UNIVERSITY OF CALIFORNIA SANTA CRUZ　DATA SETS　VISUALIZATION　TRANSCRIPTS　DATA HUBS　VIEW MY DATA　HELP　MORE TOOLS

cohort: Breast Cancer (Haverty 2008)　VISUALIZE

copy number

Haverty CGH (n=51) UCSC Public Hub

phenotype

Phenotypes (n=51) UCSC Public Hub

图 12-10　Phenotypes 选择页面

5.点击 download 所在行链接即可下载(图 12-11)。

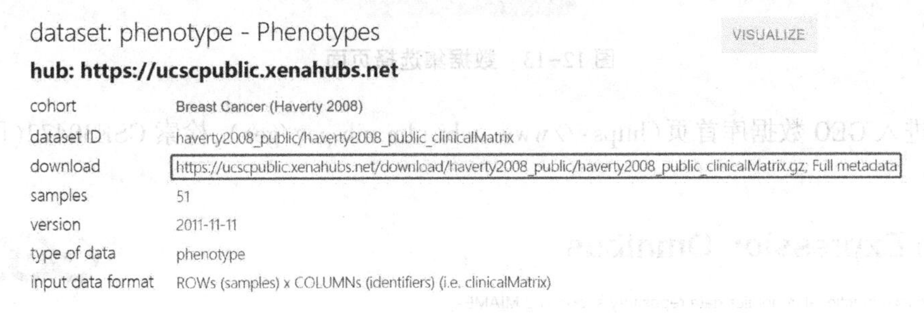

图 12-11　临床信息 download 页面

四、GEO 临床数据下载

LOGpc 数据库(http://bioinfo.henu.edu.cn/DatabaseList.jsp)整理归纳了 TCGA 和 GEO 的数据,但不能直接下载收集的临床数据,只能选择对应的数据集对单个基因进行生存分析。下面介绍如何使用 LOGpc 数据库结合 GEO 数据库下载临床数据。

1.LOGpc 数据库搜集了 27 种癌症的临床信息(图 12-12)。

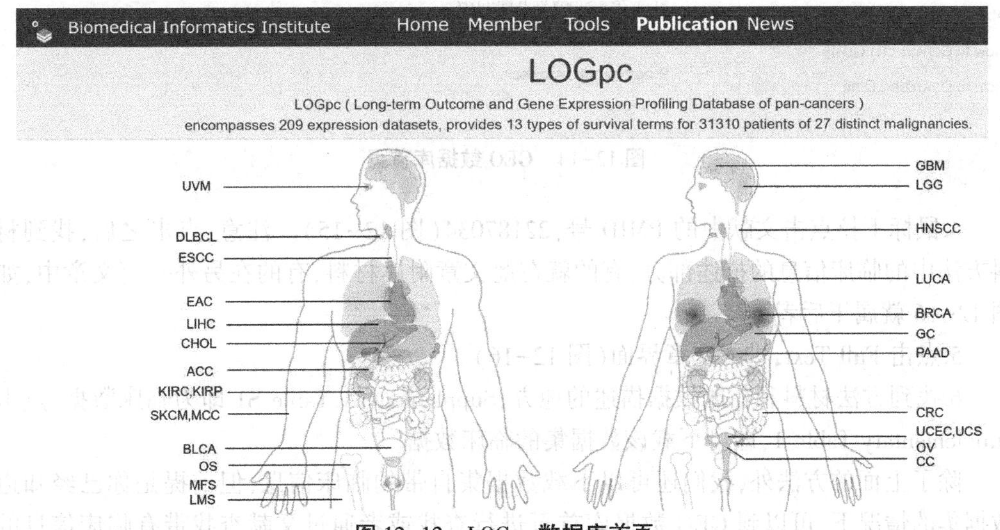

图 12-12　LOGpc 数据库首页

2.选择一种癌症如 GBM,选择一个 GEO 数据集如 GSE30472(图 12-13)。

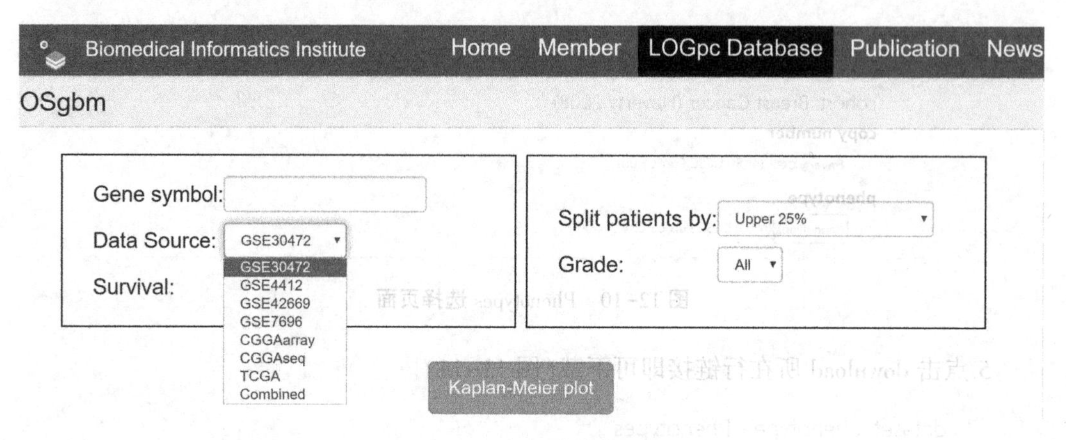

图 12-13 数据集选择页面

3.进入 GEO 数据库首页(https://www.ncbi.nlm.nih.gov/geo),检索 GSE30472(图 12-14)。

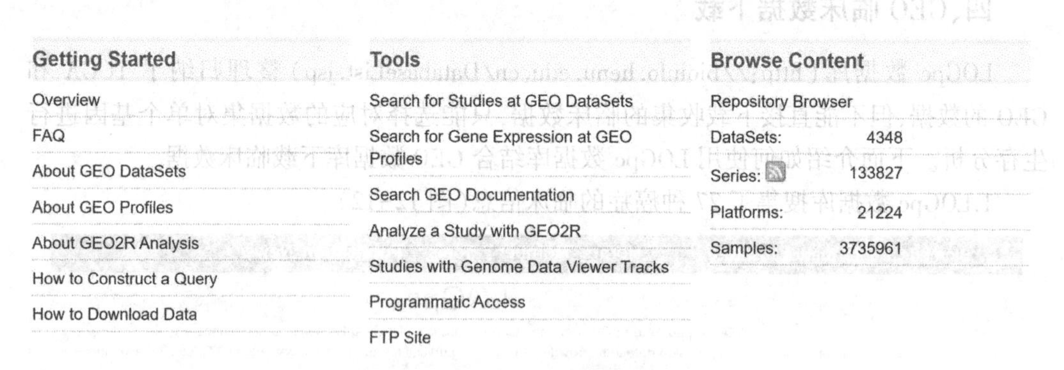

图 12-14 GEO 数据库首页

4.鼠标下拉点击文献中的 PMID 号:22187034(图 12-15)。注意:点击之后,找到材料方法中的临床信息的描述部分,有的就在此文章附属材料,有的在另外一篇文章中,如图 12-16 就属于后者。

5.点击 Full Text,进入文章界面(图 12-16)。

6.找到方法材料和临床数据描述的地方,Supplementary Table S1 即为临床数据,点击 Supplementary Table 1,即可下载该数据集的临床数据。

除了上面的方法外,我们还可以下载数据集自带的临床信息,但前提是你已经知道数据集的情况下,可以到 GEO 数据库首页进行查找或者通过文献查找带有临床信息的

数据集。最后需要注意的是,有些数据集是没有临床病理信息的。

Series GSE30472	Query DataSets for GSE30472
Status	Public on Jul 01, 2012
Title	Gene expression profiles of gliomas in formalin-fixed paraffin-embedded material
Organism	Homo sapiens
Experiment type	Expression profiling by array
Summary	In this study we have performed expression analysis using paired FF-FFPE glioma samples. We show that expression data from FFPE glioma material is concordant with expression data from matched FF tissue, and can be used for molecular profiling in gliomas.
Overall design	In this study we have performed expression analysis using 55 paired FF-FFPE glioma samples (HU133 plus 2.0 arrays (FF) and Human Exon 1.0 ST arrays (FFPE)). The most informative probe sets were selected based on variance This Series contains the FFPE data only. FF data set was previously submitted (GSE16011).
Contributor(s)	Gravendeel LA, de Rooi JJ, Eilers PH, van den Bent MJ, Sillevis Smitt PA, French PJ
Citation(s)	Gravendeel LA, de Rooi JJ, Eilers PH, van den Bent MJ et al. Gene expression profiles of gliomas in formalin-fixed paraffin-embedded material. *Br J Cancer* 2012 Jan 31;106(3):538-45. PMID: 22187034←点击

图 12-15　GSE30472 数据集 detail 页面

9.727 Q1 > Cancer Res. 2009 Dec 1;69(23):9065-72. doi: 10.1158/0008-5472.CAN-09-2307. Epub 2009 Nov 17.

FULL TEXT LINKS

Full Text Cancer Res FREE

Full-text Link

Intrinsic gene expression profiles of gliomas are a better predictor of survival than histology

ACTIONS

Cite

Favorites

Lonneke A M Gravendeel [1], Mathilde C M Kouwenhoven, Olivier Gevaert, Johan J de Rooi, Andrew P Stubbs, J Elza Duijm, Anneleen Daemen, Fonnet E Bleeker, Linda B C Bralten, Nanne K Kloosterhof, Bart De Moor, Paul H C Eilers, Peter J van der Spek, Johan M Kros, Peter A E Sillevis Smitt, Martin J van den Bent, Pim J French

Affiliations + expand

PMID: 19920198 DOI: 10.1158/0008-5472.CAN-09-2307

Free article

ENDNOTE

图 12-16　文献页面

第十三章　肿瘤免疫分析

肿瘤的免疫治疗掀起了一股又一股热潮，在生信分析中免疫预后同样占有一席之地，而且随着高通量测序和大数据时代的到来，肿瘤的免疫特征进行综合分析越来越成为可能。大家都知道同一类型肿瘤的不同患者的免疫浸润具有异质性，可能影响临床预后。然而，肿瘤基因组和宿主免疫系统具有复杂性。因此如何描述癌细胞与免疫浸润的相互作用成为生信分析的一大主流问题。

一、TIMER 数据库

TIMER 数据库应用反褶积算法从基因表达谱中推断肿瘤浸润性免疫细胞（TIICs）的丰度，重新分析了 TCGA 的 32 个癌症类型的 10 897 个样本的基因表达数据，估计 TIIC 亚群 B 细胞、CD4+T 细胞、CD8+T 细胞、巨噬细胞、中性粒细胞和树突状细胞等细胞的丰度，以建立肿瘤免疫和基因组数据间的联系。网络服务器提供了通过多种免疫反卷积方法估算的免疫浸润液的丰度，并允许用户动态生成高质量的图形，以全面探索肿瘤的免疫学，临床和基因组特征。TIMER 数据库共包含 Gene、Survival、Mutation、SCNA、Diff Exp、Correlation、Estimation 七大模块。同时用户可以上传自己的样本表达谱文件，计算免疫细胞浸润比例。下面介绍 TIMER 数据库主要功能：①基因表达和免疫浸润的关系；②突变状态免疫浸润与间的相关性；③体细胞 CNV 与免疫浸润间的关联；④免疫浸润与临床结果的关联。

（一）基因表达和免疫浸润的关系

1.进入网站首页（http://timer.cistrome.org/），选择 Immune Association（图 13-1）。

2.输入基因如 *A1BG*，选择免疫细胞类型如 T cell CD8+，点击 Submit（图 13-2）。

3.得到 *A1BG* 基因表达与多种肿瘤类型中免疫浸润水平的相关性结果可视化图（图 13-3）（分析方法为 Spearman，数据和图可以下载）。

TIMER2.0　Home　Immune　Exploration　Estimation

If the website responds slowly, please go here

TIMER is a comprehensive resource for systematical analysis of immune infiltrates across diverse cancer types. This version of webserver provides immune infiltrates' abundances estimated by multiple immune deconvolution methods, and allows users to generate high-quality figures dynamically to explore tumor immunological, clinical and genomic features comprehensively.

Geting started by exploring:

Immune Association

Gene: association between immune infiltrates and gene expression;
Mutation: association between immune infiltrates and mutation status;
sCNA: association between immune infiltrates and somatic CNV;
Outcome: association between immune infiltrates and clinical outcome.

Cancer Exploration

Gene_DE: differential gene expression between tumor and normal;
Gene_Outcome: association between gene expression and clinical outcome;
Gene_Mutation: differential gene expression between mutation status on gene;
Gene_Corr: correlation between genes.

Immune Estimation

Estimation: immune infiltration estimations for users-provided expression profiles by TIMER, CIBERSORT, quanTIseq, xCell, MCP-counter and EPIC algorithms.

Note: the estimation scores of TIMER2.0 might differ slightly from previous versions of TIMER due to the different number of available TCGA samples used for batch correction in the current run.

图 13-1　TIMER 2.0 首页

TIMER2.0　Home　Immune　Exploration　Estimation

Modules exploring the association between immune infiltrates and genomic changes or clinical outcome in TCGA:

Gene　Mutation　sCNA　Outcome

Gene Expression:

A1BG ◄—— 输入基因

Immune Infiltrates:

T cell CD8+ ◄—— 免疫细胞类型

Submit

Instruction: Gene module allows users to select any gene of interest and visualize the correlation of its expression with immune infiltration level in diverse cancer types. Once your interested gene and immune infiltrates submitted, a heatmap with numbers will show the purity-adjusted spearman's rho across various cancer types. When you click your interested cell on the heatmap, a scatter plot will pop out to present the relationship between infiltrates estimation value and gene expression. Tumor purity is a major confounding factor in this analysis, since most immune cell types are negatively correlated with tumor purity. Therefore, we recommend users to select the "Purity Adjustment" option, which will use the partial Spearman's correlation to perform this association analysis. Specially, for methods like EPIC and quanTIseq, which provide cell fractions referred to total cells, tumor purity and immune infiltration are necessarily negatively correlated, hence there is no need to adjust purity for the asscociation analysis using the estimations from EPIC and quanTIseq.

图 13-2　基因输入和免疫细胞类型选择页面

cancer	T cell CD8+ TIMER	T cell CD8+ EPIC	T cell CD8+ MCP-COUNTER	T cell CD8+ CIBERSORT	T cell CD8+ CIBERSORT-ABS	T cell CD8+ QUANTISEQ	T cell CD8+ XCELL	T cell CD8+ naive XCELL	T cell CD8+ central memory XCELL	T cell CD8+ effector memory XCELL
ACC (n=79)	0.051	-0.193	0.154	0.193	0.268	0.164	0.128	-0.048	0.167	0.195
BLCA (n=408)	0.096	-0.151	0.234	0.016	0.129	0.144	0.068	0.02	0.026	0.027
BRCA (n=1100)	-0.095	-0.146	-0.067	0.106	-0.004	-0.076	-0.122	-0.018	-0.166	0.031
BRCA-Basal (n=191)	-0.104	-0.171	-0.056	0.063	-0.022	-0.079	0.007	0.036	-0.093	-0.029
BRCA-Her2 (n=82)	0.005	0.086	0.144	0.076	0.125	0.122	0.073	0.242	0.095	0.35
BRCA-LumA (n=568)	-0.236	-0.1	0.061	0.221	0.102	0.031	-0.03	-0.079	-0.093	0.061
BRCA-LumB (n=219)	-0.257	-0.211	-0.04	-0.002	-0.092	-0.082	-0.076	-0.007	-0.229	0.056
CESC (n=306)	-0.025	0.042	0.141	0.065	0.125	0.131	0.153	0.111	0.105	0.131
CHOL (n=36)	-0.106	-0.339	0.007	-0.009	-0.128	-0.076	-0.052	-0.227	-0.244	0.136
COAD (n=458)	0.164	-0.181	0.241	-0.023	0.288	0.236	0.146	-0.162	0.216	0.155

图 13-3　*A1BG* 基因表达与多种肿瘤类型中免疫浸润水平的相关性

4.点击单元格,得到 *A1BG* 浸润估计值与基因表达之间的关系结果可视化图,并且数据和图也可以下载(图 13-4)。一般 *P* 值小于 0.05 时,在统计学上是有意义的。*P* 值小于 0.05 时,Rho 绝对值越大结果越显著。

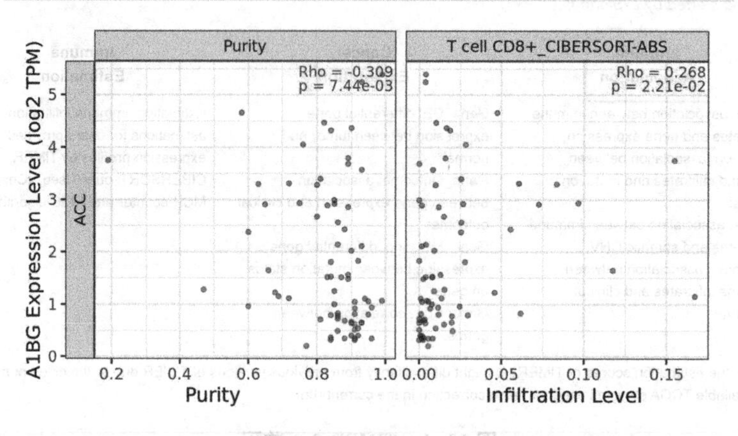

图 13-4　*A1BG* 浸润估计值与基因表达之间的相关性散点

RHo 为正值时表示 *A1BG* 基因表达与多种肿瘤类型中免疫浸润水平呈正相关;RHo 为负值时表示 *A1BG* 基因表达与多种肿瘤类型中免疫浸润水平呈负相关

(二)突变状态与免疫浸润间的相关性

依次选择 Mutation→输入基因如 *TP*53→选择免疫细胞类型如 Tcell CD8+→Submit,得到每种肿瘤类型的基因突变结果可视化条形图(图 13-5)。

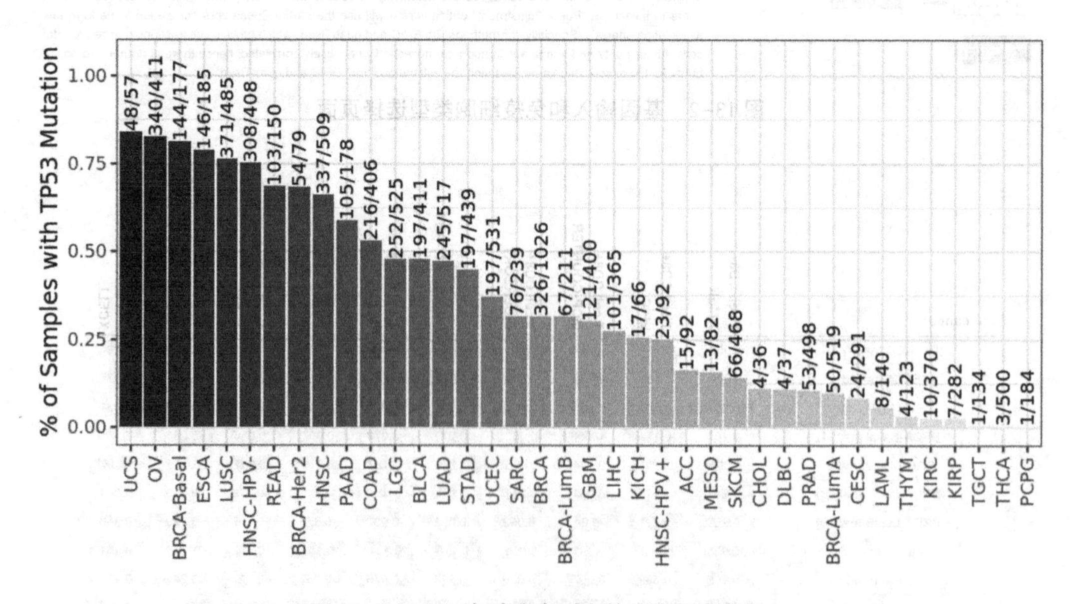

图 13-5　*TP*53 在肿瘤类型中的突变频率条形

(三)体细胞 CNV 与免疫浸润间的关联

选择 sCNA→输入基因如 *A2M*→免疫细胞类型如 T cellCD8+→选择突变状态如扩增 High Amplification→点击 Submit,得到基因 *A2M* 在泛癌种中的不同 sCNA 状态的相对比例的堆积条形图(图 13-6)。

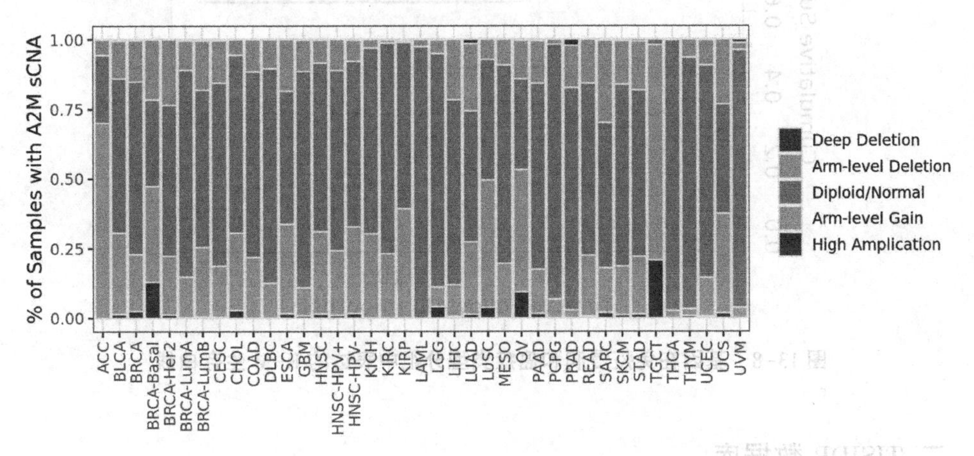

图 13-6　*A2M* 在泛癌种中的不同 sCNA 状态的相对比例的堆积条形图

(四)免疫浸润与临床结果的关联

1.OUTCOM 通过校正多变量 Cox 比例风险模型中的多个协变量,得到每个模型的标准化浸润系数。按照前面的方法,得到每个模型的标准化浸润系数结果可视化热图(图 13-7)。

cancer	T cell CD8+ TIMER	T cell CD8+ EPIC	T cell CD8+ MCP-COUNTER	T cell CD8+ CIBERSORT	T cell CD8+ CIBERSORT-ABS	T cell CD8+ QUANTISEQ	T cell CD8+ XCELL	T cell CD8+ naive XCELL	T cell CD8+ central memory XCELL	T cell CD8+ effector memory XCELL
ACC (n=79)	3.317	-1.909	2.198	-0.271	2.507	1.237	-0.498	-1.1	0.178	1.654
BLCA (n=408)	1.643	2.744	0.522	-2.236	-2.424	-0.23	-2.849	-0.293	-2.726	-2.431
BRCA (n=1100)	-0.071	1.113	-0.407	-1.839	-1.391	-1.173	-1.418	-1.921	-1.924	-1.384
BRCA-Basal (n=191)	-0.777	0.277	1.122	-0.77	-0.712	0.183	-0.495	0.364	-0.97	-1.165
BRCA-Her2 (n=82)	-1.194	2.139	0.124	0.596	-0.176	-0.237	-0.74	0.356	-0.518	-0.037
BRCA-LumA (n=568)	-0.179	2.024	-1.225	-2.281	-0.773	-1.04	-0.46	-1.198	-1.268	-0.105
BRCA-LumB (n=219)	1.105	-0.991	-0.907	-0.614	-1.112	-0.698	-0.844	-2.467	-0.766	-0.73
CESC (n=306)	-1.578	-1.743	-1.065	-3.278	-2.746	-1.855	-2.261	-1.514	-2.438	-2.768
CHOL (n=36)	0.425	0.718	1.752	1.756	1.457	1.727	0.559	-0.684	1.159	1.046
COAD (n=458)	0.061	-0.929	0.247	0.725	0.704	0.503	1.222	0.804	0.736	0.791

图 13-7　每个模型的标准化浸润系数结果可视化热图

2.点击单元格,得到相应免疫浸润和癌症类型的 K-M 生存曲线,左侧栏可根据浸润水平调整高低从而进行分组(图 13-8)。

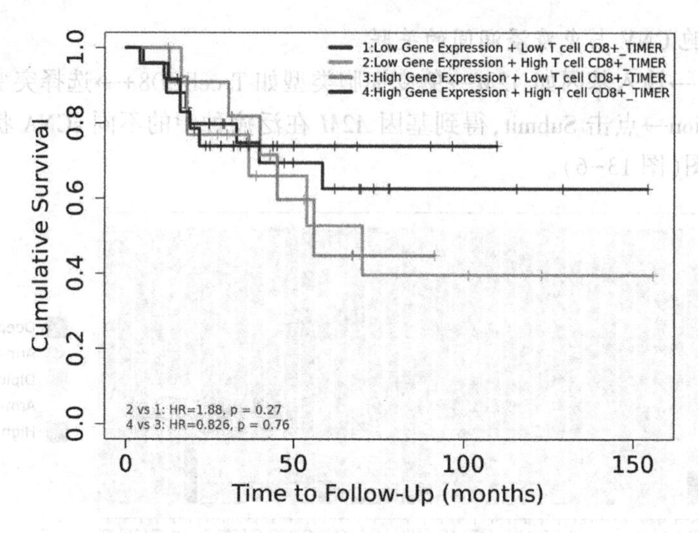

图 13-8　基因在免疫浸润和癌症类型分组中表达的 K-M 生存曲线

二、TISIDB 数据库

TISIDB(an integrated repository portal for tumor−immune system interactions)是一个肿瘤免疫相关数据的数据库。首先,数据库囊括 2 530 种出版物中的 4 176 条记录,记录了 988 个与抗肿瘤免疫相关的基因。其次,高通量筛选和基因组图谱数据结合分析与 T 细胞杀伤或免疫治疗相关的基因。此外,针对 30 种肿瘤,预先计算基因与免疫功能(例如淋巴细胞、免疫调节剂和趋化因子)之间的相关性。

1.进入 TISIDB 数据库首页(http://cis.hku.hk/TISIDB/),以 CD274 为例,点击 Submit(图 13-9)。

Welcome to TISIDB

The interaction between tumor and immune system plays a crucial role in cancer initiation, progression, and treatment. Cytolytic immune cells (T/NK cells) originally aim to recognize and kill cancer cells, whereas tumor tissue is capable of shaping the surrounding microenvironment to facilitate immune evasion. In particular, tumors can disrupt T/NK cell infiltration, T/NK cell function, and antigen presentation through soluble and cell-surface mediators (e.g. PD-L1) and immunosuppressive cells such as regulatory T cells (Tregs) and myeloid-derived suppressor cells (MDSCs). Therefore, elucidation of tumor and immune cell interplay would assist both the prediction of immunotherapy responses and the development of novel immunotherapy targets.

TISIDB is a web portal for tumor and immune system interaction, which integrates multiple heterogeneous data types. They pertain to:

- Literature mining results from PubMed database.
- High throughput screening data (e.g. CRISPR-Cas9, shRNA and RNAi) for detecting resistance and sensitivity of tumor cells to T cell-mediated killing.
- Exome and RNA sequencing data set of patient cohorts with immunotherapy (responders and non-responders).
- Genomics, transcriptomics and clinical data of 30 cancer types from The Cancer Genome Atlas (TCGA).
- Public databases, including UniProt, GO, DrugBank etc.

These data are integrated into ten categories of information for each gene. Click here for more details. We believe TISIDB would become a valuable resource for cancer immunology research and therapy.

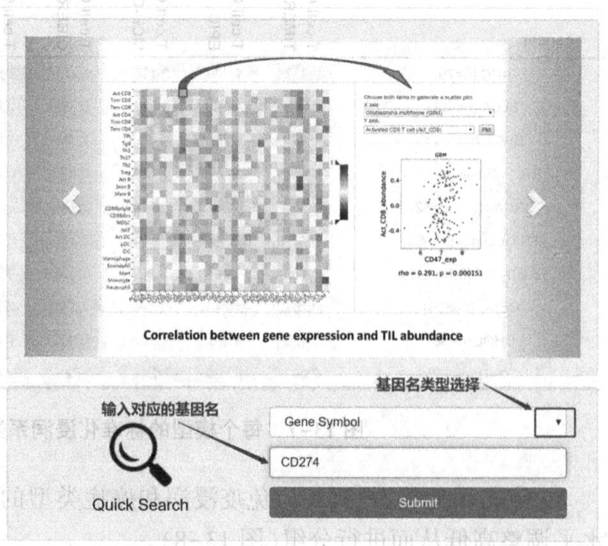

图 13-9　TISIDB 数据库首页

2.得到关于基因 *CD274* 的搜索结果,点击 *CD274*(图 13-10)。

Search Result

Symbol	Name	Aliases
CD274	CD274 molecule	B7-H; B7H1; PD-L1; PDL1; B7-H1; B7 homolog 1; PDCD1LG1; programmed cell death 1 ligand 1; CD274 antigen; PDCD1L1; PDCD1 ligand 1; CD antigen CD274; Programmed death ligand 1

点击

图 13-10　*CD274* 搜索结果页面

3.点击 *CD274* 后,进入免疫特征界面。根据实际需要选择任意一个免疫特征(图 13-11)。

Function　Literature　Screening　Immunotherapy　Lymphocyte　Immunomodulator　Chemokine　Subtype　Clinical　Drug

免疫特征

Summary	
Symbol	CD274
Name	CD274 molecule
Aliases	B7-H; B7H1; PD-L1; PDL1; B7-H1; B7 homolog 1; PDCD1LG1; programmed cell death 1 ligand 1; CD274 antigen; PDC ......
Chromosomal Location	9p24.1
External Links	HGNC, NCBI, Ensembl, Uniprot, GeneCards
Content	Basic function annotation. > Subcellular Location, Domain and Function > Gene Ontology > KEGG and Reactome Pathway

图 13-11　免疫特征选择页面

4.根据实际需要选择一个免疫特征(Lymphocyte)、癌症类型和细胞类型(图 13-12)。

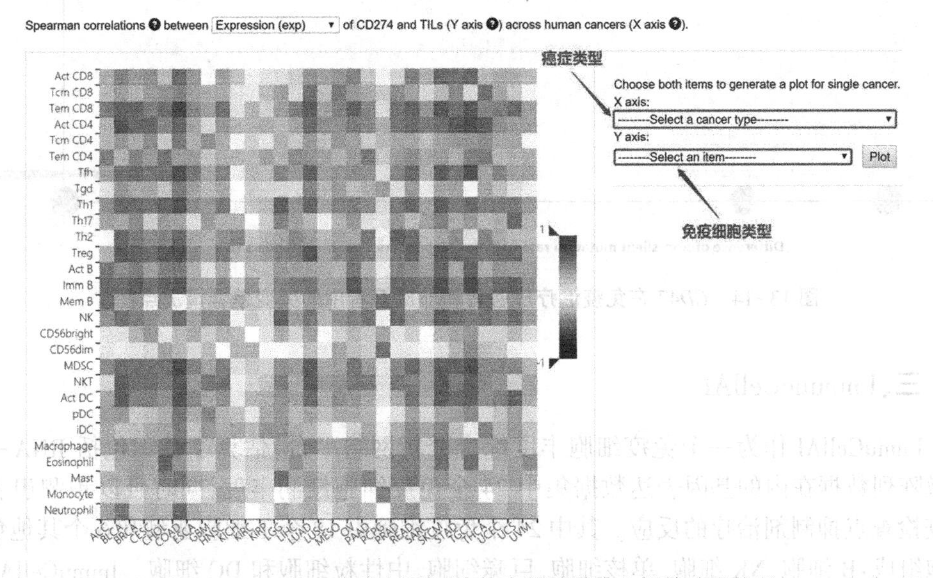

图 13-12　*CD274* 表达与不同的免疫浸润细胞之间的关系热图

5.根据实际需要选择免疫治疗(immunotherpy)。

(1)各种数据集中免疫治疗应答者和非应答者之间 *CD*47 的表达差异(图 13-13)。

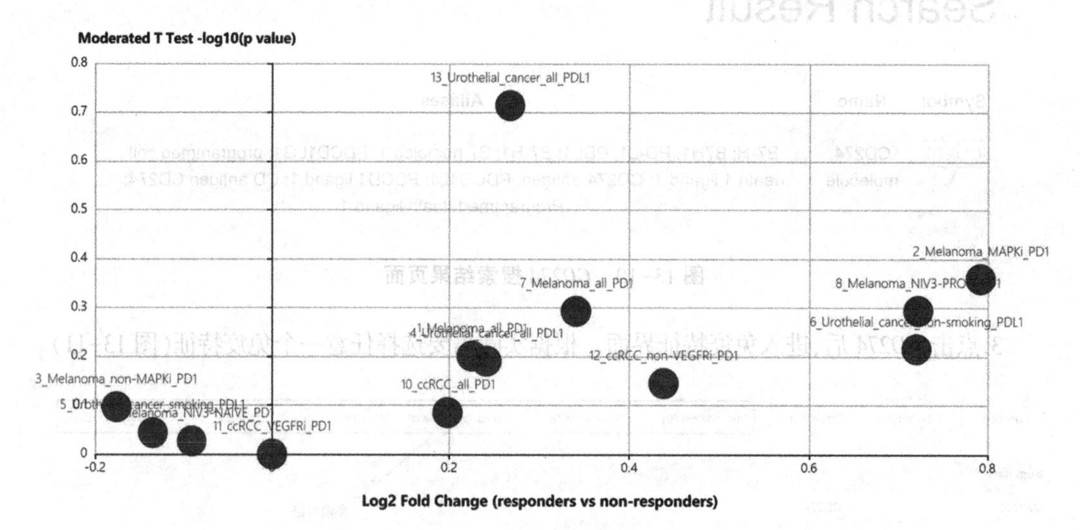

图 13-13　*CD*274 在免疫治疗应答者和非应答者表中的表达差异情况点图

(2)各种数据集中免疫治疗应答者和非应答者之间 *CD*47 的突变差异(图 13-14)。

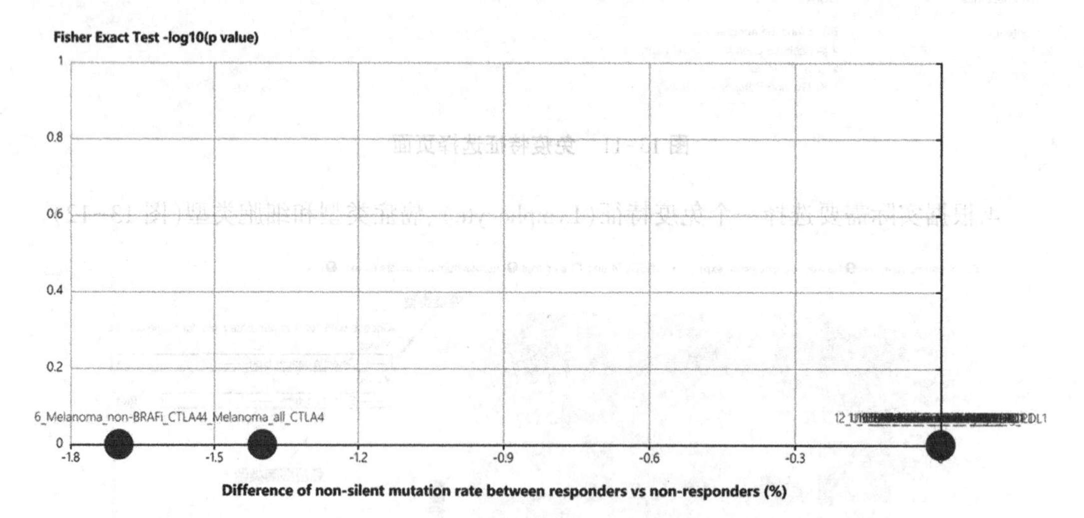

图 13-14　*CD*47 在免疫治疗应答者和非应答者中的突变差异情况点图

三、ImmuneCellAI

ImmuCellAI 作为一个免疫细胞丰度综合分析网络平台,估算了基于包括 RNA-Seq 和微阵列数据在内的基因表达数据集中 24 个免疫细胞浸润丰度,同时可以预测患者对免疫检查点抑制剂治疗的反应。其中 24 个免疫细胞由 18 个 T 细胞亚型和 6 个其他免疫细胞组成:B 细胞、NK 细胞、单核细胞、巨噬细胞、中性粒细胞和 DC 细胞。ImmuCellAI 可以分析用户的数据,如何进行分析可参考 ImmuCellAI 中的 Document(http://bioinfo.life.

hust.edu.cn/ImmuCellAI#!/document)。下面主要介绍ImmuneCellAI中的Resource模块的功能。该模块允许用户研究整个TCGA肿瘤中感兴趣的免疫细胞类型在肿瘤和邻近正常组织之间的差异表达，而且使用箱形图显示免疫细胞浸润水平的分布和使用Wilcoxon检验评估差异表达的统计学意义以及免疫细胞在肿瘤中的生存分析。

(一)浸润差异分析

1.进入网站首页(http://bioinfo.life.hust.edu.cn/ImmuCellAI#!/)，依次选择Resource→Diff.Inftration→选择免疫细胞类型如CD4 naive和CD8 naive(可多选)→Submit(图13-15)。

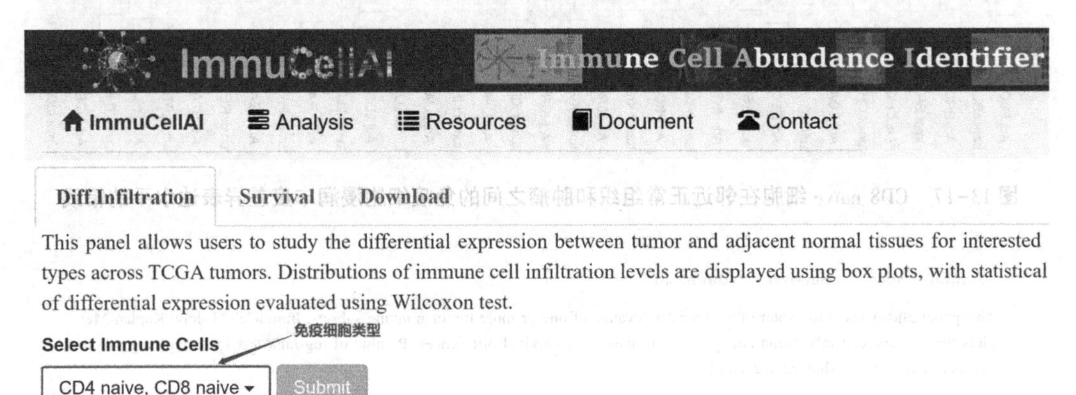

图13-15 选择免疫细胞类型页面

2.得到整个TCGA肿瘤中的CD4 naive和CD8 naïve细胞在邻近正常组织和肿瘤之间的免疫细胞浸润丰度差异表达情况(图13-16，图13-17)。

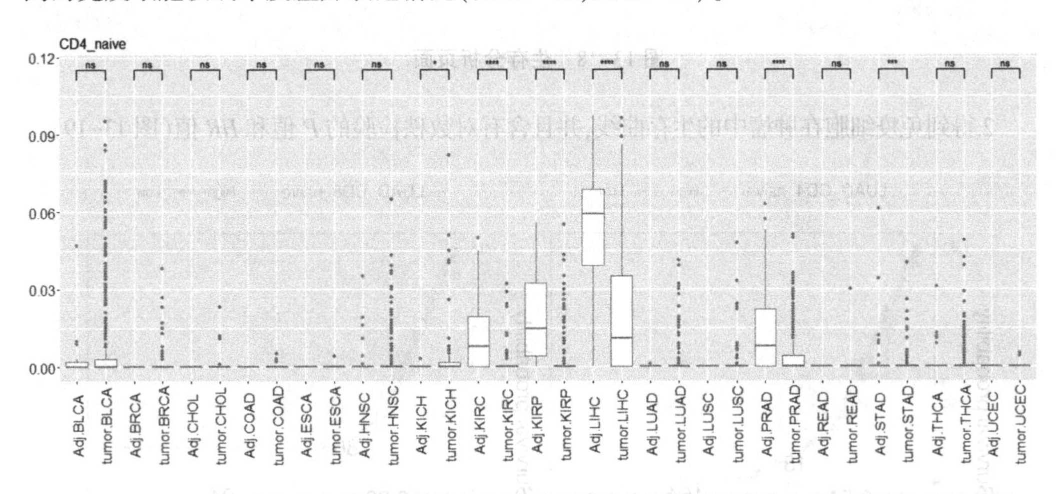

图13-16 CD4 naive细胞在邻近正常组织和肿瘤之间的免疫细胞浸润丰度差异表达水平的箱线

(二)免疫细胞在肿瘤中的生存分析

1.依次选择Survival→癌症类型如LUAD(可多选)→免疫细胞类型如CD4 nive和CD8 naïve(可多选)→Submit(图13-18)。

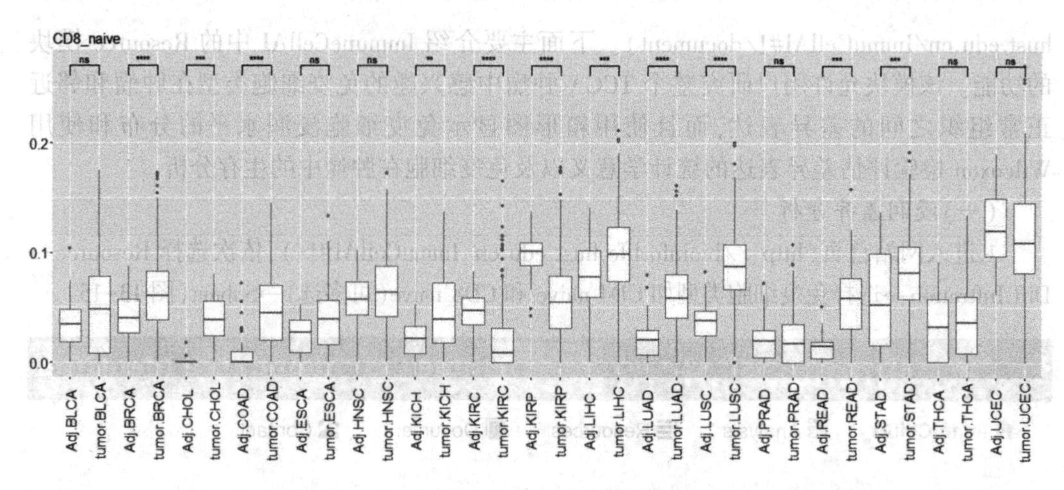

图 13-17　CD8 naïve 细胞在邻近正常组织和肿瘤之间的免疫细胞浸润丰度差异表达水平的箱线

Diff.Infiltration　**Survival**　**Download**

This panel allows users to explore the clinical relevance of one or more tumor immune subsets, ImmuCellAI draw Kaplan-Mei plots for immune cell infiltration and genes to visualize the survival differences. P value of log-rank test for comparing surviv curves of two group is showed in each plot.

Besides, with the flexibility to correct for multiple covariates in a multivariable Cox proportional hazard model. Covariates incluc clinical factors (age, gender, tumor stages) and immune cell infiltration. After all parameters are defined, ImmuCellAI outputs tl Cox regression results including hazard ratios and statistical significance automatically.

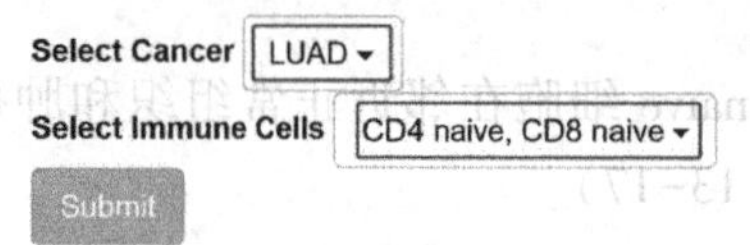

图 13-18　生存分析页面

2.得到免疫细胞在肿瘤中的生存曲线,并且含有对数秩检验的 *P* 值和 *HR* 值(图 13-19)。

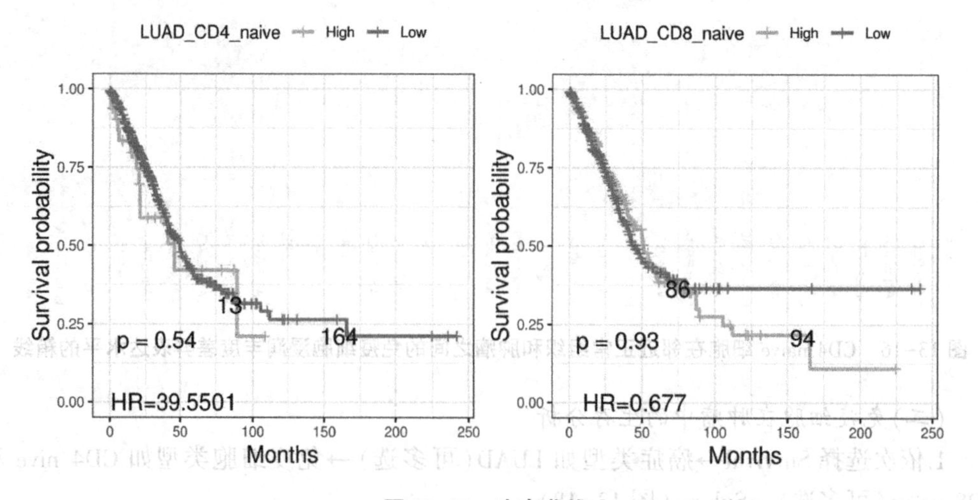

图 13-19　生存曲线

四、其他免疫分析的网络平台

除了上面说到的关于做肿瘤免疫分析的平台外，还有 TCIA、EPIC、xCell、CIBERSORT 和 R 包 estimate 等(表 13-1)。

表 13-1　免疫分析网络平台

名称	方法	细胞类型	网址
TCIA	Constrained least square regression	6 immune cell type, fibroblasts, endothelial cells and uncharacterized cells	https://tcia.at/home
xCell	ssGSEA		https://xcell.ucsf.edu/
EPIC	Constrained least square regression	6 immune cell type, fibroblasts, endothelial cells and uncharacterized cells	https://gfellerlab. shinyapps. io/EPIC_1-1/
cibersort	Nu surport vector regression	Sixtumor-infiltrating immune cell types (B cells, CD4 T cells, CD8 T cells, neutrophils, macrophages, and dendritic cells	https://cibersort.stanford.edu/

第十四章 靶基因预测

一、miRNA 靶基因预测

(一)TargetScan

当我们得到差异的 miRNA 时能做什么分析呢,除了在第七章中讲到的富集分析,还可以做靶基因预测。哺乳动物中的 miRNA 通过结合转录本序列的 3' UTR 区,从而发挥转录后调控作用。TargetScan 是一个专门分析哺乳动物 miRNA 靶基因的软件,并且根据已有的分析结果整理成了数据库,网址为 http://www.targetscan.org/vert_72/。

1.以人类已现有的 miR-9-5p 为示例(图 14-1),最好在(3)中找到 miR-9-5p,如果找不到在(4)中找,找不到就在(7)处输入 miR-9-5p,点击提交。

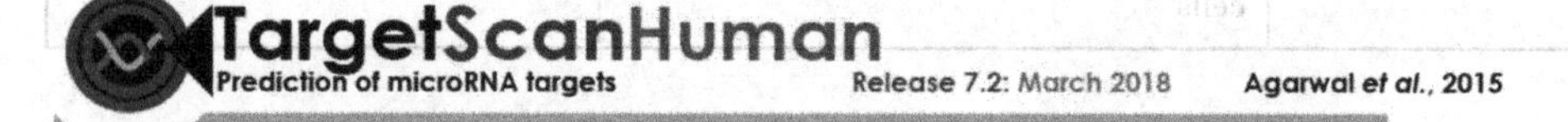

图 14-1 TargetScan 数据库首页

(1)物种选择;(2)靶基因输入处,基因名、Ensembl 基因或者转录本 ID;(3)选择广泛保守的 miRNA 家族(种间);(4)选择广泛保守的 miRNA 家族(种间);(5)选择被数据库注释,但种间保守性差;(6)选择被其他数据库注释,但种间保守性差;(7)miRNA 输入处。

2.预测到共有 1 388 个转录本存在着基因 miR-9-5p 的保守结合位点,包括 1594 conserved sites 和 530 poorly conserved sites。每一行仅显示一个转录本,当得分相同时,根据聚腺苷酸端测序标签数目,显示 3' UTR 最长的那一个转录本(图 14-2)。注意:由于版本的更新可能导致(2)到(6)选项不能选择,不过不影响靶基因的预测,选择默认即可。

TargetScanHuman
Prediction of microRNA targets
Release 7.2: March 2018 Agarwal et al., 2015

Human | miR-9-5p
1388 transcripts with conserved sites, containing a total of **1594** conserved sites and **530** poorly conserved sites.
Please note that these predicted targets include some false positives. [Read more]
Genes with only poorly conserved sites are not shown. [View top predicted targets, irrespective of site conservation]
Table sorted by cumulative weighted context++ score [Sort table by aggregate P_{CT}]
The table shows at most one transcript per gene, selected for being the most prevalent, based on 3P-seq tags (or the one with the longest 3' UTR, in case of a tie). [Download table]

Target gene	Representative transcript	Gene name	Number of 3P-seq tags supporting UTR + 5 (1)	Link to sites in UTRs (2)	Conserved sites total (3)	Conserved sites 8mer	Conserved sites 7mer-m8	Conserved sites 7mer-A1	Poorly conserved sites total	Poorly conserved sites 8mer	Poorly conserved sites 7mer-m8	Poorly conserved sites 7mer-A1	6mer sites (4)	Representative miRNA	Cumulative weighted context++ score (5)	Total context++ score	Aggregate P_{CT}	Previous TargetScan publication(s)
ONECUT2	ENST00000491143.2	one cut homeobox 2	847	Sites in UTR	13	8	2	3	7	0	4	3	3	hsa-miR-9-5p	-5.06	-5.98	> 0.99	2003, 2007, 2009, 2011
YBX3	ENST00000279550.7	Y box binding protein 3	631	Sites in UTR	2	2	0	0	0	0	0	0	0	hsa-miR-9-5p	-1.23	-1.25	0.92	2005, 2007, 2009, 2011
LYVE1	ENST00000256178.3	lymphatic vessel endothelial hyaluronan receptor 1	5	Sites in UTR	1	1	0	0	3	1	1	1	2	hsa-miR-9-5p	-1.15	-1.15	0.50	2009, 2011
POU2F1	ENST00000367866.2	POU class 2 homeobox 1	83	Sites in UTR	6	4	2	0	3	0	2	1	5	hsa-miR-9-5p	-1.11	-1.20	> 0.99	2011
ONECUT1	ENST00000560699.2	one cut homeobox 1	10	Sites in UTR	13	8	4	1	3	0	1	2	2	hsa-miR-9-5p	-1.09	-4.69	> 0.99	2003, 2005, 2007, 2009, 2011
SLC50A1	ENST00000368404.4	solute carrier family 50 (sugar efflux transporter), member 1	3317	Sites in UTR	2	2	0	0	0	0	0	0	0	hsa-miR-9-5p	-0.95	-0.95	0.98	2007, 2009, 2011
POU6F2	ENST00000518318.2	POU class 6 homeobox 2	5	Sites in UTR	4	0	3	1	0	0	0	0	2	hsa-miR-9-5p	-0.78	-0.78	> 0.99	
TRPM7	ENST00000560955.1	transient receptor potential cation channel, subfamily M, member 7	281	Sites in UTR	2	0	1	1	0	0	0	0	3	hsa-miR-9-5p	-0.77	-1.36	0.99	2005, 2007, 2009, 2011
AP1S2	ENST00000329235.2	adaptor-related protein complex 1, sigma 2 subunit	357	Sites in UTR	2	1	0	1	0	0	0	0	0	hsa-miR-9-5p	-0.71	-0.71	0.99	2005, 2007, 2009, 2011
PDK4	ENST00000005178.5	pyruvate dehydrogenase kinase, isozyme 4	5549	Sites in UTR	1	1	0	0	0	0	0	0	2	hsa-miR-9-5p	-0.66	-0.66	0.77	2005, 2007, 2009, 2011
LDLRAP1	ENST00000374338.4	low density lipoprotein receptor adaptor protein 1	111	Sites in UTR	3	1	2	0	0	0	0	0	1	hsa-miR-9-5p	-0.65	-0.65	> 0.99	2011
CTNNA1	ENST00000518825.1	catenin (cadherin-associated protein), alpha 1, 102kDa	2009	Sites in UTR	1	1	0	0	1	1	0	0	0	hsa-miR-9-5p	-0.65	-0.68	0.75	2009, 2011
C2ORF15	ENST00000302513.2	Uncharacterized protein C2orf15	166	Sites in UTR	1	1	0	0	1	0	1	0	0	hsa-miR-9-5p	-0.64	-0.76	< 0.1	2009, 2011

Bioinformatics and Research Computing TargetScan Release 7.2 Whitehead Institute for Biomedical Research
© 2006-2018 Whitehead Institute for Biomedical Research Questions: barc@wi.mit.edu Compatibility

图 14-2 miR-9-5p 的靶基因预测结果页面

(1)3P-seq 标签数;(2)在 UTR 中的结合位点;(3)保守性和非保守性结合位点中的种子序列配对碱基数;(4)6mer 结合位点数;(5)第一列和第二列。正数:数越大,靶点概率越大;负数:绝对值越大,靶点概率越大。第三列:Pct 值越高,保守性越好。

(二)miRDB

miRDB 数据库可以根据 miRNA 的名称查询 miRNA 的序列。其次,可以根据 miRNA 的名称和高通测序得到的 miRNA 序列预测 miRNA 的靶基因。还可以根据靶基因预测调控靶基因表达的 miRNA,并且可以下载结果。下面主要介绍 miRDB 数据库常用的两个功能模块:Target Search 和 Target Mining。

1.Target Search

(1)进入网站首页(http://mirdb.org/),点击 Target Search(图 14-3)。

1)miRNA 输入处,查询靶基因。

2)靶基因输入处,查询调控靶基因的 miRNA。

(2)在图 14-3 中的(1)处输入 miRNA 如 miR-21-3p,点击 GO,得到预测到的靶基因结果(图 14-4),可以看到共预测到 595 个靶基因,靶基因打分最高的是基因 *STK38L*。

(3)点击 Details,进入靶基因的详细信息页面,可以得到 hsa-miR-21-3p 的序列等信息,以及 hsa-miR-21-3p 可以结合到 *STK38L* 基因的 3' UTR(图 14-5)。

miRDB

Target Search
Target Expression
Target Ontology
Target Mining
Custom Prediction
FuncMir Collection
Data Download
Statistics
Help | FAQ
Comments
Citation | Policy

Choose one of the following search options:

Search by miRNA name

Human ▾ Go Clear (1)

Search by gene target

Human ▾ Gene Symbol ▾ Go Clear (2)

miRDB is an online database for miRNA target prediction and functional annotations. All the targets in miRDB were predicted by a bioinformatics tool, MirTarget, which was developed by analyzing thousands of miRNA-target interactions from high-throughput sequencing experiments. Common features associated with miRNA binding and target downregulation have been identified and used to predict miRNA targets with machine learning methods. miRDB hosts predicted miRNA targets in five species: human, mouse, rat, dog and chicken. Users may also provide their own sequences for custom target prediction using the updated prediction algorithm. In addition, through combined computational analyses and literature mining, functionally active miRNAs in humans and mice were identified. These miRNAs, as well as associated functional annotations, are presented in the FuncMir Collection in miRDB. As a recent update, miRDB presents the expression profiles of hundreds of cell lines and the user may limit their search for miRNA targets that are expressed in a cell line of interest. To facilitate the prediction of miRNA functions, miRDB presents a new web interface for integrative analysis of target prediction and Gene Ontology data.

References:

- Yuhao Chen and Xiaowei Wang (2020) miRDB: an online database for prediction of functional microRNA targets. *Nucleic Acids Research*, 48(D1):D127-D131.

图 14-3 miRDB 首页

There are 595 predicted targets for hsa-miR-21-3p in miRDB.

Target Detail	Target Rank	Target Score	miRNA Name	Gene Symbol	Gene Description
Details	1	99	hsa-miR-21-3p	STK38L	serine/threonine kinase 38 like
Details	2	98	hsa-miR-21-3p	PCDH19	protocadherin 19
Details	3	96	hsa-miR-21-3p	LAMP1	lysosomal associated membrane protein 1
Details	4	96	hsa-miR-21-3p	GRIA2	glutamate ionotropic receptor AMPA type subunit 2
Details	5	96	hsa-miR-21-3p	TOGARAM1	TOG array regulator of axonemal microtubules 1
Details	6	96	hsa-miR-21-3p	ATP1B1	ATPase Na+/K+ transporting subunit beta 1
Details	7	96	hsa-miR-21-3p	TSC22D2	TSC22 domain family member 2
Details	8	96	hsa-miR-21-3p	NAP1L5	nucleosome assembly protein 1 like 5
Details	9	95	hsa-miR-21-3p	UBE4B	ubiquitination factor E4B
Details	10	95	hsa-miR-21-3p	ZNF326	zinc finger protein 326
Details	11	95	hsa-miR-21-3p	CDK8	cyclin dependent kinase 8
Details	12	94	hsa-miR-21-3p	MAP2K4	mitogen-activated protein kinase kinase 4
Details	13	94	hsa-miR-21-3p	AKAP11	A-kinase anchoring protein 11
Details	14	94	hsa-miR-21-3p	GPM6A	glycoprotein M6A
Details	15	94	hsa-miR-21-3p	MAP3K1	mitogen-activated protein kinase kinase kinase 1
Details	16	94	hsa-miR-21-3p	PARD3B	par-3 family cell polarity regulator beta
Details	17	94	hsa-miR-21-3p	ALCAM	activated leukocyte cell adhesion molecule
Details	18	94	hsa-miR-21-3p	FOXO3	forkhead box O3

图 14-4 预测到的靶基因结果

MicroRNA and Target Gene Description:

miRNA Name	hsa-miR-21-3p	**miRNA Sequence**	CAACACCAGUCGAUGGGCUGU
Previous Name	hsa-miR-21*		
Target Score	99	**Seed Location**	466, 2944, 3411
NCBI Gene ID	23012	**GenBank Accession**	NM_015000
Gene Symbol	STK38L	**3' UTR Length**	3516
Gene Description	serine/threonine kinase 38 like		

3' UTR Sequence

```
  1 atgaagataa cattcaccca taaccaagag aactcaggta gctgcatcac caggcttgct
 61 tggcgtagat aacaatacac tgaaatactc ctgaagatgg tggtgcttat tgactacaag
121 aggaaattct acaggattag gatttctaag actactatag gaattggttg gcagtgccag
181 ctggctcttt tttttaatat tttattattt ttgttaactt tattatatga aggtactgga
241 ataaaaggaa cagacatccc tttctaactg cactgcctac atgcgtatta aggtccattc
301 tgcctgtgtg tgctgtggct ttgaactgta acacctctaa tcaattcagg agaaacacat
361 atcatttaaa gcaacatagg ctaacctgta ggtaacactg cagtattgat gttttactgc
421 aaatcttatg ggtctagata atcagtaaaa gccatcttcc atagttggtg ttagaacatt
481 gccctattgg tttggacatc tgtagaatat atatgaagac aatttctgta atggttttaa
541 gagatttaaa aagaaattca ctggttcttt acaaaataga atttatcatc aagttattac
601 acaaacttca cagtaaggag tgacaagttt ataataagga agacaaagtt taacaccttc
661 actcaagcac tccactaata tatttacgtt gcattcagaa atactgatga ccttcatata
```

图 14-5 hsa-miR-21-3p 和 *STK38L* 信息页面

2.Target Mining　Target Mining 可以同时搜索多个 miRNA，分别预测其靶基因。

（1）依次选择 Target Mining→Search miRNAs for gene targets→物种，如 Human→勾选 Example miRNA submission→输入 miRNA，如 hsa-let7a-5p、hsa-miR-625-3p 和 hsa-miR-625-3p→其他默认→点击 GO（图 14-6）。

miRDB

Target Search
Target Expression
Target Ontology
Target Mining
Custom Prediction
FuncMir Collection
Data Download
Statistics
Help | FAQ
Comments
Citation | Policy

Search Multiple miRNAs or Genes
Search miRNAs for gene targets
Search gene targets for miRNAs
Include functional miRNAs only (human and mouse miRNAs in the FuncMir Collection)
Exclude gene targets with less than 60 target prediction score
Exclude miRNAs with more than 2000 predicted targets in genome
Select species: Human
Example miRNA submission　Example target gene submission
hsa-let-7a-5p, hsa-miR-1-3p, hsa-miR-9-3p
Go　Clear

Choose one of the two search options (miRNAs or targets) for target mining. You may provide your own miRNA or gene list. When searching for miRNA gene targets, full mature miRNA names are required. When searching for miRNAs, you may provide either NCBI gene IDs or official gene symbols. If symbols are used in the search, you also need to specify the species. Please use space or comma to separate the entries.

Click here to contact us with questions or comments about this website.

图 14-6　多个 miRNA 靶基因预测输入页面

（2）总共预测到 hsa-let7a-5p、hsa-miR-1-3p 和 hsa-miR-9-3p 的靶基因共 2 309 个（图 14-7）。

Here is the result for 2309 targets from your query.

Target Detail	Target Rank	Target Score	miRNA Name	Gene Symbol	Gene Description
Details	1	100	hsa-miR-1-3p	HACD3	3-hydroxyacyl-CoA dehydratase 3
Details	2	100	hsa-miR-1-3p	MMD	monocyte to macrophage differentiation associated
Details	3	100	hsa-miR-1-3p	SLC44A1	solute carrier family 44 member 1
Details	4	100	hsa-miR-9-3p	ONECUT2	one cut homeobox 2
Details	5	100	hsa-miR-9-3p	DCBLD2	discoidin, CUB and LCCL domain containing 2
Details	6	100	hsa-miR-9-3p	YOD1	YOD1 deubiquitinase
Details	7	100	hsa-miR-9-3p	ITGB1	integrin subunit beta 1
Details	8	100	hsa-miR-9-3p	COL4A3BP	collagen type IV alpha 3 binding protein
Details	9	100	hsa-miR-9-3p	SESN3	sestrin 3
Details	10	100	hsa-let-7a-5p	STARD13	StAR related lipid transfer domain containing 13
Details	11	100	hsa-let-7a-5p	HMGA2	high mobility group AT-hook 2
Details	12	100	hsa-let-7a-5p	IGDCC3	immunoglobulin superfamily DCC subclass member 3
Details	13	100	hsa-let-7a-5p	IGF2BP1	insulin like growth factor 2 mRNA binding protein 1
Details	14	100	hsa-let-7a-5p	FIGNL2	fidgetin like 2
Details	15	100	hsa-let-7a-5p	PRTG	protogenin
Details	16	100	hsa-let-7a-5p	NR6A1	nuclear receptor subfamily 6 group A member 1
Details	17	100	hsa-let-7a-5p	LIN28B	lin-28 homolog B
Details	18	100	hsa-let-7a-5p	ARID3B	AT-rich interaction domain 3B
Details	19	100	hsa-let-7a-5p	C14orf28	chromosome 14 open reading frame 28
Details	20	100	hsa-let-7a-5p	TRIM71	tripartite motif containing 71

图 14-7　miRNA 靶基因预测结果页面

（三）starBase

starBase v3.0 可以从多维测序数据中识别出超过 110 万个 miRNA-ncRNA、250 万个 miRNA-mRNA、210 万个 RBP-RNA 和 150 万个 RNA-RNA 相互作用。并且，基于 32 种

癌症的 10 882 个 RNA-seq 和 10 546 个 miRNA-seq 的基因表达数据，研究人员还能用 starBase v3.0 对 RNA-RNA 和 RNA-RNA 相互作用进行泛癌症分析。starBase v3.0 还允许平台对 miRNA、lncRNA、mRNA、伪基因等进行生存和差异表达分析，功能非常强大。下面主要介绍如何使用 starBase 预测 miRNA 的靶基因及如何根据 miRNA 预测靶基因。

进入官网首页（http://starbase.sysu.edu.cn/）依次选择 miRNA Target→mammal→Genome 选择，如 human→输入 microRNA，如 hsa-let-7a-5p→Gegradome Data 筛选要求即严格度为 high stringency，得到预测结果（图 14-8）。

miRNA	GeneName	PITA	RNA22	miRmap	microT	miRanda	PicTar	TargetScan
hsa-let-7a-5p	GNG5	1[38,0]	0[0,0]	1[38,0]	1[47,3]	1[39,3]	1[38,0]	1[38,0]
hsa-let-7a-5p	ABT1	1[41,0]	0[0,0]	1[41,0]	1[42,1]	1[41,1]	0[0,0]	0[0,0]
hsa-let-7a-5p	CBX5	0[0,0]	0[0,0]	1[38,0]	1[40,0]	0[0,0]	1[38,0]	1[38,0]
hsa-	MAPK6	1[37,0]	0[0,0]	1[37,0]	1[38,1]	1[38,1]	1[37,0]	1[37,0]

图 14-8 靶基因预测结果部分列表

（四）miRWalk

1.进入 miRWalk 首页（http://mirwalk.umm.uni-heidelberg.de/），选择 human→输入 hsa-miR-21-3p→点击 Search（图 14-9）。

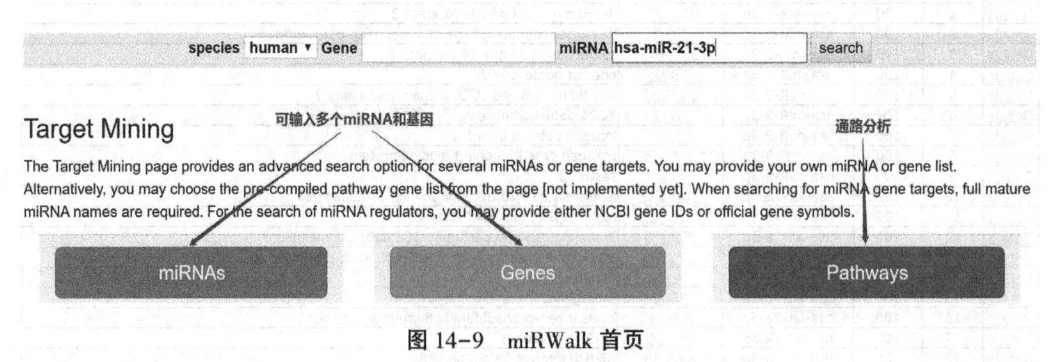

图 14-9　miRWalk 首页

2.得到 hsa-miR-21-3p 的靶基因预测结果，点击 Export 可下载结果（图 14-10）。miRNA 靶基因预测其他网络平台见表 14-1。

Mirna	Refseqid	Genesymbol	Score	Position	Binding Site	Au	Me	N Pairings	Targetscan	Mirdb	Mirtarbase
hsa-miR-21-3p	XM_017009289	HARS2	1.00	CDS	1654,1673	0.54	-10.932	14	—	—	—
hsa-miR-21-3p	NM_144723	ZMAT2	0.85	3UTR	910,928	0.47	-12.134	15	—	—	—
hsa-miR-21-3p	NM_018900	PCDHA1	1.00	CDS	2554,2578	0.43	-9.201	18	—	Link	—
hsa-miR-21-3p	NM_031411	PCDHA1	0.92	CDS	1762,1786	0.38	-9.201	18	—	Link	—
hsa-miR-21-3p	NM_031410	PCDHA1	0.85	CDS	2213,2238	0.34	-11.15	16	—	Link	—
hsa-miR-21-3p	NM_018905	PCDHA2	0.92	CDS	2499,2523	0.4	-9.201	18	—	Link	—
hsa-miR-21-3p	NM_018905	PCDHA2	1.00	CDS	2304,2328	0.29	-7.489	15	—	Link	—
hsa-miR-21-3p	NM_031496	PCDHA2	1.00	CDS	2304,2328	0.29	-7.489	15	—	Link	—

图 14-10 靶基因预测结果页面

表 14-1 miRNA 靶基因预测其他网络平台

名称	网址
RNAhybrid	http://bibiserv.techfak.uni-bielefeld.de/rnahybrid/
Vita	http://vita.mbc.nctu.edu.tw/
Vir-Mir	http://alk.ibms.sinica.edu.tw/cgi-bin/miRNA/miRNA.cgi
miRNAMap	http://mirnamap.mbc.nctu.edu.tw/
PITA	https://genie.weizmann.ac.il/pubs/mir07/mir07_dyn_data.html
mirDIP	http://ophid.utoronto.ca/mirDIP/

二、lncRNA 靶基因预测

(一)starBase

进入官网首页(http://starbase.sysu.edu.cn/)依次选择 RNA-RNA→lncRNA-RNA→mammal→物种选择，如 human→输入 lncRNA，如 H19，得到预测结果，在 Download 处可下载结果(图 14-11)。

ENCORI For RNA Interactomes | Home | miRNA-Target | Degradome-RNA | RNA-RNA | ceRNA-Network | RBP-Target | RBP-Motif | RBP-Disease | Pathway | Pan-Cancer | Web API | Tutorial | Contact

Clade: mammal; Genome: human, mouse; Assembly: hg19; Query Gene: H19; Interact Num; Experiment Num

Quick Search | mammal | human | Interactions: >= 1 | Experiments: >= 1

RNA-RNA: sncRNA-RNA | lncRNA-RNA | mRNA-RNA | pseudogene-RNA | miRNA-RNA

The lncRNA-RNA Interation Ne… Download: EXCEL TXT

Show/Hide Columns Search:

GeneID	GeneName	GeneType	PairGeneID	PairGeneName	PairGeneType	Interactions	ExpNum	SeqTypeNum	TotalReads	FreeEnergy	Align:
ENSG00000130600	H19	processed_transcript	Entrez100008588	RNA18N5	rRNA	3	2	2	6	-49.1	25.0
ENSG00000130600	H19	processed_transcript	ENSG00000100697	DICER1	protein_coding	1	1	1	1	-32.2	21.0
ENSG00000130600	H19	processed_transcript	ENSG00000101191	DIDO1	protein_coding	1	1	1	2	-23.9	16.0
ENSG00000130600	H19	processed_transcript	ENSG00000107485	GATA3	protein_coding	1	1	1	1	-45.0	26.0
ENSG00000130600	H19	processed_transcript	ENSG00000115457	IGFBP2	protein_coding	1	1	1	1	-33.5	20.0
ENSG00000130600	H19	processed_transcript	ENSG00000069275	NUCKS1	protein_coding	1	1	1	1	-44.8	25.0
ENSG00000130600	H19	processed_transcript	ENSG00000115827	DCAF17	protein_coding	1	1	1	2	-48.1	23.5
ENSG00000130600	H19	processed_transcript	ENSG00000123143	PKN1	protein_coding	1	1	1	2	-46.0	26.0
ENSG00000130600	H19	processed_transcript	ENSG00000137054	POLR1E	protein_coding	1	1	1	2	-62.1	37.0
ENSG00000130600	H19	processed_transcript	ENSG00000141753	IGFBP4	protein_coding	1	1	1	1	-75.5	55.0
Search	Search	Search	Search	Search	Search	Search	Searc	Search	Search	Search	Sear

图 14-11 lncRNA 靶基因预测页面

（二）lncRNA2Target v2.0

1.进入官网 lncRNA2Target v2.0 官网首页（http://123.59.132.21/lncrna2target/），依次点击 Search→选择物种 Human→输入 LncRNA，如 H19→点击 Submit（图 14-12）。

哈爾濱工業大學 HARBIN INSTITUTE OF TECHNOLOGY LncRNA2Target v2.0 哈尔滨医科大学 HARBIN MEDICAL UNIVERSITY

Home Browse Search Download Submit

Search

LncRNA-Target

Species: Human

Input type: LncRNA Entrez ID/Symbol

Fuzzy search: H19

Submit

Examples:

Target gene: CDKN1A

LncRNA name: HOTAIR

LncRNA Ensembl ID: ENSG00000228630

LncRNA Location: chr12:53962308-53974956

Target genes were defined as the differentially expressed genes after lncRNA knockdown or overexpression or validated by immunoprecipitation assays, RNA pull down assays or luciferase reporter assays.

• Users can obtain the target genes affected by a lncRNA by searching the lncRNA entrez gene ID or symbol

• Users can obtain the regulatory lncRNAs of a specific target gene by searching the target entrez gene ID or symbol

图 14-12 lncRNA2Target v2.0 首页

2.得到 H19 预测的靶基因（图 14-13）。

Target genes of the lncRNA **H19** was inferred from the low-throughput experiments such as **immunoprecipitation assays, RNA pull down assays, luciferase reporter assays RT-qPCR and western blot**:

Target gene	LncRNA experiment	Tissue	Cell line	Disease state	Reference (PMID)
COL2A1	Knockdown	Bone	HACs	Normal	20529846
BAX	Overexpression	Stomch	AGS	Gastric cancer (GC)	22776265
MIR141	Knockdown, Overexpression	Liver	SMMC7721 and HCCLM3	Hepatocellular carcinoma (HCC)	23222811
MIR200A	Knockdown, Overexpression	Liver	SMMC7721 and HCCLM3	Hepatocellular carcinoma (HCC)	23222811
MIR200B	Knockdown, Overexpression	Liver	SMMC7721 and HCCLM3	Hepatocellular carcinoma (HCC)	23222811
MIR200C	Knockdown, Overexpression	Liver	SMMC7721 and HCCLM3	Hepatocellular carcinoma (HCC)	23222811
MIR429	Knockdown, Overexpression	Liver	SMMC7721 and HCCLM3	Hepatocellular carcinoma (HCC)	23222811

图 14-13 lncRNA 靶基因预测结果页面

三、circRNA 靶基因预测

（一）Circular RNA Interactome

进入官网首页（https://circinteractome.nia.nih.gov/circular_rna.html）依次选择 miRNA Target Sites→Step1: Enter your circRNA of interest→miRNA Target Search，得到预测结果

(图 14-14)。

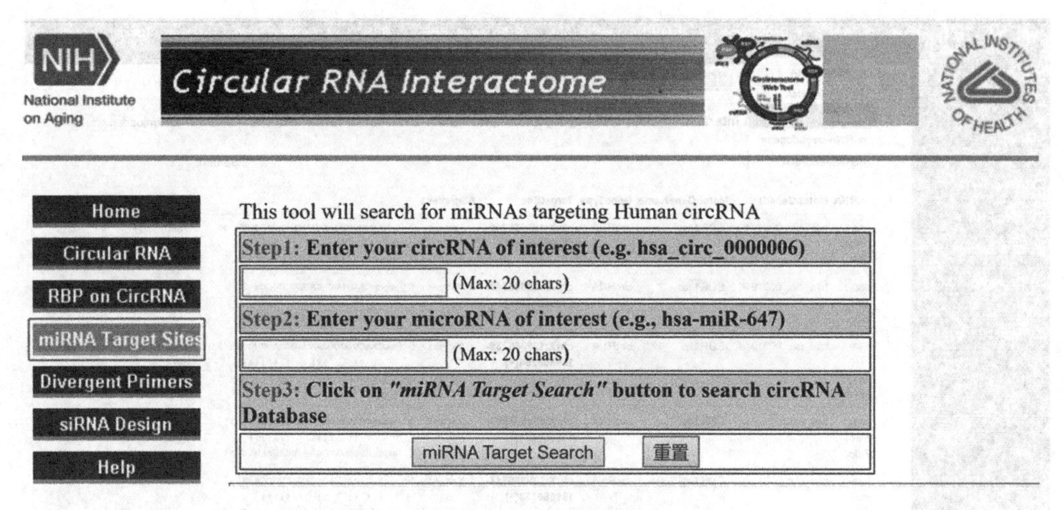

图 14-14　circRNA 靶基因预测页面

(二)Cancer-Specific CircRNA Database

进入官网首页(http://gb.whu.edu.cn/CSCD/),在搜索框位置输入 circRNA 的染色体位置,在癌症特异框中可以选择 Cancer-specific 或 Normal 或 Commen,在 MRE 处可以得到预测的 miRNA(图 14-15)。

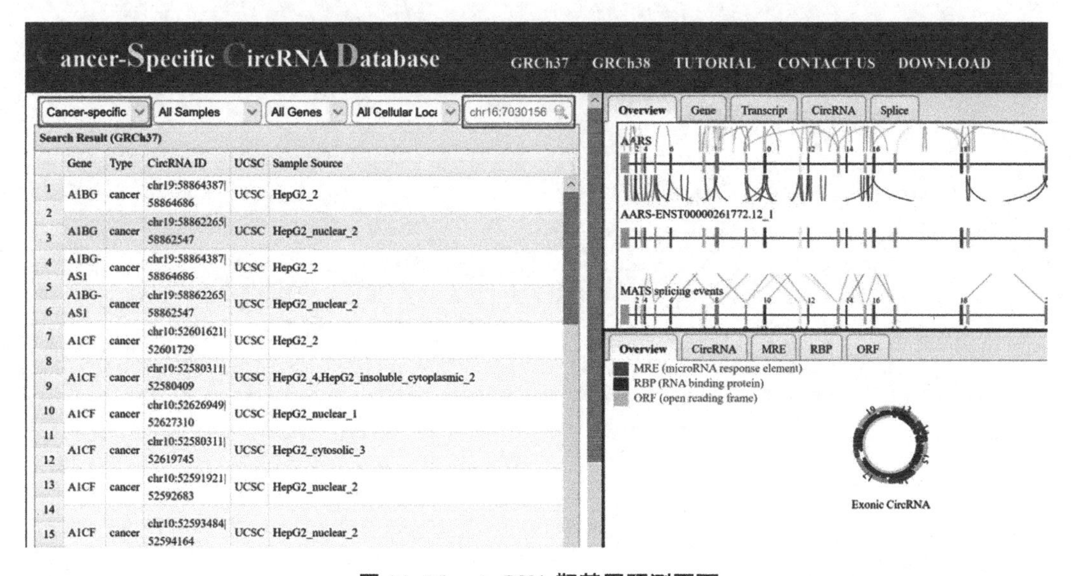

图 14-15　circRNA 靶基因预测页面

(三)starBase

进入官网首页(http://starbase.sysu.edu.cn/index.php),依次选择 miRNA-Target→miRNA-circRNA→物种选择 human→输入 circRNA 得到结果,在 Download 处可下载结果

(图 14-16)。

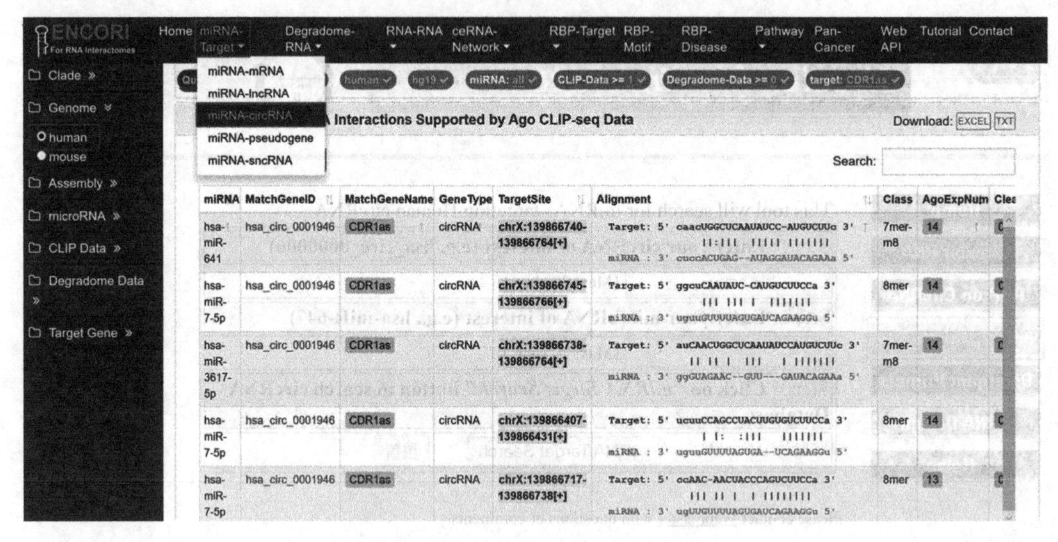

图 14-16　circRNA 靶基因预测页面

第十五章　基因共表达网络分析

基因共表达网络(GeneCo-expreesion Network)是用来展现基因间相互作用关系的一种手段,是基于基因间表达数据而构建的调控网络图。

一、Coexpedia

Coexpedia 搜集了 GEO 数据库中人和小鼠的测序数据,对每个数据集单独进行了共表达分析,然后将所得的共表达关系汇总构建成数据库。该数据提供了 Human 和 Mouse 单基因和多基因共表达网络分析,多基因共表达网络分析与单基因方法类似,下面主要介绍如何进行 Human 单基因共表达网络分析。

1.进入网站首页(http://www.coexpedia.org/),点击 Search,输入基因如 *PIEZO1*,点击 Submit(图 15-1)。

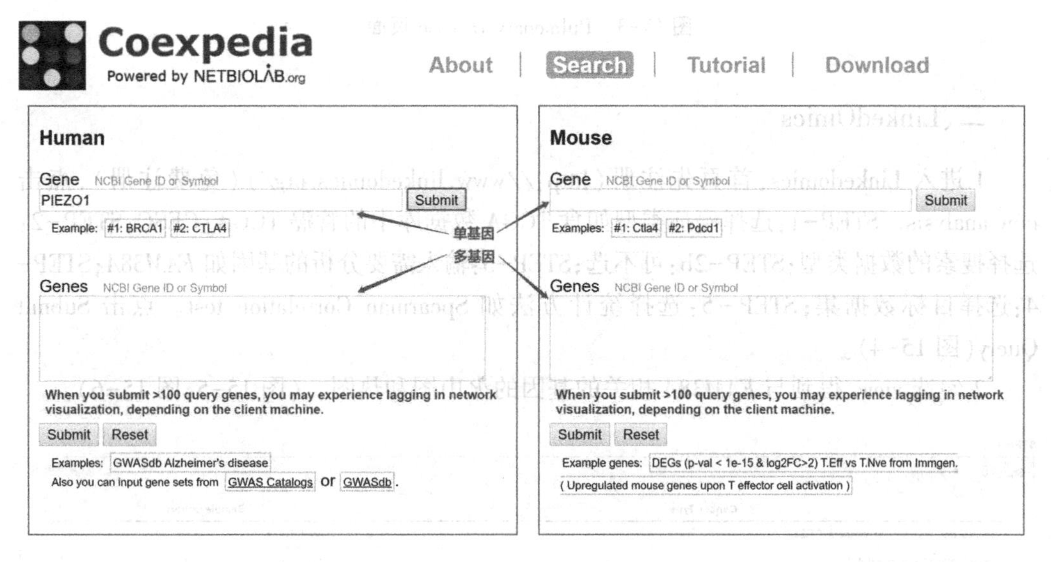

图 15-1　共表达分析页面

2.与目标基因 *PIEZO1* 存在共表达关系的基因列表,根据共表达关系的得分排序,得分是该 pair 在所有数据集中的得分之和。数据库中还提供了 Gene Ontology-Biological Process(GO-BP)注释和 DiseaseOntology(DO)注释;按照不同 MeSH(Medical subject heading)条目进行分类的结果(图 15-2)。

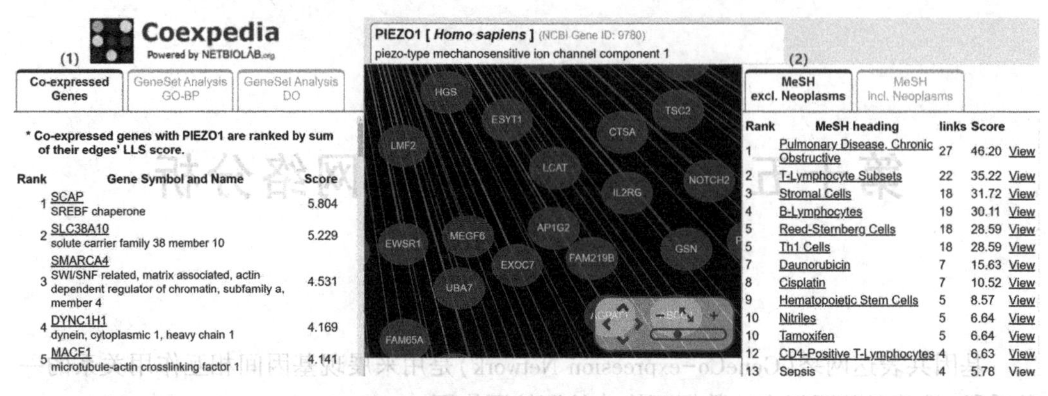

图 15-2　与 *PIEZO1* 共表达基因结果页面

3.选中 Pulmonary Disease，点击 View，即可查看在 Pulmonary Disease 相关研究中得到的共表达关系）（图 15-3）。

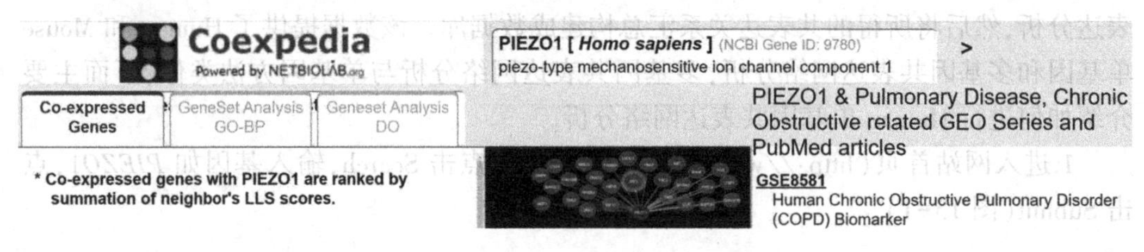

图 15-3　Pulmonary Disease 页面

二、LinkedOmics

1.进入 Linkedomics，首页先注册（http://www.linkedomics.org/）（免费注册），点击 new analysis。STEP-1：选择癌症类型如食 TCGA 数据库中的管癌 TCGA_CESC；STEP-2：选择搜索的数据类型；STEP-2b：可不选；STEP-3：输入需要分析的基因如 *FAM38A*；STEP-4：选择目标数据集；STEP-5：选择统计方法如 Spearman Correlation test。点击 Submit Query（图 15-4）。

2.勾选 view，得到与 *FAM38A* 相关的基因的火山图和热图。（图 15-5，图 15-6）。

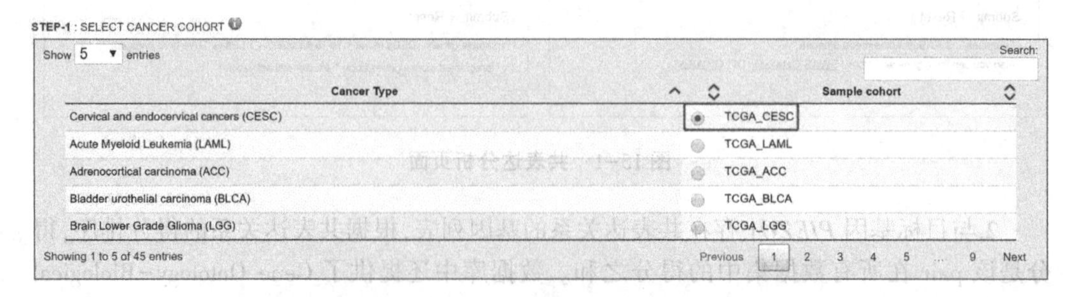

图 15-4　共表达分析页面（1）

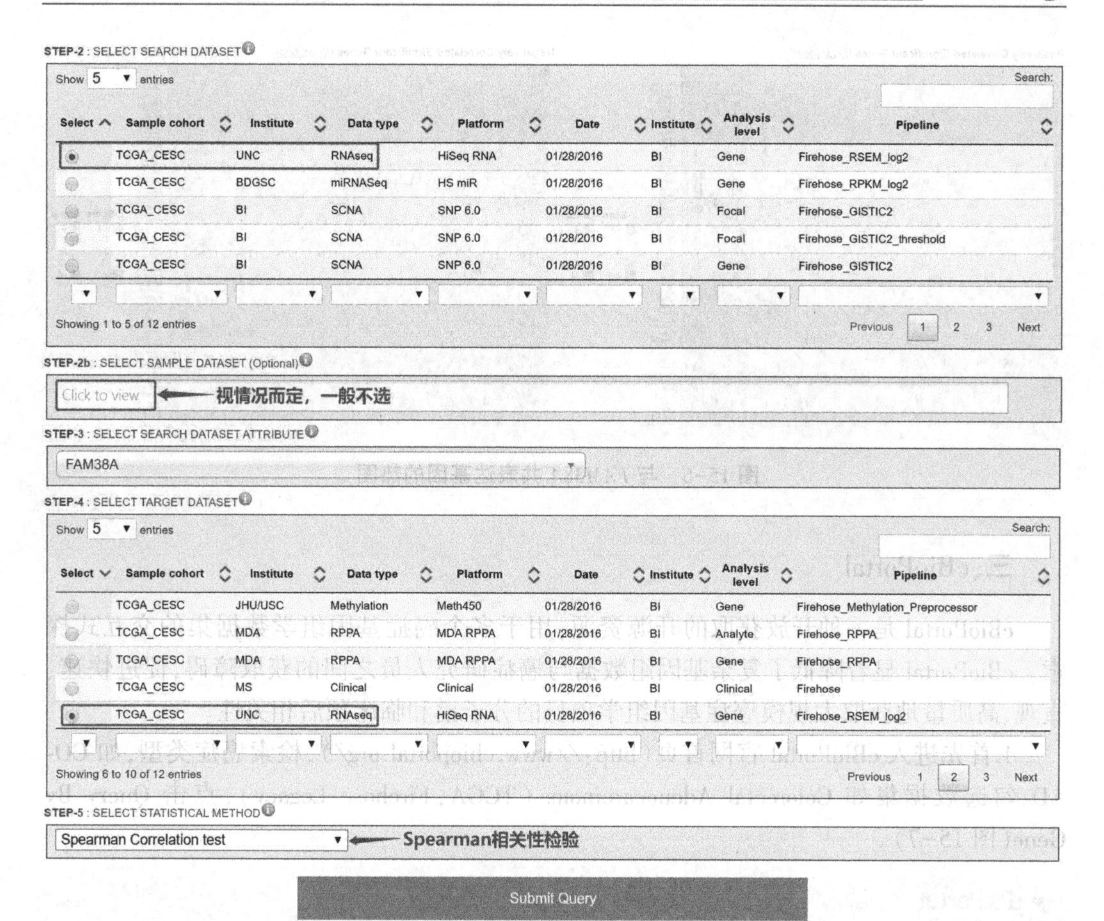

图 15-4　共表达分析页面(2)

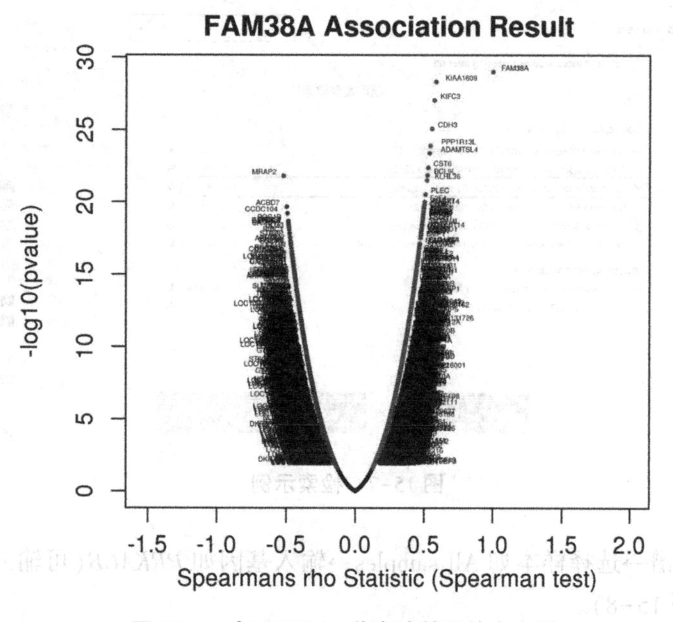

图 15-5　与 *FAM38A* 共表达基因的火山图

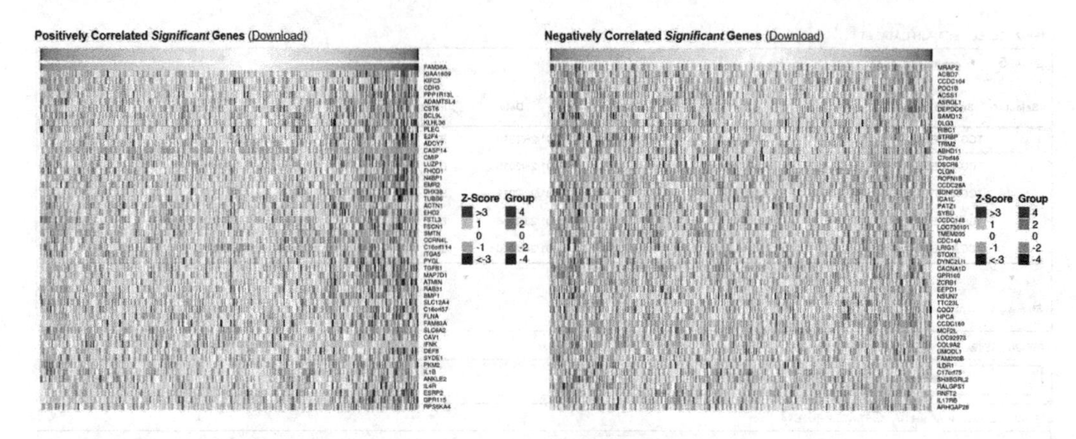

图 15-6　与 *FAM38A* 共表达基因的热图

三、cBioPortal

cBioPortal 是一种开放获取的开源资源，用于多个癌症基因组学数据集的交互式探索。cBioPortal 显着降低了复杂基因组数据与癌症研究人员之间的获取障碍，促进快速、直观、高质量地获取大规模癌症基因组学项目的分子谱和临床预后相关性。

1.首先进入 cBioPortal 官网首页（http://www.cbioportal.org/），检索癌症类型，如 COAD，勾选数据集如 Colorectal Adenocarcinoma（TCGA，Firehose Legacy），点击 Query By Gene（图 15-7）。

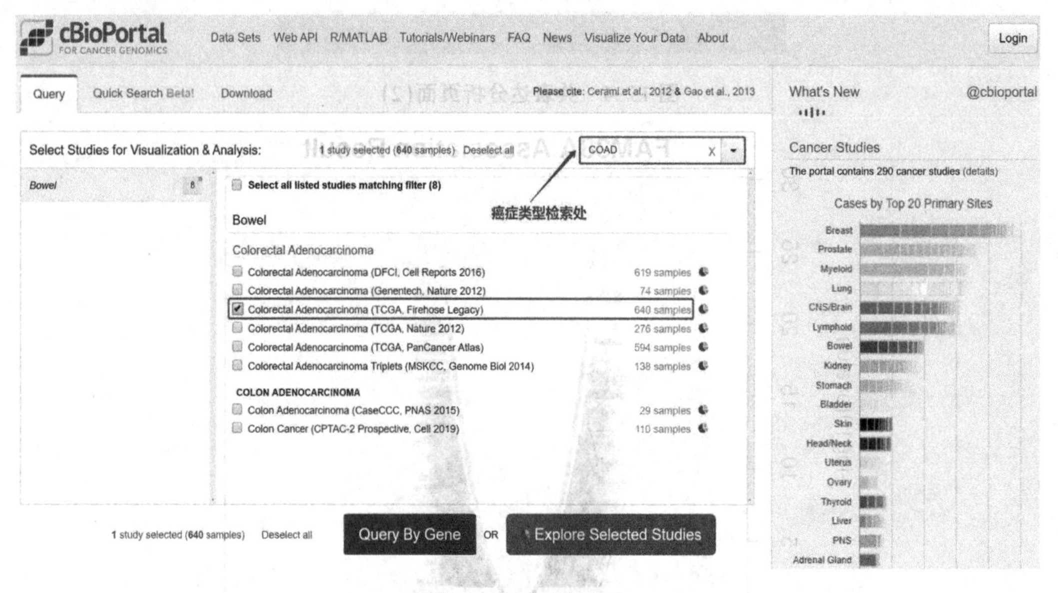

图 15-7　检索示例

2.选择表达谱→选择样本如 All samples→输入基因如 *PRKACB*（可输入多个基因）→Submit Query（图 15-8）。

图 15-8　共表达分析页面

3.点击 Co-expression，得到关于 *PRKACB* 基因表达的正相关的基因和负相关的基因，点击下载按钮可下载数据，点击某个基因即可得到 *PRKACB* 与某个基因的相关性图(图 15-9)。

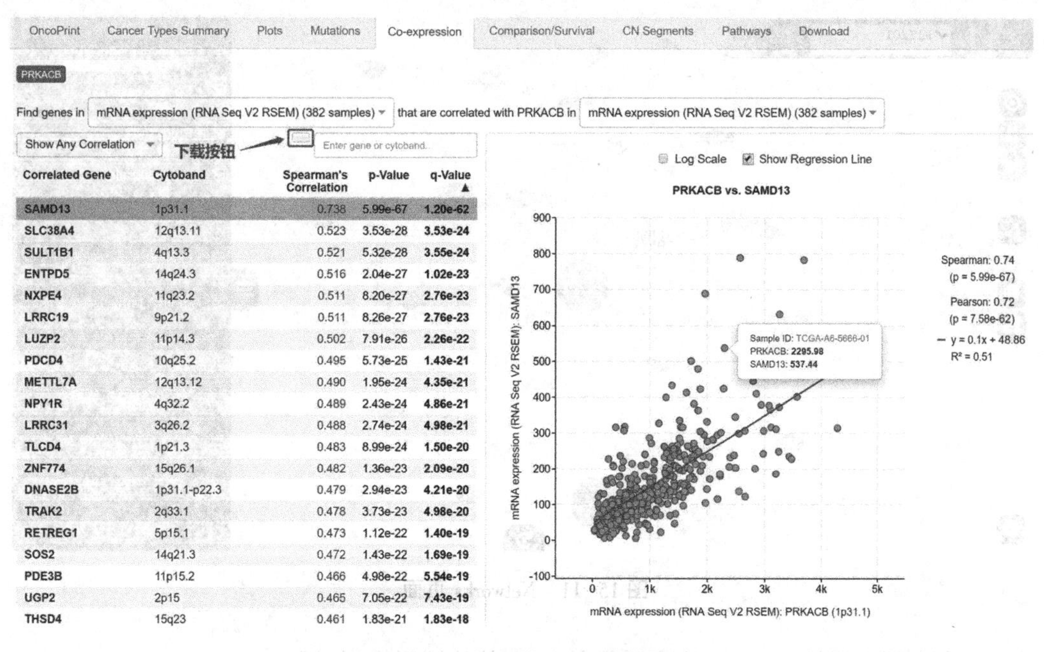

Correlated Gene	Cytoband	Spearman's Correlation	p-Value	q-Value ▲
SAMD13	1p31.1	0.738	5.99e-67	1.20e-62
SLC38A4	12q13.11	0.523	3.53e-28	3.53e-24
SULT1B1	4q13.3	0.521	5.32e-28	3.55e-24
ENTPD5	14q24.3	0.516	2.04e-27	1.02e-23
NXPE4	11q23.2	0.511	8.20e-27	2.76e-23
LRRC19	9p21.2	0.511	8.26e-27	2.76e-23
LUZP2	11p14.3	0.502	7.91e-26	2.26e-22
PDCD4	10q25.2	0.495	5.73e-25	1.43e-21
METTL7A	12q13.12	0.490	1.95e-24	4.35e-21
NPY1R	4q32.2	0.489	2.43e-24	4.86e-21
LRRC31	3q26.2	0.488	2.74e-24	4.98e-21
TLCD4	1p21.3	0.483	8.99e-24	1.50e-20
ZNF774	15q26.1	0.482	1.36e-23	2.09e-20
DNASE2B	1p31.1-p22.3	0.479	2.94e-23	4.21e-20
TRAK2	2q33.1	0.478	3.73e-23	4.98e-20
RETREG1	5p15.1	0.473	1.12e-22	1.40e-19
SOS2	14q21.3	0.472	1.43e-22	1.69e-19
PDE3B	11p15.2	0.466	4.98e-22	5.54e-19
UGP2	2p15	0.465	7.05e-22	7.43e-19
THSD4	15q23	0.461	1.83e-21	1.83e-18

图 15-9　共表达分析结果页面

四、GeneMANIA

在分子机制的研究中,寻找基因间互作网络是非常重要的。基因间的关系(可多基因),又可分为蛋白与蛋白之间,蛋白与 DNA 之间的相互作用、通路、生理生化反应、共表达、共定位等。下面主要以单基因 *PIEZO*1 为示例介绍如何分析基因间的关系。

1.进入 GeneMANIA 数据库首页(https://genemania.org/),在搜索框中输入基因如 *PIEZO*1,点击搜索符号(如图 15-10)。

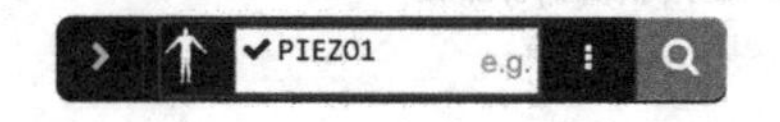

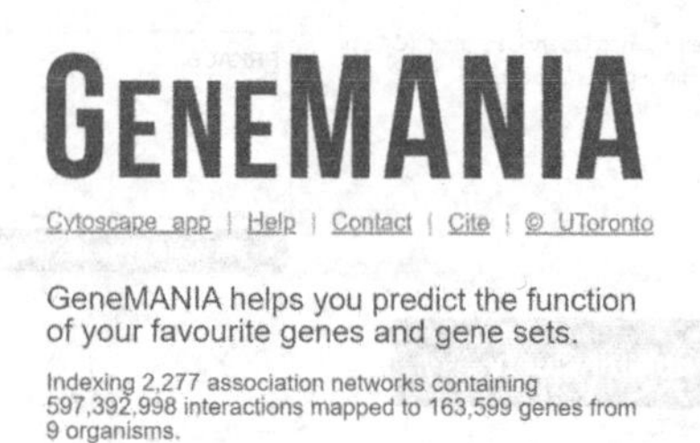

图 15-10 数据库首页

2.可全部勾选,不同的颜色代表不同的模块,不同的圆圈表示不同基因,圈的大小代表相互作用强度,鼠标放在上面就会出现基因的简介(图 15-11)。

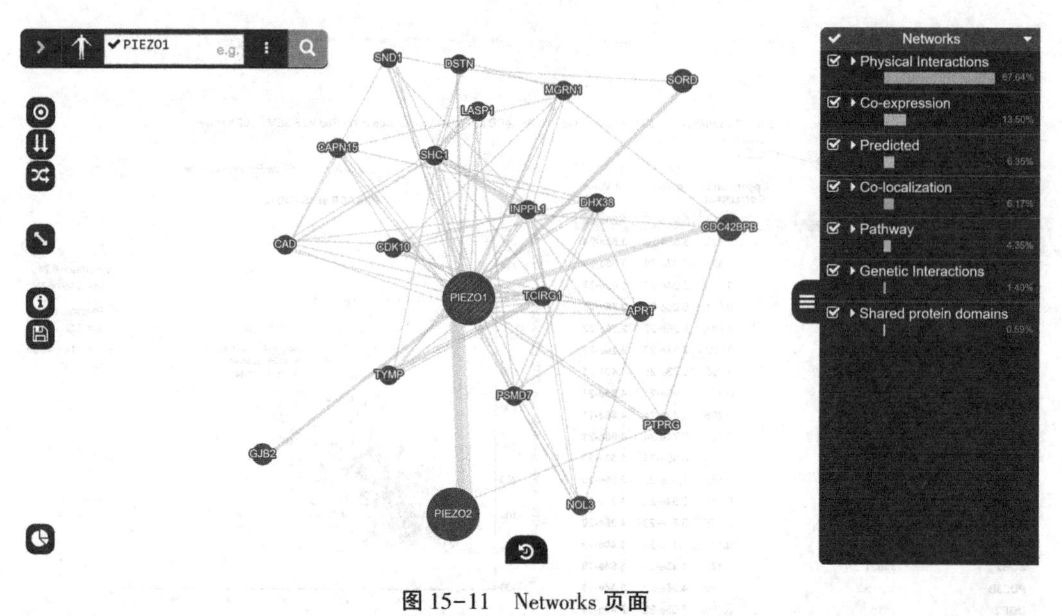

图 15-11 Networks 页面

3.点击同心圆按钮,目标基因显示在中间,其他圆形排列(图 15-12)。

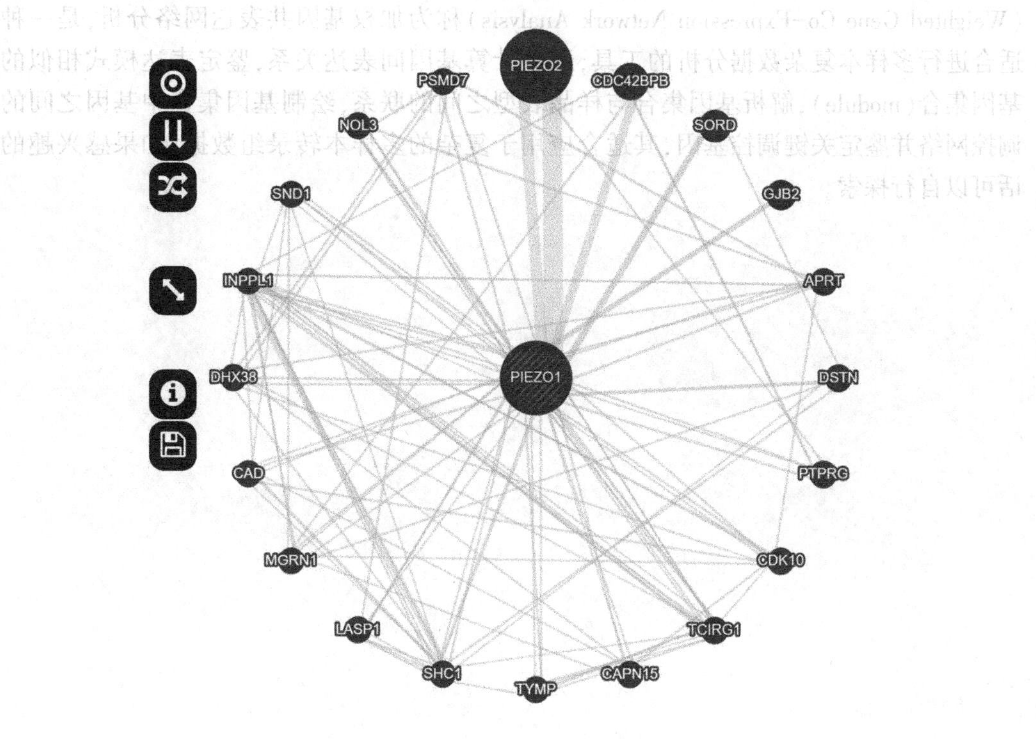

图 15-12　蛋白互作网络

4.点击向下双箭头，目标基因和其他基因以相关性大小降序排列，圆越大与目标基因相关性就越大。展开 Co-expression，得到证明基因间相互作用的相关文献(图 15-13)。

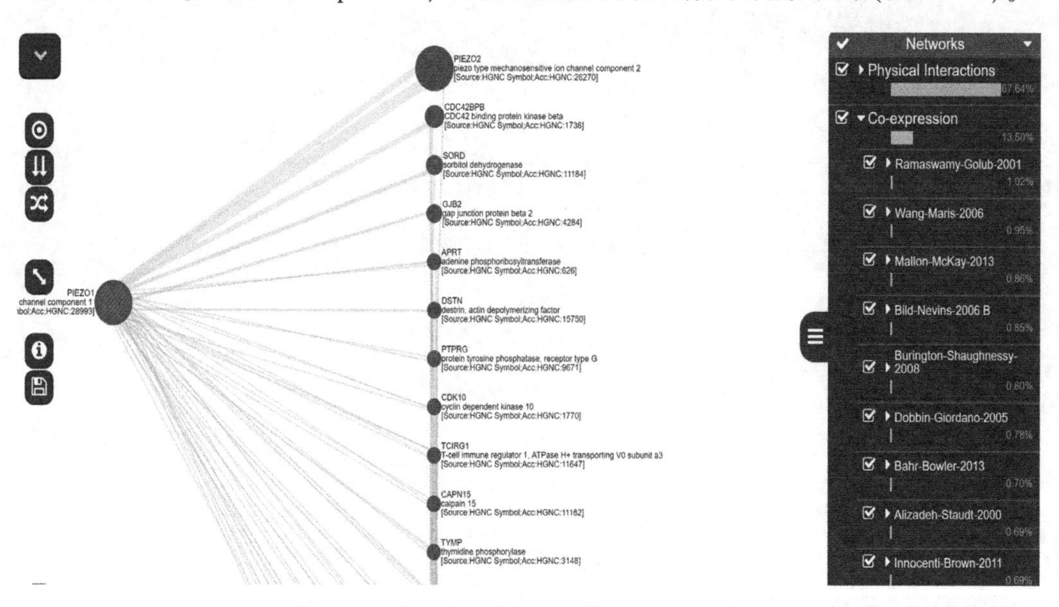

图 15-13　证明基因间相互作用的相关文献界面

除了上面的方法外，R 包 WGCNA 也可以进行基因的共表达网络分析。WGCA

(Weighted Gene Co-Expression Network Analysis)称为加权基因共表达网络分析,是一种适合进行多样本复杂数据分析的工具,通过计算基因间表达关系,鉴定表达模式相似的基因集合(module),解析基因集合与样品表型之间的联系,绘制基因集合中基因之间的调控网络并鉴定关键调控基因,其适合应用于复杂的多样本转录组数据,如果感兴趣的话可以自行探索。

第十六章　蛋白互作网络分析

蛋白质互作网络是由蛋白通过彼此之间的相互作用构成,来参与生物信号传递、基因表达调节、能量和物质代谢及细胞周期调控等生命过程的各个环节。系统分析大量蛋白在生物系统中的相互作用关系,对了解生物系统中蛋白质的工作原理、了解疾病等特殊生理状态下生物信号和能量物质代谢的反应机制,以及了解蛋白之间的功能联系都有重要意义。在第八章中有介绍过如何利用 STRING 数据库对差异基因进行蛋白互作网络分析,所以本章主要介绍如何使用其他数据库进行蛋白互作分析,对于如何使用 R 语言进行蛋白互作分析,本章不做介绍,如果感兴趣的话,可以使用 R 软件包 STRINGdb 和 WGCNA。STRINGdb 用于 string 蛋白互作分析。但对于此包,需要注意一点:STRINGdb 包有别于其他的 R 包,它的帮助信息不是使用 help 函数查看,而是传给 STRINGdb $ help(),如 STRINGdb $ help("map")查看 map 函数的帮助,如需要查看它的 vignette 文档,可以使用 vignette("STRINGdb")命令。加权基因共表达网络分析(weighted gene co-expression network analysis,WGCNA)广泛用于描述微阵列或 RNA-seq 中基因表达之间的关联模式。WGCNA 将复杂生物过程的基因共表达网络划分为高度相关的几个特征模块,其代表着几组高度协同变化的基因集,并可将模块与特定的临床特征建立关联,从中寻找发挥关键功能的基因,帮助识别参与特定生物学过程的潜在机制以及探索候选生物标志物。

一、inBio Map

1.进入 inBio Map 数据库首页(https://inbio-discover.intomics.com/map.html#search),输入蛋白 EFNA4,点击 Search(图 16-1)或者选择 Advanced search→输入蛋白名字如 EFNA4(可输入多个),也可上传用户自己的文件,格式为 TXT,点击 Search(图 16-2)。

2.得到蛋白互作网络图,结果和图片可下载。不同的颜色表示蛋白属于的类型,如受体(图 16-2)。

图 16-1 inBio Map 数据库首页

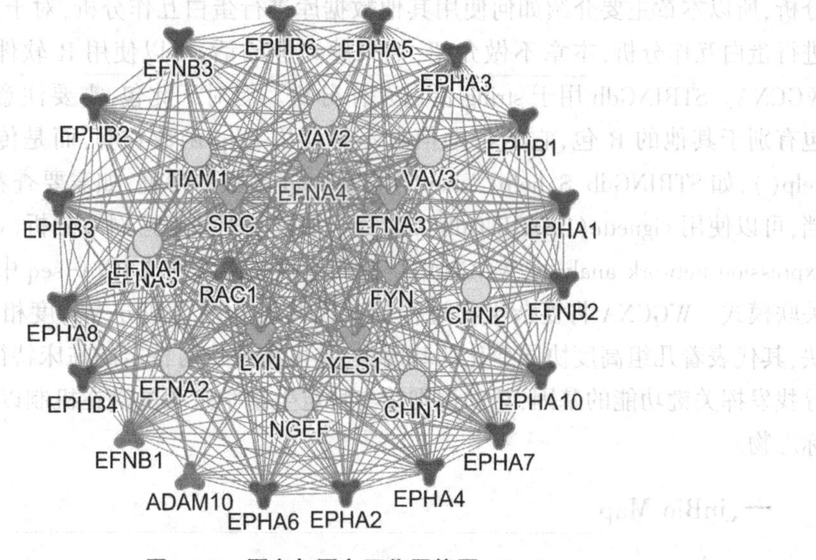

图 16-2 蛋白与蛋白互作网络图

二、BioGRID

BioGRID 是一个在线工具数据库，通过整合多方面经过人工校正或实验验证过的数据集，提供了广泛全面的蛋白互作信息。所有的互作信息都是免费且可供下载的，数据库还提供了多个在线分析和可视化工具。

1.进入 BioGRID 数据库首页（https://thebiogrid.org/），输入基因 *PIEZO*1，物种选择 Homo sapiens，点击 Submit Identifier Search（图 16-3）。

2.得到关于 *PIEZO*1 蛋白的互作网络结果，1 表示互作的基因有 9 个，遗传互作的为 0 个，点击 2 的 details 可得到互作基因的详细信息［包括互作类型（BAIT）、数据源、验证方法（如高通量测序或低通量实验验证）］（图 16-4）。

图 16-3　BioGRID 数据库首页

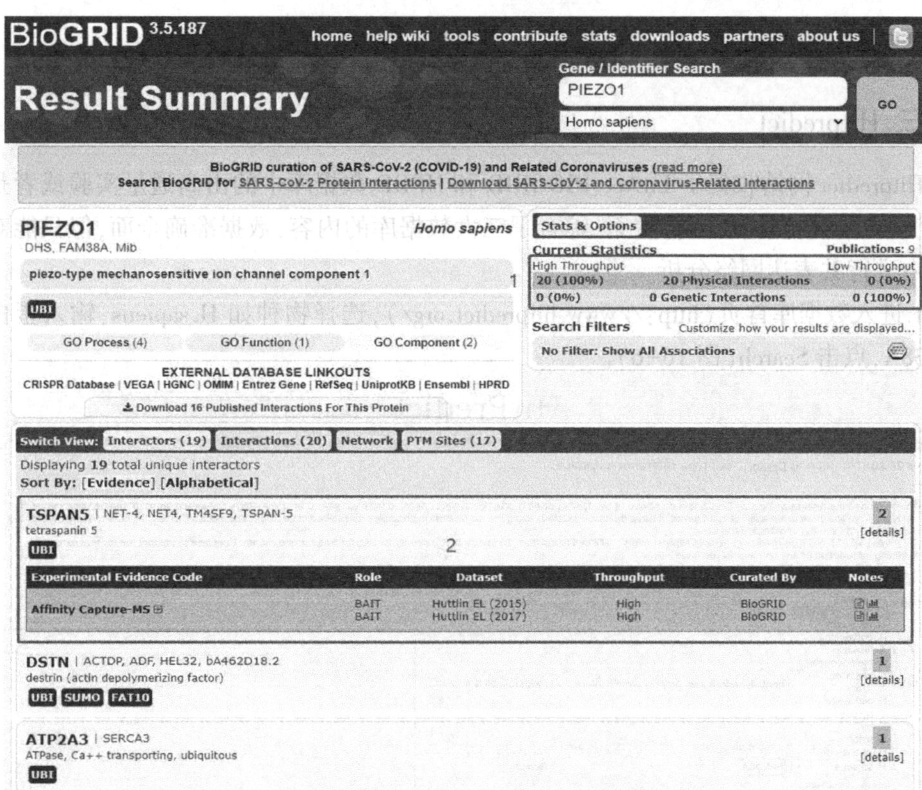

图 16-4　蛋白的互作网络结果页面

3.点击 Network 得到蛋白互作网络图,结果数据和图片可下载,点击 LAYOUTS 可重新绘制图型样式(图 16-5)。

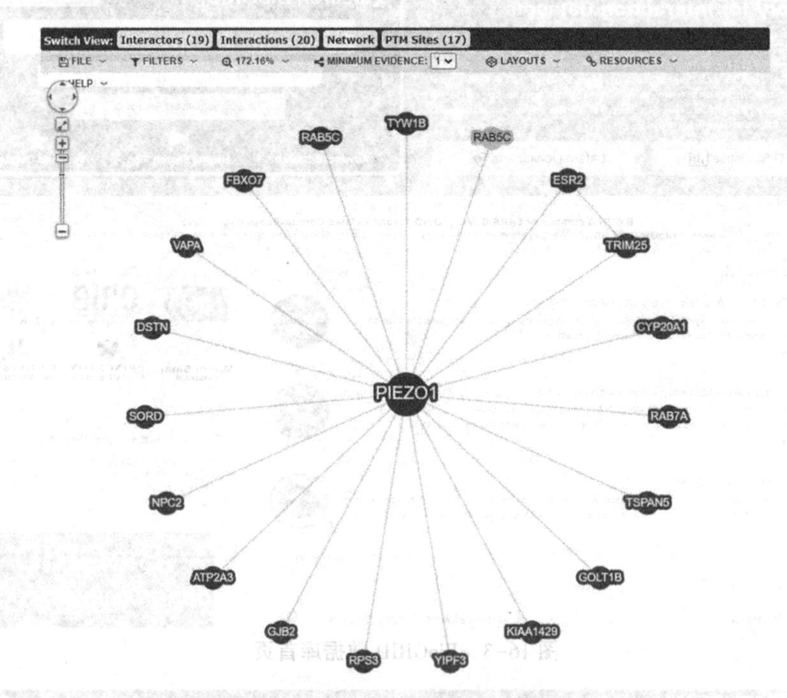

图 16-5 蛋白互作网络图

三、Hitpredict

Hitpredict 网站收集了 IntAct、BIOGRID 和 HPRD 数据库中的由高通量实验或者是小规模实验得到的蛋白质互作关系,综合了三大数据库的内容,数据准确全面,但只能对单个蛋白进行共表达网络分析。

1.进入数据库首页(http://www.hitpredict.org/),选择物种如 H.sapiens,输入蛋白如 FAM38A,点击 Search(图 16-6)。

HitPredict
PHYSICAL PROTEIN-PROTEIN INTERACTIONS WITH RELIABILITY SCORES
Home | Statistics | Download | Help

31st May 2020: Introducing CellKb, a cell type reference database.

Dear Users,

I am happy to announce the release of CellKb. CellKb is a database of cell type specific marker gene sets collected from single cell and bulk RNA-seq experiments. It can be used to identify matching cell types from literature given a list of input genes. I have developed CellKb using the same design principles as HitPredict i.e. manual collection, extensive curation and harmonized annotations with reliability scoring of marker gene sets.
CellKb v1.0 contains 18,985 cell type marker gene sets representing 1,072 cell types from 10 species. You can try CellKb for free for one month. Feel free to contact me for trial extensions, additional licensing information or any comments you have.

Thank you for using HitPredict. Please explore CellKb!

- Ashwini Patil,

All species
H. sapiens
M. musculus
R. norvegicus
A. thaliana
D. melanogaster
C. elegans
C. jejuni
S. cerevisiae
S. pombe
E. coli
H. pylori
P. falciparum

HitPredict is ... rimentally determined protein-protein interactions with reliability scores.

... for a protein:
H. sapiens | FAM38A | Search
Examples: F-box, P62826
Enter keyword, UniProt ID, Entrez ID or Ensembl ID

图 16-6 Hitpredict 数据库首页

2.得到与 FAM38A 互作蛋白 10 个,点击 Q92508(图 16-7)。

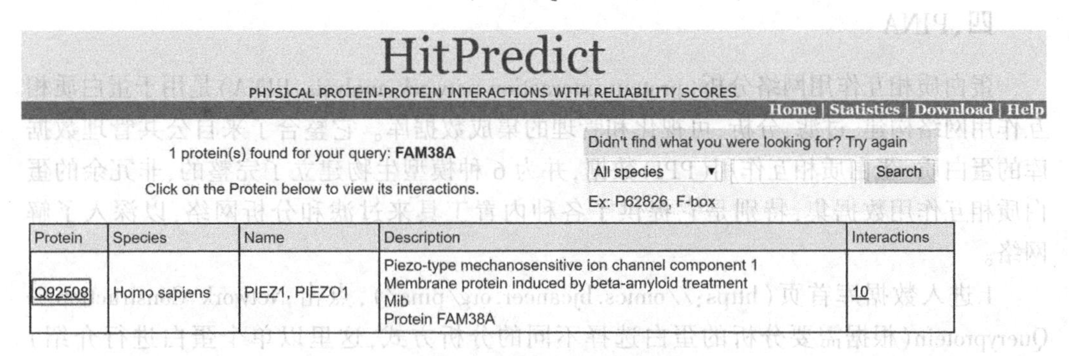

Protein	Species	Name	Description	Interactions
Q92508	Homo sapiens	PIEZ1, PIEZO1	Piezo-type mechanosensitive ion channel component 1 Membrane protein induced by beta-amyloid treatment Mib Protein FAM38A	10

图 16-7　蛋白互作结果页面

3.得到 FAM38A 蛋白的基本信息,可能与之互作的蛋白以及这些基因的 GO 注释(图 16-8)。

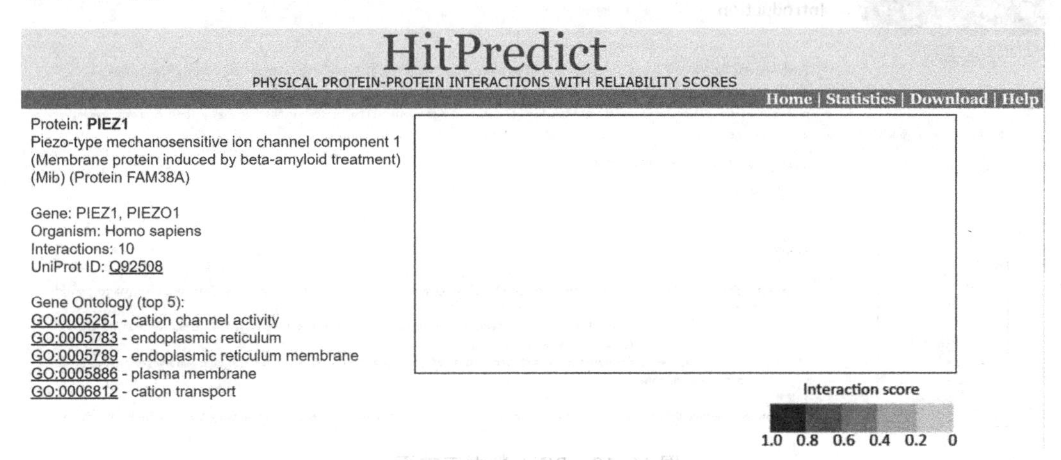

图 16-8　FAM38A 蛋白的基本信息页面

4.蛋白互作预测结果会以列表形式展现,给出互作评分以及关联性高低,根据分值(Likelihood)判断高低置信度,而且支持下载(图 16-9)。

Interaction	Interactor	Experiments	Homologs	Category	Interaction Score	Confidence
485853	TSN5 Tetraspanin-5	2	0	High-throughput	0.559	High
454251	RAB7A Ras-related protein Rab-7a	1	1	High-throughput	0.536	High
686596	GOT1B Vesicle transport protein GOT1B	1	0	High-throughput	0.513	High
686595	VAPA Vesicle-associated membrane protein-associated protein A	1	0	High-throughput	0.513	High
454159	RAB5C Ras-related protein Rab-5C	1	0	High-throughput	0.513	High
346948	CXB2 Gap junction beta-2 protein	1	0	High-throughput	0.513	High
686594	YIPF3 Protein YIPF3	1	0	High-throughput	0.458	High

图 16-9　蛋白互作结果页面

四、PINA

蛋白质相互作用网络分析(protein interaction network analysis,PINA)是用于蛋白质相互作用网络构建、过滤、分析、可视化和管理的集成数据库。它整合了来自公共管理数据库的蛋白质-蛋白质相互作用(PPI)数据,并为6种模型生物建立了完整的、非冗余的蛋白质相互作用数据集,特别是它提供了各种内置工具来过滤和分析网络,以深入了解网络。

1.进入数据库首页(https://omics.bjcancer.org/pina/),点击 Network Construction→Queryprotein(根据需要分析的蛋白选择不同的分析方式,这里以单个蛋白进行介绍)(图16-10)。

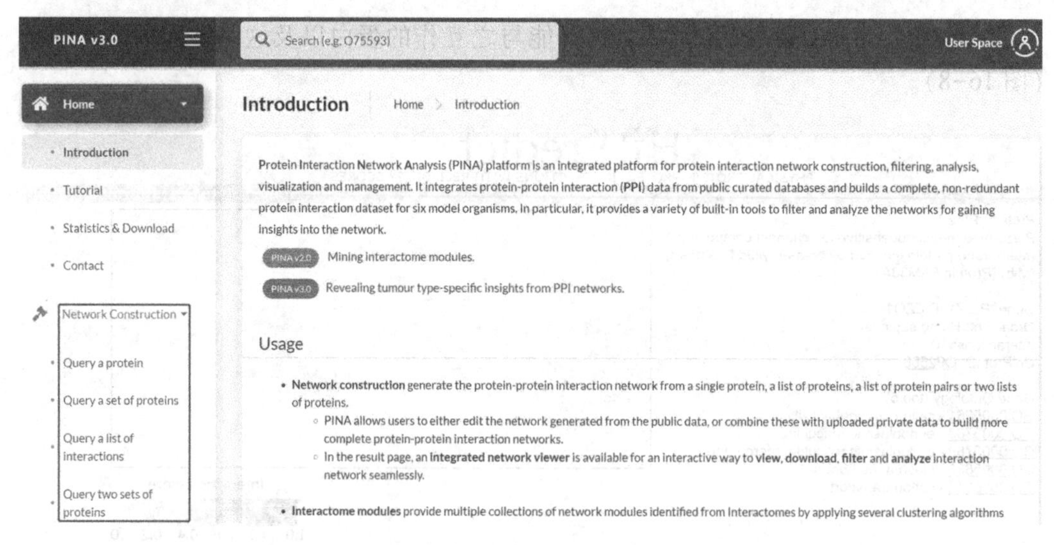

图16-10　PINA 数据库首页

2.输入蛋白名类型是 UniProt Accession Number(AC),这里数据库举例的O75593为示例,点击 Search(图16-11)。

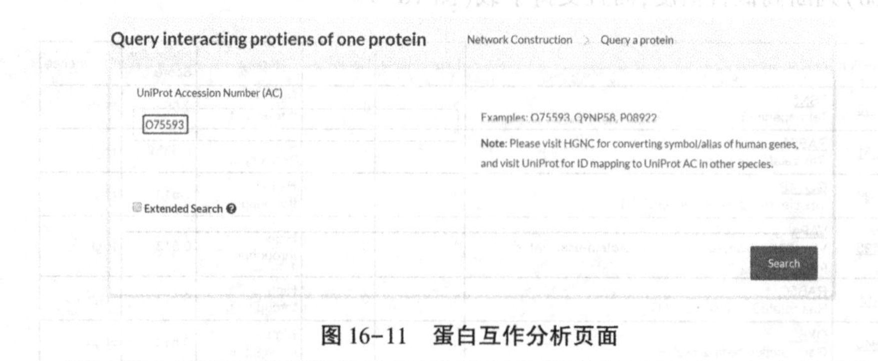

图16-11　蛋白互作分析页面

3.得到蛋白互作网络分析结果,点击 Download 可下载数据和蛋白互作网络图(图16-12)。

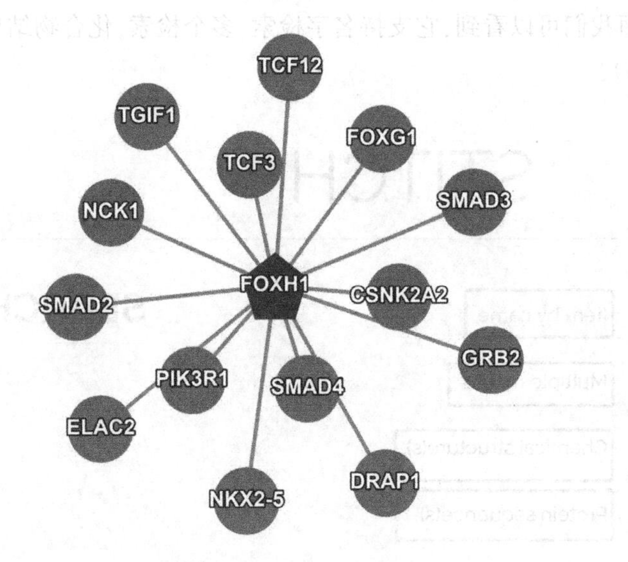

图 16-12 蛋白互作网络

除了上面的方法外，FunRich 软件也可以做蛋白互作网络分析。FunRich 数据库是一个主要用于基因和蛋白质的功能富集以及相互作用网络分析的独立的软件工具，如果感兴趣的话可以自行探索。

五、STITCH

1.打开 STITCH 在线网站 http://stitch.embl.de，转到 STITCH 首页(图 16-13)，点击 SEARCH。

图 16-13 STITCH 数据库首页

2.这主界面我们可以看到,它支持名字检索,多个检索,化合物结构,蛋白序列检索等方式(图 16-14)。

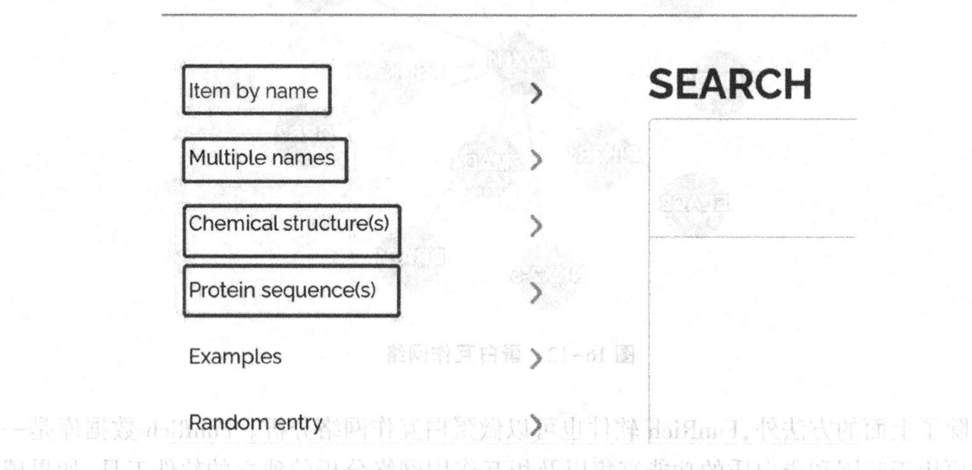

图 16-14　功能页面

3.选择 Item by name,输入差异基因如 *Gleevec*,选择物种如 Homo sapiens(图 16-15)。

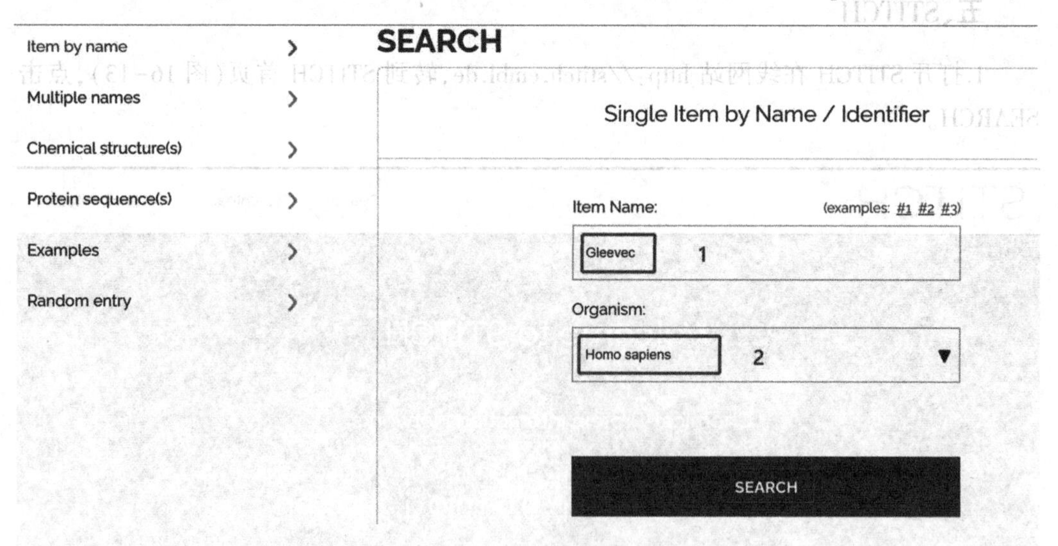

图 16-15　基因提交页面

4.得到蛋白互作网络,线的粗细代表置信度高低,线的颜色代表作用模式不同(图 16-16)。

5.点击 Setting,在 setting 界面设置,可以自定义调整,其他默认,点击 UPDATE(图 16-17)。在图中:1 可以改变线的形状来不同的作用模式;2 可设置证据来源;3 设置置信度分,这里的置信度分可以理解为二者结合的强弱,越大代表结合的可能性越高,通常默认是 0.4;4 代表显示的相互作用数。

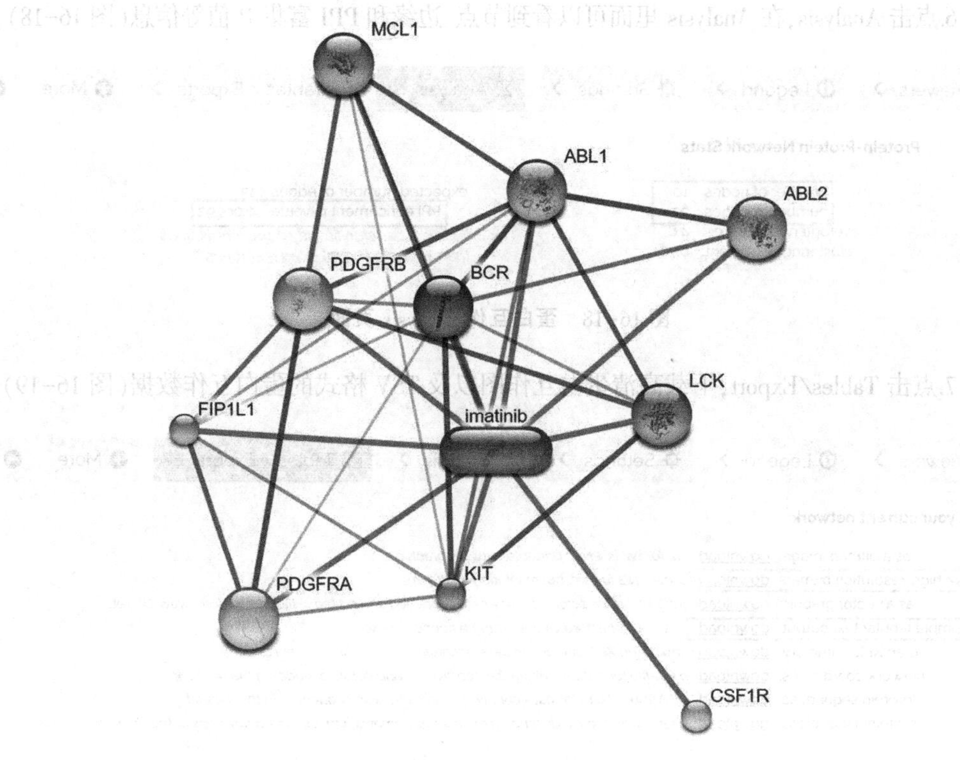

图 16-16　蛋白互作网络图

图 16-17　参数设置页面

6.点击 Analysis,在 Analysis 里面可以看到节点、边缘和 PPI 富集 P 值等信息(图 16-18)。

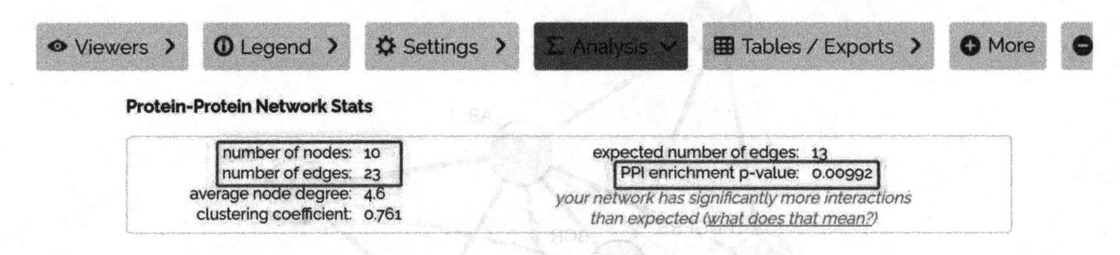

图 16-18　蛋白互作 Analysis 页面

7.点击 Tables/Export,下载高清蛋白互作图以及 TSV 格式的蛋白互作数据(图 16-19)。

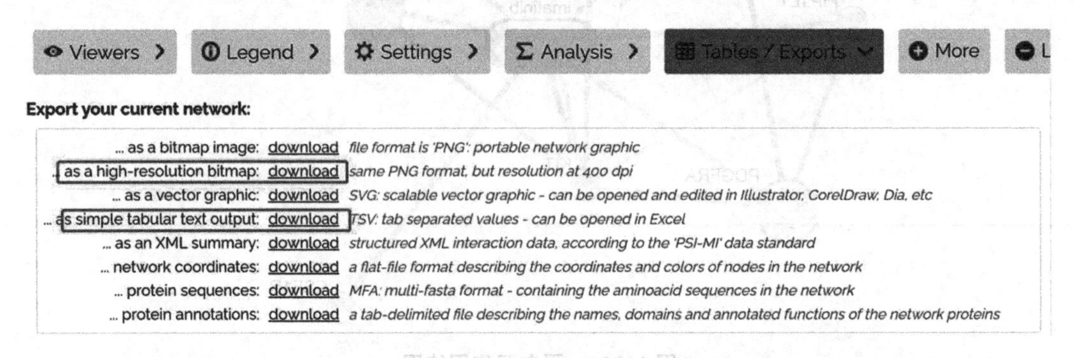

图 16-19　蛋白互作 Exports 页面

除了上面的方法外,FunRich 软件也可以做蛋白互作网络分析。FunRich 数据库:一个主要用于基因和蛋白质的功能富集以及相互作用网络分析的独立的软件工具,如果你感兴趣的话可以自行探索。

第十七章　Linux 系统简介

在平时使用中，大多数时间都会使用 Windows，而很少使用 Linux，然而做生物信息学分析过程中，很多情况下需要使用 Linux。Linux 系统是进行生物信息学分析的基石，许多生物信息学软件都是基于 Linux 系统开发的。所以学习 Linux 对于生物信息学分析尤为重要。本章从如何安装 Linux、Linux 的基本操作，以及用一个实例来简单介绍 Linux 操作系统对生信分析的重要性介绍。

首先要强调一点，本章并不是对 Linux 系统的全面介绍，所以并不会讨论关于 Linux 底层的知识，例如 Linux 内核、GNU 工具、窗口管理软件、节点等这些东西。本章只是介绍 Linux 的安装及基本的操作。

一、Linux/Unix 平台作为生物信息研发的主要平台的优势

生物信息的主要工作是用软件和脚本处理生物数据，其平台的选择是多样化的，根据目的需要选取。主要的可能选择有：

1.网上的服务　如 NCBI、Ensembl、UCSC、DAVID 等，这类服务器的特点是门槛低，满足常用需求，有后台数据库的支持，浏览器模式可视化效果好；缺点是定制的服务往往支持不好；现有的网上服务对单一的分析支持得多，但对多个流程的串联和并行化等的支持不够。

2.本地终端　如 BioEdit、Primer5、SAM、TreeView、Cytoscape、Excel、SpotFire 等本地软件或客户端，很多软件在窗口类操作系统上运行，特点是可以无须网络支持，故而小规模运算速度快，可视化效果佳，支持鼠标操作效果好；缺点自然就来了，大数据支持不好，无法高性能运算，操控受设计者的限制多，不好定制。

3.命令行操作平台　如 Linux/Unix Shell 支持的高性能计算机群和云服务平台，特点是大数据高性能支持，shell 可编程能力强，生物信息软件包和脚本丰富，定制设计和开发容易。缺点是需要学习编程和命令行方式，操控没有鼠标直观，可视化不够。

4.集成开发环境/图形化界面开发平台　这是以网站、应用程序开发为目标的一类平台，代表性的是 Windows 应用开发、Java Eclipse 等。这类是为有特定商业或科研目的的专业软件开发人员设计的，对探索发现和数据分析不是最好的选择。

Linux 系统具有很多优点，比如去可视化，使用命令行模式，节省计算资源，文件和目录结构管理，安全、稳定、多线程，权限设置，适合处理大文本。

二、安装 Linux 的选择

在安装 Linux 时我们有多种选择，每一种选择都有利有弊，下文中介绍了每一种选择的优缺点。

1.将自己计算机安装 Linux 系统　将自己的计算机安装成为 Linux 系统的好处是可以更快适应在 Linux 下的操作习惯，能够加快自己熟练使用在 Linux 下操作计算机的速度；缺点是你的计算机将不再支持 Windows 下的软件，很多在 Windows 下习惯使用的一些软件在 Linux 下并没有很好的代替品。

2.装双系统　安装双系统的优点是可以随时调用自己需要的操作系统来进行操作；缺点是对计算机本身的资源消耗过大，而且在需要两个系统同时工作的时候并不能够满足。

3.安装 Linux 子系统　在 Win10 系统的应用商店中可以安装 Windows 的子系统——Ubuntu；现在看来这是一个很好的选择。但是使用它的并不多，它仅仅是开发了一个类 Unix 程序，很多工作并不能很好地在上面运行。

4.借助远程服务器　这是目前大多数主流生物信息学分析中使用的方案，将另一台计算机安装上 Linux 系统专门用在需要进行 Linux 分析的工作，在自己的计算机中使用 ssh 等远程登陆的方式来进行操作。但是这对于初次接触生信分析的人员来说成本未免过大。

5.安装虚拟机　这就是本次主要介绍的方式，这种方式是在计算机上创建一个虚拟机，把主机资源分割出来一部分给予“另一台电脑”，这种方式可以将计算机有效地利用起来，同时对刚接触生信分析的人员来说是一个非常好的选择。

三、安装 Linux

(一)虚拟机的安装

在上文中已经分析了安装 Linux 的各种方法，现在开始安装 Linux 的第一步，虚拟机的安装。

在 Windows 中有非常多的虚拟机，笔者在这里选择的是 VMwareworkstation。VMware 官网提供了非常多的选择，能够满足我们要求的有 VMwareworkstation 及 VMwareworkstationpro。同时提供了 Windows 系统、Linux 系统的选择，下面以 VMwareworkstationpro 的 Windows 为示例来进行演示。

首先进入 VMware 官方网站中下载 VMwareworkstation 的页面并点击立即下载(https://www.vmware.com/cn/products/workstation-pro/workstation-pro-evaluation.html)(图 17-1)。

在下载完成之后进行安装(安装过程和普通 Windows 软件一致)。安装完成后点击 VMware 在桌面上的快捷方式，进入 VMware。因为 VMware 是收费软件，在此我们可以选择试用，之后可以根据需求来进行购买或者可以使用 VMwareworkstation 版本，而不使用 VMwareworkstationpro 版本(图 17-2)。

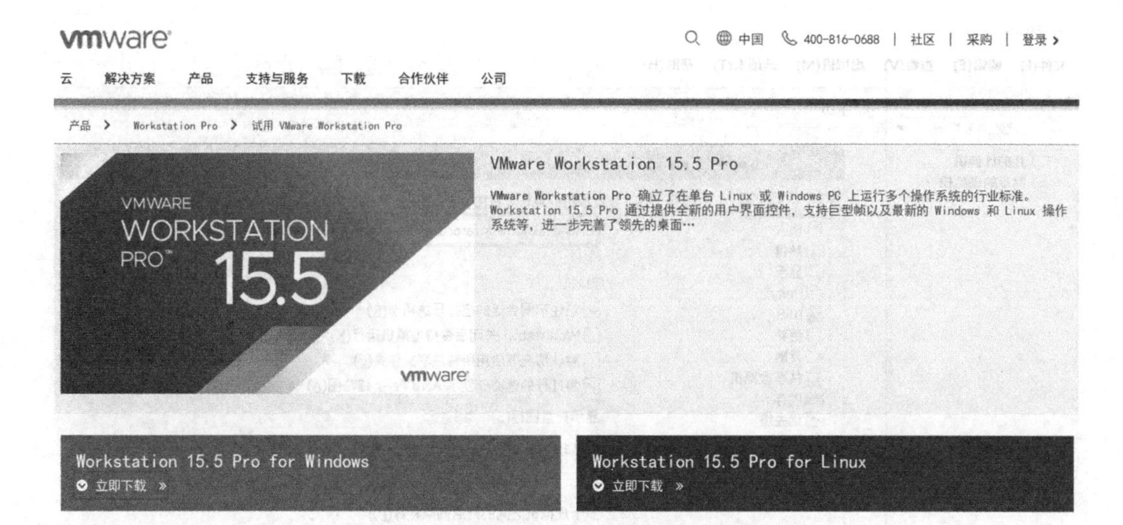

图 17-1　VMware 官网

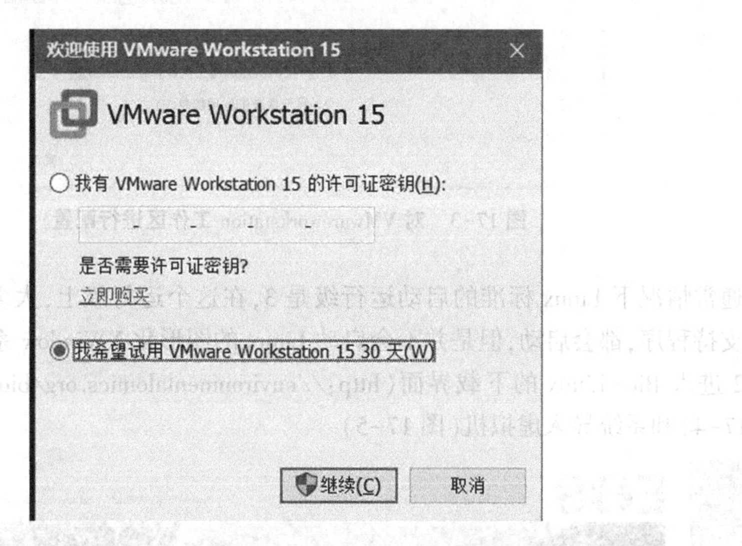

图 17-2　安装 VMwareworkstation 的过程

接下来需要对工作区进行配置，依次点击编辑→首选项，弹出如下页面。将工作区的文件夹选择在较大的磁盘中(剩余空间最好大于 60 G)(图 17-3)。

(二)Linux 的选择与安装

1.Linux 系统是一类具有 Linux 内核系统的统称，有非常多的发行版。例如 CentOs/RedHat、Linux/Ubuntu、PCLinuxOs 等，每一种都有其擅长领域的用途，比如 CentOS 是一款基于 RedHat 企业版 Linux 源代码构建的免费发行版，比较适合企业级的操作。下面以 Bio-linux 为例来介绍。Bio-Linux 是基于 Ubuntu 为生物信息学定制的 Linux 操作系统。内置了大量的生物信息学分析常用的软件和命令，非常适合生物信息学分析。此外，Bio-Linux进入后可以选择第 5 启动运行级，有图形化界面的，对于刚开始接触 Linux 系统的同学来说有一定的适应空间。

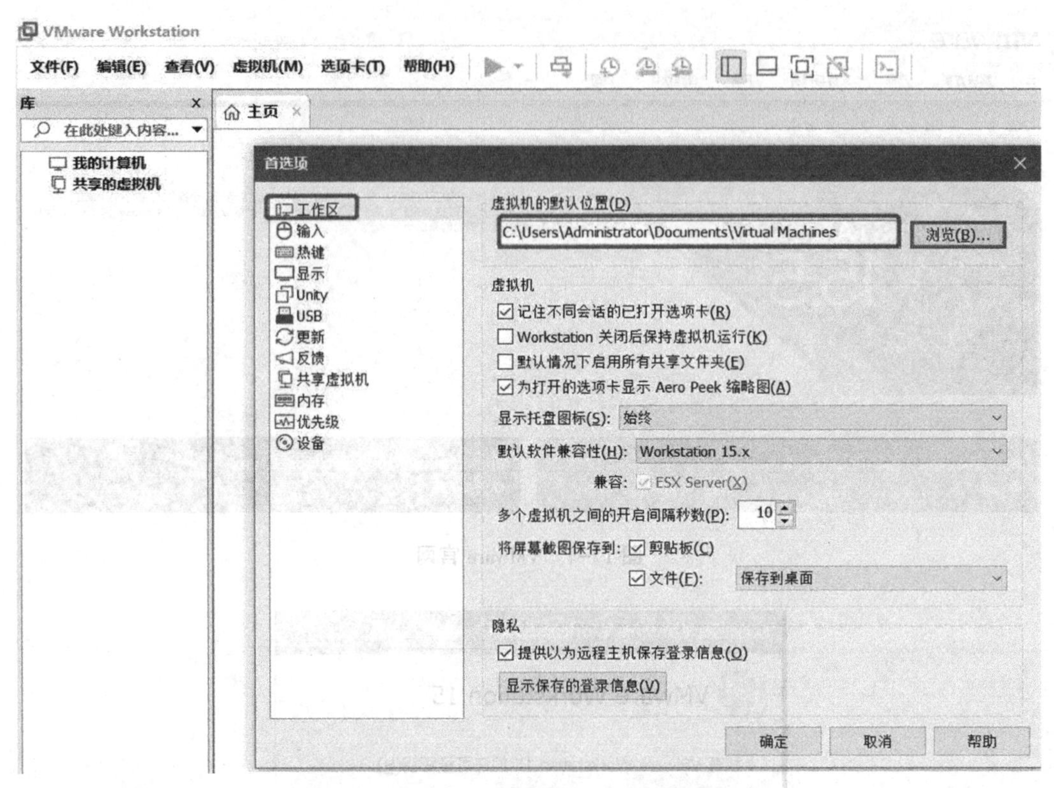

图 17-3　对 VMwareworkstation 工作区进行配置

通常情况下 Linux 标准的启动运行级是 3,在这个运行级上,大多数应用软件,比如网络支持程序,都会启动,但是并不会启动 Linux 的图形化 XWindow 系统。

2.进入 Bio-Linux 的下载界面(http://environmentalomics.org/bio-linux-download/)(图 17-4)和系统导入虚拟机(图 17-5)。

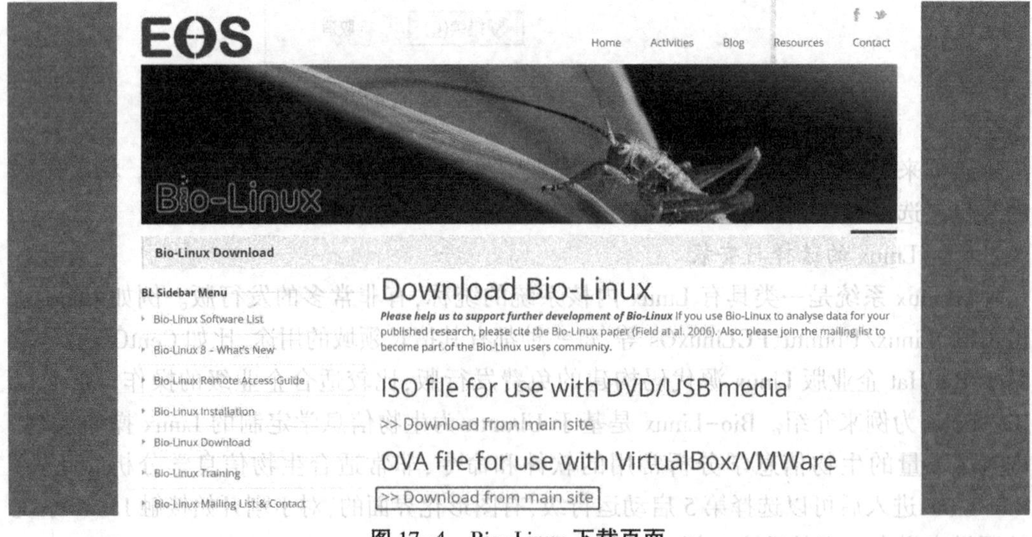

图 17-4　Bio-Linux 下载页面

注:因为本文中是安装在虚拟机中,所以下载 OVAfile,如果你需要直接安装在计算机中请下载 ISO 镜像。

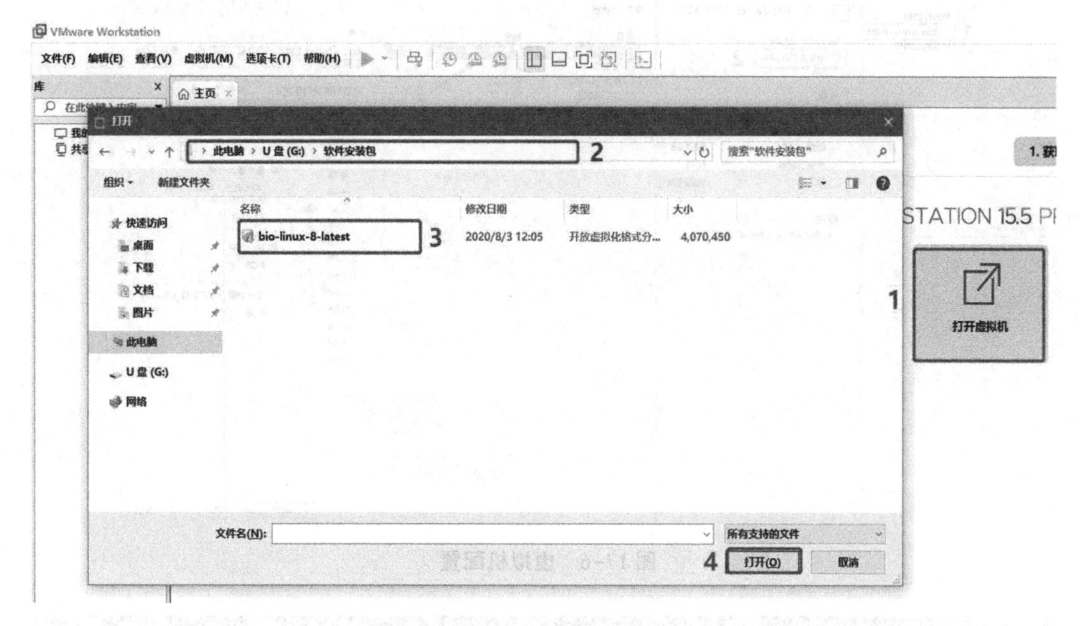

图 17-5 系统导入虚拟机

注:在导入虚拟机过程中要选择较大磁盘空余的导入位置。

若下载的是压缩文件,解压后按照图 17-5 的顺序将系统导入虚拟机,若下载的是 ova 后缀的,直接导入即可。

3.虚拟机配置与开启:导入完成后选择左侧刚导入的"bio-linux-lastest",右侧选择"编辑虚拟机设置"(图 17-6)。进入虚拟机设置,根据计算机性能来对虚拟机的性能进行配置。笔者在此选择了内存为 2 G,处理器内核数量亦需根据自己的电脑配置而设置。双核四线程的可以设置为 2,四核八线程的可以设置为 4,建议设置为 2 的整数倍。网络适配器设置可以选择桥接模式,同时勾选"复制物理网络连接状态",如果系统开启后不能链接网络,也可以选择 NAT 模式。

开启 Bio-Linux,在 VMwareworkstation 中开启 Bio-Linux,当看到以下图案时(图 17-7),就说明安装成功了。

4.VMwaretools 工具以及更改键盘设置。VMware Tools 是一套可以提高虚拟机客户机操作系统性能并改善虚拟机管理的实用工具。功能包括:虚拟机中的设备驱动、实机与虚拟机之间的文件夹共享,还有一些开发功能的插件等。同时可以增强 Bio-Linux 中鼠标使用的体验。不过一般情况下,VMwaretools 已经安装好了。

在进入 Bio-Linux 时可能会发现,终端内某些字符(如|,#)无法输入的问题,这个问题是因为虚拟机的键盘配置有问题,需要我们手动校正。

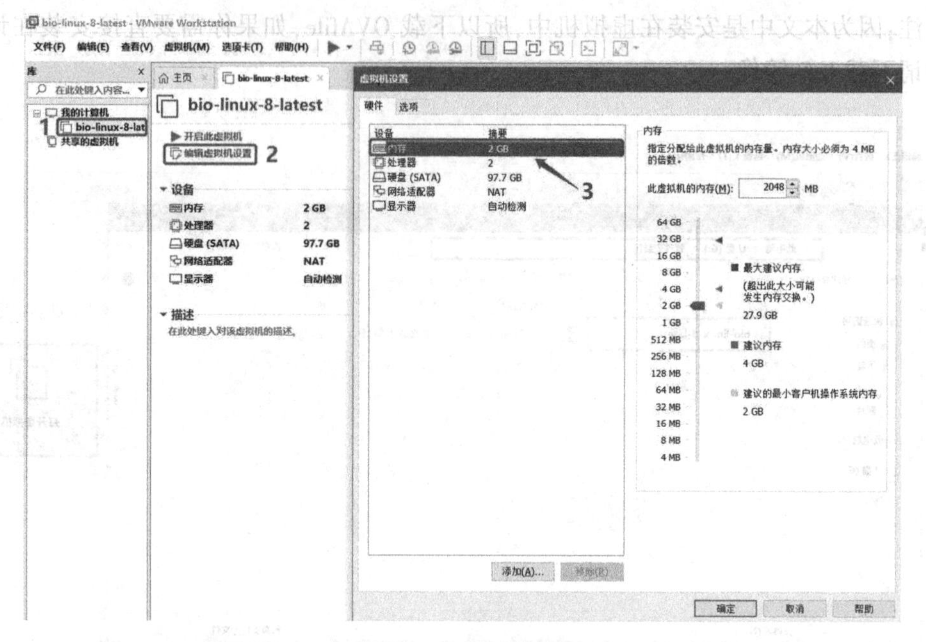

图 17-6 虚拟机配置

图 17-7 bio-linux 桌面

方法如下:在系统左侧图标中点击打开终端(Terminal),输入“sudo dpkg-reconfigure keyboard-configuration”,回车(不包含引号),输入密码“manager”,回车(linux 终端输入密码没有回显),会出现图 17-8 和图 17-9 界面。

依次选择“Microsoft Natural Keyboard Pro USB / Microsoft Internet Keyboard Pro”“English (US)”“English (US)”“The default for the keyboard layout”“No compose key”“<No>”即可,见到“Your console font configuration will be updated the next time your system Boots”……就说明配置成功。

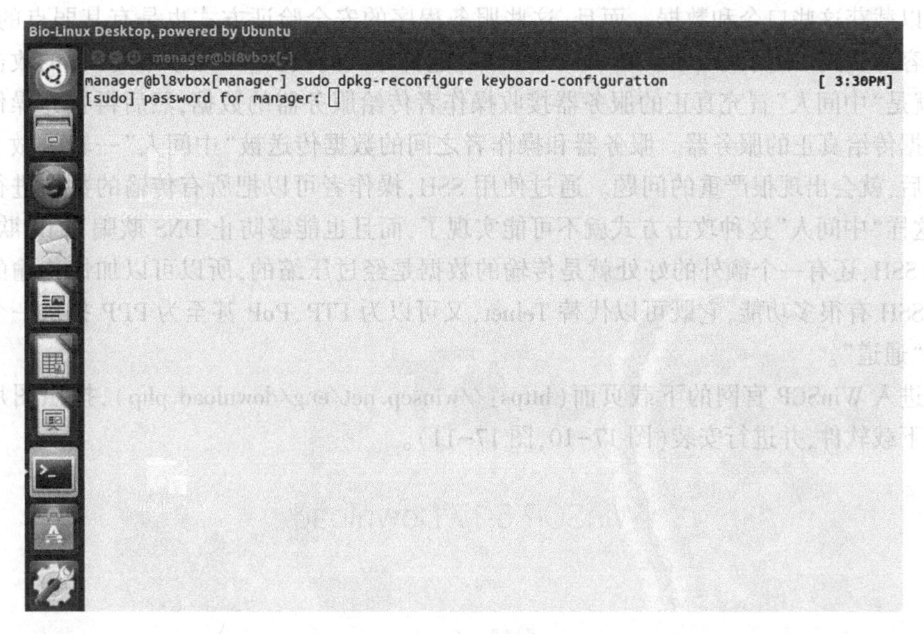

图 17-8 更改键盘设置

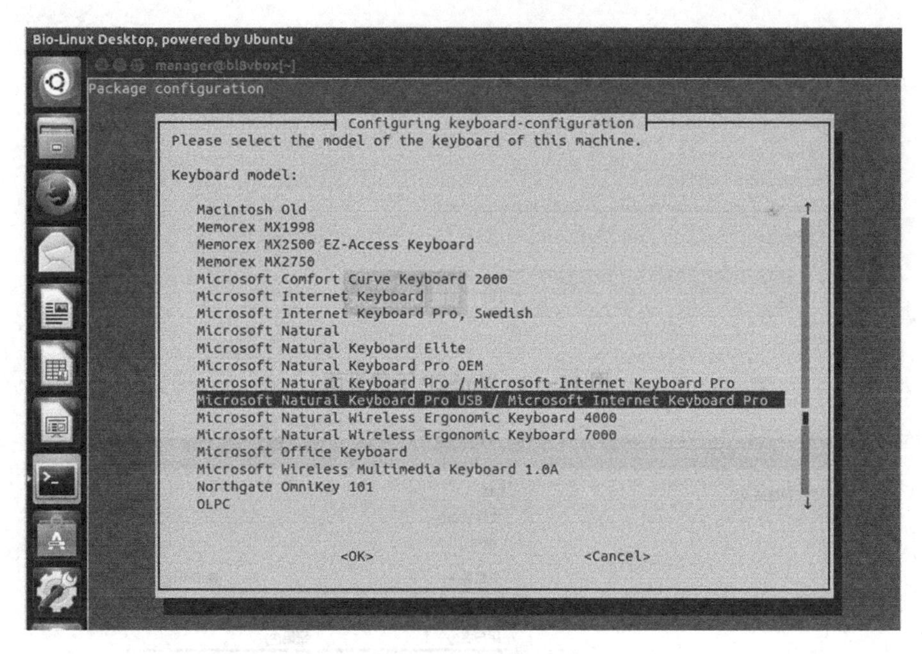

图 17-9 更改键盘设置

5.WinSCP 软件的使用:WinSCP 是一个 Windows 环境下使用的 SSH(Secure Shell)的开源图形化 SFTP 客户端。同时支持 SCP 协议。它的主要功能是在本地与远程计算机间安全地复制文件,并且可以直接编辑文件。

SSH 相比于传统的网络服务程序更加安全,传统的网络安全协议,如 FTP、POP 在本质上都是不安全的,因为它们在网络上用明文传送口令和数据,别有用心的人非常容易就可以截获这些口令和数据。而且,这些服务程序的安全验证方式也是有其弱点的,就是很容易受到“中间人”(man-in-the-middle)这种方式的攻击。所谓“中间人”的攻击方式,就是“中间人”冒充真正的服务器接收操作者传给服务器的数据,然后再冒充操作者把数据传给真正的服务器。服务器和操作者之间的数据传送被“中间人”一转手做了手脚之后,就会出现很严重的问题。通过使用 SSH,操作者可以把所有传输的数据进行加密,这样“中间人”这种攻击方式就不可能实现了,而且也能够防止 DNS 欺骗和 IP 欺骗。使用 SSH,还有一个额外的好处就是传输的数据是经过压缩的,所以可以加快传输的速度。SSH 有很多功能,它既可以代替 Telnet,又可以为 FTP、PoP 甚至为 PPP 提供一个安全的“通道”。

进入 WinSCP 官网的下载页面(https://winscp.net/eng/download.php),按照图片中步骤下载软件,并进行安装(图 17-10,图 17-11)。

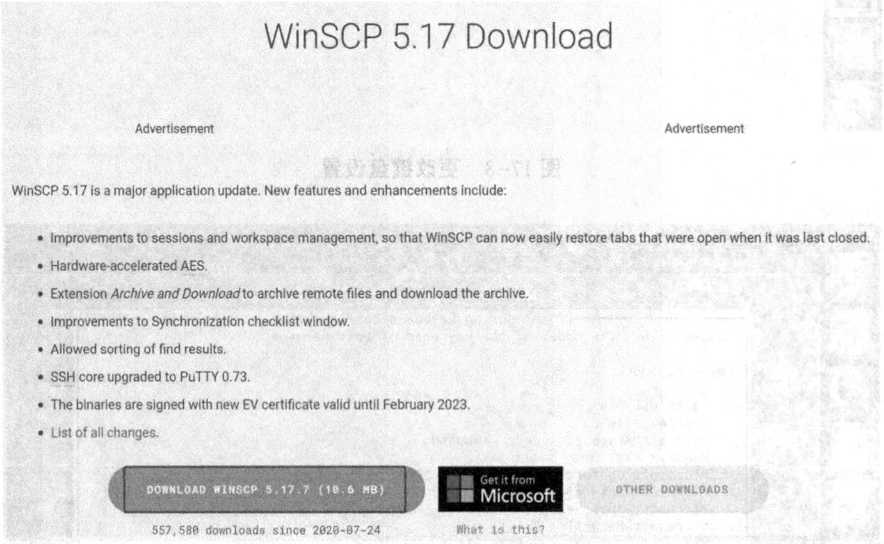

图 17-10 WinSCP 下载页面

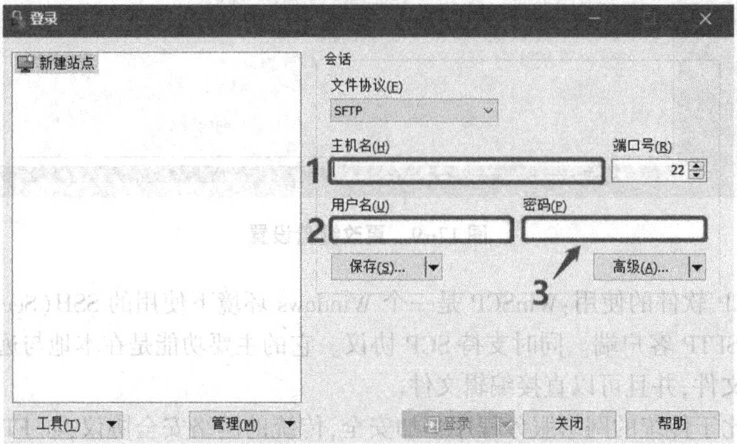

图 17-11 WinSCP 页面

WinSCP 中主机名为虚拟机中 Linux 系统的 ipv4 地址,查询 Linux 系统的 ip 地址的方法如下:

首先打开终端,在终端中输入 ifconfig,出现如图 17-12。

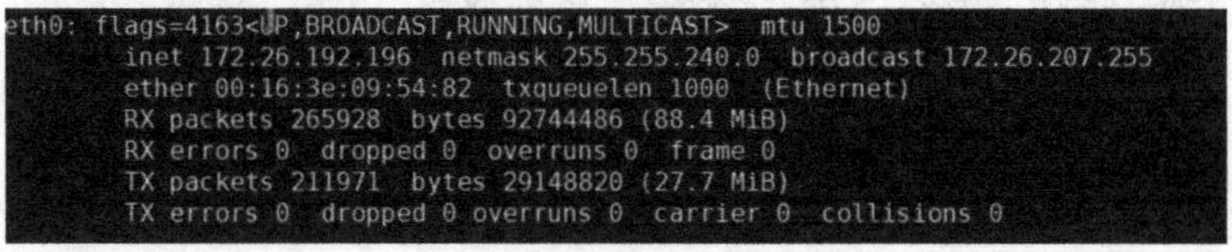

```
eth0: flags=4163<UP,BROADCAST,RUNNING,MULTICAST>  mtu 1500
        inet 172.26.192.196  netmask 255.255.240.0  broadcast 172.26.207.255
        ether 00:16:3e:09:54:82  txqueuelen 1000  (Ethernet)
        RX packets 265928  bytes 92744486 (88.4 MiB)
        RX errors 0  dropped 0  overruns 0  frame 0
        TX packets 211971  bytes 29148820 (27.7 MiB)
        TX errors 0  dropped 0 overruns 0  carrier 0  collisions 0
```

图 17-12 查看 ip 地址

inet 后的数字即为虚拟机中 Linux 中的 ip 地址。在连接上 Linux 之后,就可以和 Windows 主机建立通信,可以方便地进行文件传送等。

四、Linux 基本知识与常用操作

(一)Shell 的基本知识

Shell 是系统的用户界面,提供了用户与内核进行交互操作的一种接口,从登陆 Linux 系统之后,与系统进行交互的这个接口就称为 Shell。

Shell 可以执行 Linux 内部命令、Linux 的应用程序及 Shell 脚本。具体过程见图 17-13。

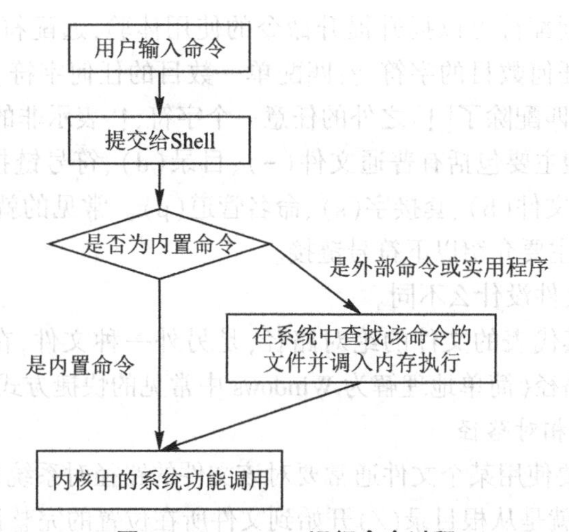

图 17-13 xLinux 运行命令过程

Shell 分为多种,如 bash(BourneAgainShell),Ksh(KornShell),tcsh(Cshell 的扩展),目前 bash 是大多数 Linux 系统的默认 Shell,bash 包含了很多 CShell 和 Ksh 中的优点,同时具有灵活和强大的编程接口,而且具有非常友好的用户界面。

(二)Linux 的目录结构

树形结构是人类最容易理解的结构,无论在 Windows 还是在 Linux 中,使用的都是树形结构,不同的是 Windows 的目录是挂载在物理磁盘之上的,而 Linux 的目录结构是从根目录(/)开始的(图 17-14)。

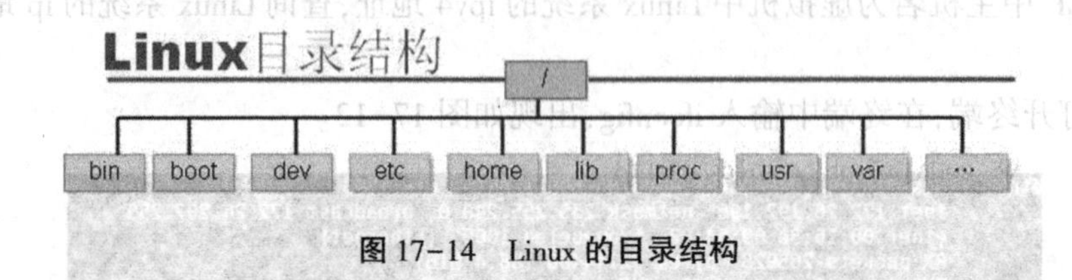

图 17-14　Linux 的目录结构

Linux 文件系统是一个目录树的结构,文件系统结构从一个根目录开始,根目录下可以有任意多个文件和子目录,子目录中又可以有任意多个文件和子目录。根目录下的每个子目录都有其对应的作用,在此,对每个子目录的主要存放不展开细说。在 Linux 中,所有的硬件、软件都被视为一个文件,包括存储设备硬盘、内存、输入设备键盘等。这些文件都存放在根目录下的某一个子目录。

(三)命令的基本格式

Linux 的命令主要格式为:Command[options][arguments],其中 options 被称为选项,arguments 被称为参数。他们都是作为 Shell 命令执行的时候输入的,他们之间使用空格分割开来。对于选项来说,后面跟的选项如果单字符选项前使用一个减号"-"。单词选项前使用两个减号"-"。

注:Linux 是严格区分大小写的。

(四)通配符与文件类型

在 Linux 中使用通配符可以提升提升命令的使用体验,通配符主要包括以下几个。*:匹配任何字符和任何数目的字符。?:匹配单一数目的任何字符。[ ]:匹配[ ]之内的任意一个字符。[!]:匹配除了[!]之外的任意一个字符,! 表示非的意思。

Linux 中文件类型主要包括有普通文件(-)、目录(d)、符号链接(l),此外还有字符设备文件(c)、块设备文件(b)、套接字(s)、命名管道(p)。常见的就是普通文件,目录以及符号链接。在此我主要介绍以下符号链接。

硬链接:与普通文件没什么不同。

软链接:保存了其代表的文件的绝对路径,是另外一种文件,在硬盘上有独立的区块,访问时替换自身路径(简单地理解为 Windows 中常见的快捷方式)。

(五)绝对路径和相对路径

在 Linux 系统中要使用某个文件通常要对该文件的路径对系统进行说明。

绝对路径描述的就是从根目录(/)开始到文件所在位置的完整说明,无论任何时候,想指定文件名的时候都可以使用。

相对路径指的是相对于当前的工作目录的位置。而且在 Linux 中"."代表的是当前目录,而".."代表的是上一层目录。同时在 Linux 中可以使用 Tab 键来进行命令或者路径补全。这对于键入命令时非常有帮助。

五、常用命令

(一)命令简单列举

pwd:列出当前目录的完整路径。

cd：跳转到其他目录，两个好用的 cd 命令，“cd-”跳回最近一次的目录，“cd..”退回上一层目录。

ls：列出当前目录内容。可以加上-l、-a 选项，分别表示详细信息和显示隐藏文件。

mkdir：创建一个空目录。

rm：删除文件。如果要删除文件夹及下属的文件可以使用-R 选项。

mv：重命名文件或者目录。

cat：打开文本文件，内容输出到屏幕。

less：打开文本文件进行预览，可以使用 PageUp、PageDown 进行上下翻页。

head-n：查看文件前 n 行，如不加选项，默认值是 10。

tail-n：查看文件尾 n 行。

wc-l：计算文本文件的行数。

“|”：管道操作，将上一个命令的输出作为下一个命令的输入进行处理。

grep 命令、awk 命令、sed 命令：linux 处理文本的三驾马车，能够高效地处理文本信息。

sort：进行排序。

du-sh./：检查当前目录所占空间大小。

chmod：修改文件或者目录权限。

(二)常用命令介绍

1.文件处理　命令格式与目录处理命令 ls。命令格式：命令[-options][arguments]。举例 ls-la/etc 说明：①个别命令使用不遵循此格式；②当有多个选项时可以写在一起；③简化选项与完整选项-a 等于-all、linux 中以“.”开头的文件是隐藏的。

目录命令：ls(list)。

命令所在路径：/bin/ls。

执行权限：所有用户。

功能描述：显示目录文件。

语法：ls[-ald][文件或目录]。

-a：显示所有文件，包括隐藏文件 all。

-l：详细信息显示 long。

-d：查看目录属性 direct。

-i：显示 inode 号码。

-h：人性化显示。

2.目录处理命令　创建目录，改变目录，打印当前目录，复制，剪切/重命名，删除。

(1)mkdir -p；cd ..；pwd；cp -r；mv；rm -r；touch；cat -n ；head；tail -f； more；less。

命令名称：mkdir。

命令英文原意：make directories。

命令所在路径：/bin/mkdir。

执行权限：所有用户。

语法：mkdir -p [目录名]；parents。

功能描述:创建新目录。

-p:递归创建。

范例: $ mkdir -p /tmp/china/henan; $ mkdir /tmp/China/beijing /tmp/China/shanghai。

(2)命令名称:cd。

命令英文原意:change directory。

命令所在路径:shell 内置命令。

执行权限:所有用户。

语法:cd [目录]。

功能描述:切换目录。

范例: $ cd /tmp/China/henan (切换到指定目录); $ cd ..(回到上一级目录)。

(3)命令名称:pwd。

命令英文原意:print working directory。

命令所在路径:/bin/pwd。

执行权限:所有用户。

语法:pwd。

功能描述:显示当前目录。

范例: $ pwd;/tmp/China。

(4)命令名称:rmdir。

命令英文原意:remove empty directories。

命令所在路径:/bin/rmdir。

执行权限:所有用户。

语法:rmdir [目录名]。

功能描述:删除空目录。

范例: $ rmdir /tmp/China/henan。

(5)命令名称:cp。

命令英文原意:copy。

命令所在路径:/bin/cp。

执行权限:所有用户。

语法:cp -rp [原文件或目录] [目标目录]。

-r:复制目录;recursive。

-p:保留文件属性(主要是修改时间);preserve。

功能描述:复制文件或目录。

范例: $ cp -r /tmp/China/shanghai /root(将目录/tmp/China/shanghai 复制到目录/root 下); $ cp -rp /tmp/China/henan /tmp/China/beijing /root(将/tmp/China 目录下的 henan 和 beijing 目录复制到/root 下,保持目录属性)。

(6)命令名称:mv。

命令英文原意:move。

命令所在路径:/bin/mv。

执行权限:所有用户。

语法:mv [原文件或目录] [目标目录]。

功能描述:剪切文件、改名。

(7)命令名称:rm。

命令英文原意:remove。

命令所在路径:/bin/rm。

执行权限:所有用户。

语法:rm -rf [文件或目录]。

-r:删除目录;recursive。

-f:强制执行;force。

功能描述:删除文件。

3.文件处理命令

(1)命令名称:touch。

命令所在路径:/bin/touch。

执行权限:所有用户。

语法:touch [文件名]。

功能描述:创建空文件。

范例: $ touch Chinalovestory.list。

空格也可以用,但是需要加上引号来表示是一个文件,同理,其他符号也是一样。

(2)命令名称:cat;concatenate files and print on the standard output。

命令所在路径:/bin/cat。

执行权限:所有用户。

语法:cat [文件名]。

功能描述:显示文件内容。

-n:显示行号。

范例: $ cat /etc/issue; $ cat -n /etc/services。

(3)命令名称:more。

命令所在路径:/bin/more。

执行权限:所有用户。

语法:more [文件名]。

(空格) 或 f:翻页。

b:向上翻页。

(Enter):换行。

q 或 Q:退出。

功能描述:分页显示文件内容。

范例: $ more /etc/services。

(4)命令名称:less。

命令所在路径:/usr/bin/less。

执行权限:所有用户。

语法:less [文件名]。

功能描述:分页显示文件内容(可向上翻页)。

范例: $ less /etc/services。

(5)命令名称:head。

命令所在路径:/usr/bin/head。

执行权限:所有用户。

语法:head [文件名]。

功能描述:显示文件前面几行。

-n:指定行数(如果没有,默认是 10 行)。

范例: $ head -n 20 /etc/services。

(6)命令名称:tail。

命令所在路径:/usr/bin/tail。

执行权限:所有用户。

语法:tail [文件名]。

功能描述:显示文件后面几行。

-n:指定行数。

-f:动态显示文件末尾内容 follow。

范例: $ tail -n 18 /etc/services。

4.连接命令

(1)命令名称:ln。

命令英文原意:link。

命令所在路径:/bin/ln。

执行权限:所有用户。

语法:ln -s [原文件] [目标文件]。

-s:创建软链接 software。

功能描述:生成链接文件。

范例: $ ln -s /etc/issue /tmp/issue.soft(创建文件/etc/issue 的软链接/tmp/issue.soft); $ ln /etc/issue /tmp/issue.hard(创建文件/etc/issue 的硬链接/tmp/issue.hard)。

5.权限处理命令 chmod;chown;chgrp;umask。

(1)权限管理命令:chmod。

命令名称:chmod。

命令英文原意:change the permissions mode of a file。

命令所在路径:/bin/chmod。

执行权限:所有用户。

语法:chmod [{ugoa}{+-=}{rwx}] [文件或目录];[mode=421] [文件或目录]。

-R:递归修改。

功能描述:改变文件或目录权限。

(2)命令名称:chown。

命令英文原意:change file ownership。

命令所在路径:/bin/chown。

执行权限:所有用户。

语法:chown [用户] [文件或目录]。

功能描述:改变文件或目录的所有者。

(3)命令名称:chgrp。

命令英文原意:change file group ownership。

命令所在路径:/bin/chgrp。

执行权限:所有用户。

语法:chgrp [用户组] [文件或目录]。

功能描述:改变文件或目录的所属组。

6.文件搜索命令　find locate 是查找文件名或者目录的;which whereis 是查找命令;grep 是查找文件内容与对象匹配的。

(1)文件搜索命令。

find:路径限制名称限制条件。

通配符: * ?。

限制名称:-name -iname -user -group -amin -cmin -mmin -size(+ -) -type (f d l) -inum。

命令名称:find。

命令所在路径:/bin/find。

执行权限:所有用户。

语法:find [搜索范围] [匹配条件]。

功能描述:文件搜索。

(2)其他文件搜索命令。

命令名称:locate。

命令所在路径:/usr/bin/locate。

执行权限:所有用户。

语法:locate 文件名。

功能描述:在文件资料库 datebase 中查找文件。

命令名称:which。

命令所在路径:/usr/bin/which。

执行权限:所有用户。

(3)语法:which 命令。

功能描述:搜索命令所在目录及别名信息。

范例: $ which ls。

命令名称：whereis。

命令所在路径：/usr/bin/whereis。

执行权限：所有用户。

语法：whereis［命令名称］。

功能描述：搜索命令所在目录及帮助文档路径。

(4)命令名称：grep。

命令所在路径：/bin/grep。

执行权限：所有用户。

语法：grep -iv［pattern］［文件］。

功能描述：在文件中搜寻字串匹配的行并输出。

-i：不区分大小写。

-v：排除指定字串 insert match。

-r：递归查找。

行首符号：^。

7.帮助命令

(1)命令名称：man。

命令英文原意：manual。

命令所在路径：/usr/bin/man。

执行权限：所有用户。

语法：man[1/5]［命令或配置文件］。

功能描述：获得帮助信息。

(2)命令名称：help。

命令所在路径：Shell 内置命令。

执行权限：所有用户。

语法：help 命令。

功能描述：获得 Shell 内置命令的帮助信息。

8.用户管理命令

(1)命令名称：useradd。

命令所在路径：/usr/sbin/useradd。

执行权限：root。

语法：useradd 用户名。

功能描述：添加新用户。

(2)命令名称：passwd。

命令所在路径：/usr/bin/passwd。

执行权限：所有用户。

语法：passwd 用户名。

功能描述：设置用户密码。

(3)命令名称:who。

命令所在路径:/usr/bin/who。

执行权限:所有用户。

语法:who。

功能描述:查看登录用户信息。

(4)命令名称:w。

命令所在路径:/usr/bin/w。

执行权限:所有用户。

语法:w。

功能描述:查看登录用户详细信息。

9.压缩解压命令 Command 压缩后名称:待压缩文件/目录(zip)。

(1)命令名称:gzip。

命令英文原意:GNU zip。

命令所在路径:/bin/gzip。

执行权限:所有用户。

语法:gzip [文件]。

功能描述:压缩文件。

压缩后文件格式:.gz。

命令名称:gunzip 或者 gzip -d (decompress)。

命令英文原意:GNU unzip。

命令所在路径:/bin/gunzip。

执行权限:所有用户。

(2)语法:gunzip [压缩文件]。

功能描述:解压缩.gz 的压缩文件。

(3)命令名称:tar #打包命令,并且一般保留源文件。

命令所在路径:/bin/tar。

执行权限:所有用户。

语法:tar 选项[-zcf] [压缩后文件名] [目录]。

-c:打包 creat。

-v:显示详细信息 version。

-f:指定文件名 file。

-z:打包同时压缩 zip。

功能描述:打包目录。

压缩后文件格式:.tar.gz。

(4)命令名称:zip #保留原文件。

命令所在路径:/usr/bin/zip。

执行权限:所有用户。

功能描述:压缩文件或目录。

压缩后文件格式:.zip。

(5)命令名称:unzip #保留压缩文件。

命令所在路径:/usr/bin/unzip。

执行权限:所有用户。

语法:unzip [压缩文件]。

功能描述:解压.zip 的压缩文件。

(6)命令名称:bzip2。

命令所在路径:/usr/bin/bzip2。

执行权限:所有用户。

语法: bzip2 选项 [-k] [文件]。

功能描述:压缩文件。

压缩后文件格式:.bz2。

10.网络命令　write; wall; mail; ping; traceroute; netstat; ifconfig; setup; mount; last; lastlog。

(1)指令名称:write #必须在线模式。

指令所在路径:/usr/bin/write。

执行权限:所有用户。

语法:write <用户名>。

功能描述:给用户发信息,以 Ctrl+D 保存结束。

(2)指令名称:wall。

命令英文原意:write all。

指令所在路径:/usr/bin/wall。

执行权限:所有用户。

语法:wall [message]。

功能描述:发广播信息。

(3)命令名称:mail。

命令所在路径:/bin/mail。

执行权限:所有用户。

语法:mail [用户名]。

功能描述:查看发送电子邮件。

(4)命令名称:ping。

命令所在路径:/bin/ping。

执行权限:所有用户。

语法:ping 选项 IP 地址。

-c:指定发送次数。

功能描述:测试网络连通性。

(5)命令名称:traceroute。

命令所在路径:/bin/traceroute。

执行权限:所有用户。

语法:traceroute。

功能描述:显示数据包到主机间的路径。

(6)命令名称:last。

命令所在路径:/usr/bin/last。

执行权限:所有用户。

语法:last。

功能描述:列出目前与过去所有登入系统的用户信息。

(7)命令名称:ifconfig。

命令英文原意:interface configure。

命令所在路径:/sbin/ifconfig。

执行权限:root。

语法:ifconfig 网卡名称 IP 地址。

功能描述:查看和设置网卡信息。